实用岩土工程施工新技术
（七）

雷　斌　鲍万伟　郑小刚　刘峥志　林志豪　王　通　林卓楠　著

中国建筑工业出版社

图书在版编目（CIP）数据

实用岩土工程施工新技术．七/雷斌等著．—北京：
中国建筑工业出版社，2024.4
ISBN 978-7-112-29567-8

Ⅰ．①实…　Ⅱ．①雷…　Ⅲ．①岩土工程-工程施工
Ⅳ．①TU4

中国国家版本馆CIP数据核字（2023）第253455号

本书主要介绍岩土工程实践中应用的创新技术，对每一项新技术从背景现状、工艺特点、适用范围、工艺原理、工艺流程、工序操作要点、机械设备配置、质量控制、安全措施等方面予以全面综合阐述。全书共分为9章，包括孔口护筒防护新技术；旋挖灌注桩综合施工新技术；全套管全回转灌注桩施工新技术；基坑支护施工新技术；预应力管桩施工新技术；沉管灌注桩施工新技术；绿色施工新技术；逆作法钢管柱定位新技术；灌注桩检测新技术。

本书适合从事岩土工程设计、施工、科研、管理人员学习参考。

责任编辑：杨　允　李静伟
责任校对：赵　力

实用岩土工程施工新技术（七）
雷　斌　鲍万伟　郑小刚　刘峥志　林志豪　王　通　林卓楠　著

*

中国建筑工业出版社出版、发行（北京海淀三里河路9号）
各地新华书店、建筑书店经销
霸州市顺浩图文科技发展有限公司制版
北京君升印刷有限公司印刷

*

开本：787毫米×1092毫米　1/16　印张：18¼　字数：454千字
2024年2月第一版　2024年2月第一次印刷
定价：**70.00**元

ISBN 978-7-112-29567-8
（42067）

前　言

雷斌创新工作室始终从工程施工实际出发，坚持边做项目、边搞科研，边创新探索、边应用实践，紧紧围绕关键技术难题、质量通病进行攻关，针对安全生产、绿色环保、智能建造等领域深入研发，瞄准前沿技术和装备，持续开展科研创新，取得了大量国内领先的科技成果，拥有了一大批自有知识产权的核心技术，获评了众多省、市级工法和科学技术奖。2022 年 8 月，在广东省总工会对 2014 年以来命名的 400 多家广东省劳模和工匠人才创新工作室的考核中，雷斌创新工作室考核结果名列 20 个优秀工作室之列，获得广东省总工会的表彰和奖励。在创新研发的过程中，工作室将完成的课题成果编著成《实用岩土工程施工新技术》系列图书，供岩土施工的同行们借鉴和参考。

本专著是《实用岩土工程施工新技术》系列的第 7 本，也是雷斌创新工作室迄今出版的第 10 本专著。本人自 1985 年工程地质专业毕业以来，一直深耕岩土工程施工领域，本着对岩土事业的挚爱和对创新技术的追求，经过 30 余年的实际积累和沉淀，培育了对创新技术敏锐的洞察力，锻造了时不我待的行动力，形成了无限的技术创造力，汇聚了一股强大的创新凝聚力，总结出一套适合企业发展的创新机制和制度，以独具特色的岩土工程创新思维和工作模式，探索出一条“出成果、出人才、出效益”的良性创新发展道路，有效推动了公司高质量发展迈上新的台阶，促进了岩土行业技术进步。

本书共包括 9 章，每章的每一节均涉及一项岩土施工技术，每节从背景现状、工艺特点、适用范围、工艺原理、工艺流程、工序操作要点、机械设备配置、质量控制、安全措施等方面予以综合阐述。第 1 章介绍孔口护筒防护新技术，包括灌注桩孔口钢筋网防护施工、高位护筒装配式孔口平台灌注桩身混凝土施工等技术；第 2 章介绍旋挖灌注桩综合施工新技术，包括深厚易塌地层双护筒护壁与硬岩旋挖滚刀扩底成桩、易塌孔灌注桩旋挖全套管钻进、下沉、起拔一体施工、大直径灌注桩超重钢筋笼孔口平台吊装、固定施工等技术；第 3 章介绍全套管全回转灌注桩施工新技术，包括海堤填石层钢管灌注桩潜孔锤阵列引孔与双护筒定位成桩、海上百米嵌岩桩全套管全回转与旋挖、RCD 钻机组合成桩、深厚填海区大直径硬岩全套管全回转护壁与气举反循环滚刀钻扩成桩等技术；第 4 章介绍基坑支护施工新技术，包括复杂地层条件下基坑支护锚索控制性与预防性堵漏、复杂条件下基坑桩墙一体化支护施工等技术；

第 5 章介绍预应力管桩施工新技术，包括预应力管桩长螺旋引孔注浆与自重式植桩、填海区大直径单节超长管桩高桩架限位与液压冲锤沉桩等技术；第 6 章介绍沉管灌注桩施工新技术，包括沉管灌注桩长螺旋引孔与静压沉管组合降噪施工、沉管灌注桩液压锤击沉管与振动拔管成桩等技术；第 7 章介绍绿色施工新技术，包括旋挖灌注桩钻进成孔降噪绿色施工、建筑垃圾多级破碎筛分及台模振压制砖资源化利用等技术；第 8 章介绍逆作法钢管柱定位新技术，包括逆作法钢管柱与工具柱自调式滚轮架同心同轴对接、逆作法工具柱拆除泄压等技术；第 9 章介绍灌注桩检测新技术，包括灌注桩钻芯孔摄像检测孔内清刷及浊水置换、灌注桩内外双钢环锁定连接抗拔静载荷试验等技术。

本专著由雷斌统一筹划和审定，深圳市工勘岩土集团有限公司鲍万伟、郑小刚、林志豪及深圳市工勘建设集团有限公司刘峥志、深圳市金刚钻机械工程有限公司王通、深圳市中鹏建设集团有限公司林卓楠参加了撰写。其中，鲍万伟完成 5.1 万字，郑小刚完成 5.1 万字，刘峥志完成 5.2 万字，林志豪完成 5.1 万字，王通完成 3.2 万字，林卓楠完成 2.0 万字。限于作者的水平和能力，书中不足在所难免，将以感激的心情诚恳接受读者批评和建议。

2023 年，生活、工作已走过了 60 载，将不忘初心，持续做好施工技术研发、创新人才培养和技术成果总结工作为企业发展赋能，为岩土行业奉献出更多精品著作。

雷　斌

2023 年 10 月于深圳工勘大厦

目　录

第1章　孔口护筒防护新技术

1.1　灌注桩孔口钢筋网防护施工技术

1.1.1　引言

大直径灌注桩施工过程中，工人或施工管理人员在孔口处作业时，存在着诸多安全隐患，当地层较为松软时，容易发生塌孔，若护筒埋置深度不够，易引起孔口护筒周边地面塌陷，作业人员若不慎跌入将引发严重安全事故，具体见图1.1-1。同时，在大直径桩钻进终孔后，需要全断面测量孔底沉渣，当测量钻孔中心处沉渣厚度时，测量人员身体重心偏向孔中心，此时存在一定坠入桩孔的风险，具体见图1.1-2。另外，在灌注桩身混凝土时，灌注架两侧存在较大的洞口，受泥浆和带水作业的影响，灌注架上较湿滑，工人作业存在滑落孔内的安全隐患，具体见图1.1-3。

图1.1-1　护筒周边地面塌陷

图1.1-2　护筒口测量沉渣厚度

图1.1-3　护筒口混凝土灌注架

为了消除大直径灌注桩施工中存在的上述安全隐患，保障作业人员的安全，项目组结合实际情况，对"灌注桩孔口钢筋网防护施工技术"进行了研究，在大直径灌注桩钻进成孔、终孔全断面沉渣测量、灌注成桩等施工过程中，在护筒口周边地面、护筒顶设置钢筋防护网进行覆盖，以及使用带防护网的灌注架，使作业人员始终处于安全防护状态下施工。本工艺经多个项目实践，达到了施工便捷、安全可靠、成本经济的效果，取得了显著的社会效益和经济效益。

1.1.2　工艺特点

1. 施工便捷

本工艺所使用的安全防护网均采用钢筋焊制，护筒口周边防护网采用预制装配式设计，安装和拆卸方便，灌注混凝土时钢筋防护网与灌注架焊接为一体，移动快捷。

2. 安全可靠

本工艺在大直径桩钻进、灌注等施工全过程中，均设置了钢筋防护网，对护筒口周边及护筒顶作业范围进行全面覆盖，消除了孔口地面塌陷、护筒口作业人员跌落的安全隐患，确保了施工安全。

3. 成本经济

本工艺所使用的安全防护网均采用钢筋焊制，可充分利用现场制作钢筋笼时截取的短钢筋，实现废物利用；同时，钢筋网可以重复使用，制作和使用成本经济。

1.1.3　适用范围

适用于各类钻孔灌注桩施工，特别适用于直径大于 1800mm 灌注桩、易塌孔地层施工。

1.1.4　工艺原理

本工艺关键技术包括三个方面：一是孔口护筒周边地面装配式钢筋网防护技术；二是护筒顶钢筋网防护技术；三是灌注桩身混凝土孔口灌注架安全防护技术。

1. 孔口护筒周边地面装配式钢筋网防护技术

护筒埋设完毕后，将装配式钢筋防护网铺设在护筒四周地面上，在后序钻进成孔、吊放钢筋笼、灌注桩身混凝土等施工过程中，对护筒周边地面上的作业人员进行安全防护。

装配式钢筋防护网由纵横向钢筋按一定间距排列而成，呈网状结构，所有节点采用焊接连接。为了便于移动和堆放，钢筋网采用装配式设计，由 6 个分块钢筋网通过绳卡连接而成，每条相邻边用两个绳卡固定。钢筋网采用直径 12mm 螺纹钢筋焊接制作，纵横向钢筋间距均为 12cm，钢筋网防护范围为自护筒边向外拓展 1 倍的护筒直径 D，具体见图 1.1-4。

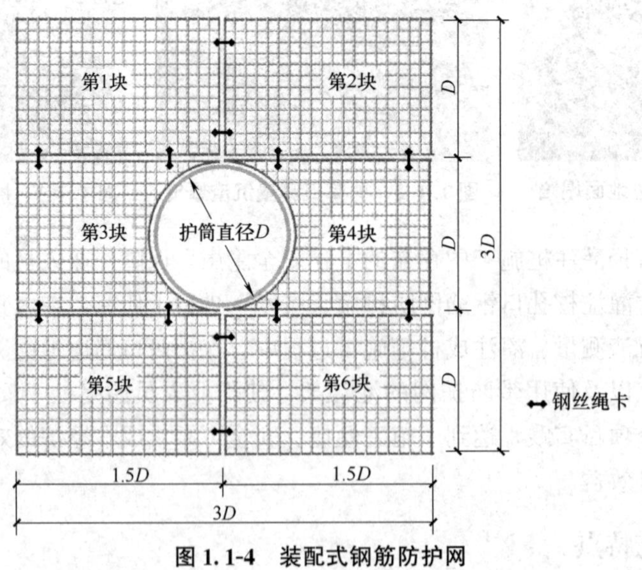

图 1.1-4　装配式钢筋防护网

2. 护筒顶钢筋网防护技术

成孔时，在交接班、夜间停工等施工间歇，用钢筋防护网临时覆盖在护筒顶，防止作业人员不慎坠入；成孔完成后，全孔测量孔底沉渣厚度时，测量员站在钢筋网上进行孔底测量作业，测绳和测锤通过钢筋网中的空隙放入孔内。

护筒顶钢筋防护网是一个由纵横向钢筋通过焊制而成的网状结构，可设计为圆形或方形，用以对护筒口进行全面覆盖，具体见图 1.1-5。钢筋网的纵横向钢筋间距均为 12cm，当用于施工间歇期间防护时，钢筋采用直径 12mm 带肋钢筋；用于测量沉渣厚度时，采用直径 20mm 带肋钢筋，以增强钢筋网的刚度。

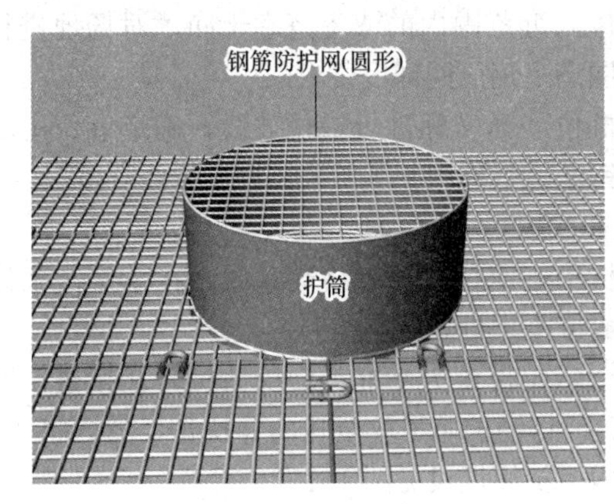

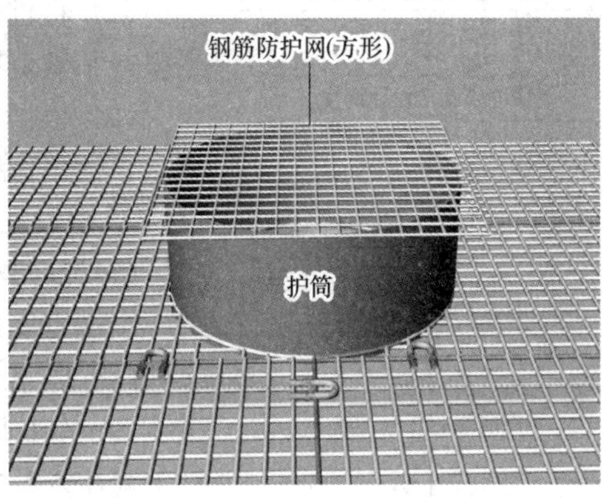

图 1.1-5　护筒顶钢筋防护网

3. 灌注桩身混凝土安全防护技术

灌注桩身混凝土时，在常用的灌注架上焊接钢筋网，形成一种带钢筋防护网的灌注架，用于封闭灌注架两侧全部洞口，其形状可选择圆形或方形。钢筋网采用直径 20mm 的钢筋制成，其内部钢筋间距 12cm，钢筋网与灌注架的槽钢骨架所有接触位置均采用焊接连接，为了不影响灌注架活动盖板开合，活动盖板处不设钢筋，具体见图 1.1-6。钢筋笼下放完成后，将钢筋网防护灌注架吊放至护筒顶部，后序下导管、二次清孔、灌注混凝土等过程，灌注架完全封闭孔口作业处洞口，起到安全防护的作用，并为工人作业提供一个更大的操作空间。

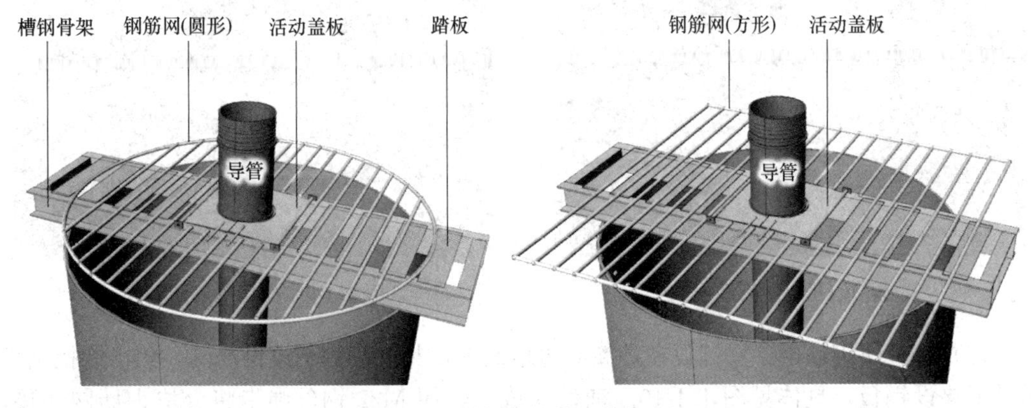

图 1.1-6　带钢筋防护网的灌注架

1.1.5　施工工艺流程

灌注桩孔口钢筋网防护施工工艺流程见图 1.1-7。

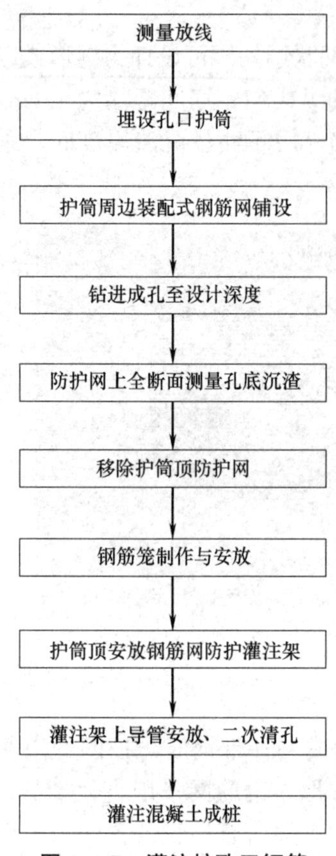

图 1.1-7　灌注桩孔口钢筋网防护施工工艺流程图

1.1.6　工序操作要点

以设计桩径 1.2m，护筒直径 1.4m 的旋挖灌注桩为例。

1. 测量放线

（1）将桩位附近范围内的渣土清理干净，对场地进行平整，平整范围满足钢筋网铺设要求。

（2）根据桩位平面坐标进行桩位放线，确定桩位中心点后，插定位钢筋进行标记。

2. 埋设孔口护筒

（1）通过桩中心定位点拉十字交叉线，在十字交叉线的 4 个端点安放 4 个护桩。

（2）以 4 个定位桩位为基准，旋挖钻机开孔钻进，钻进至 2m 左右后，将钢护筒吊放至孔内并扶正，随后将 4m 长护筒压入孔内，护筒埋设见图 1.1-8。

（3）护筒高出地面 30cm 左右，利用 4 个控制桩复核护筒中心点，确保护筒中心点与桩位中心点偏差不超过 5cm。

3. 护筒周边装配式钢筋网铺设

（1）根据护筒直径制作钢筋网，纵横向钢筋交叉点焊接牢固，在钢筋加工场制作完成后，将 6 个分块钢筋网搬运至护筒附近堆放，具体见图 1.1-9。

图 1.1-8　护筒埋设

图 1.1-9　搬运钢筋防护网

（2）将分块钢筋网逐一铺设在护筒周边地面上，其中一侧不设钢筋网，用于旋挖钻机履带下垫设钢板，具体见图 1.1-10。铺设完成后，用 M22 钢丝绳卡将分块钢筋网连接，具体见图 1.1-11。

4. 钻进成孔至设计深度

（1）旋挖钻机从地面钢筋网敞开一侧进入，旋挖钻机履带下铺设钢板，对位准确后开始钻进，土层钻进时采用旋挖筒钻，具体见图 1.1-12。

图 1.1-10 预留旋挖钻机工作面

图 1.1-11 钢丝绳卡连接

(2) 钻进过程中，当遇到机械故障、交接班或夜间停工时，将钢筋网临时覆盖在护筒口，具体见图 1.1-13。恢复施工后，将钢筋网移除。

图 1.1-12 旋挖钻机钻进成孔

图 1.1-13 护筒顶覆盖钢筋防护网

(3) 钻进至持力层岩面后，及时更换截齿钻斗钻进，直至钻至设计深度。

(4) 成孔完成后，旋挖钻机离开钻孔，将旋挖钻机履带下的钢板移走，及时在原钢板位置将地面钢筋网补充铺设完整，确保护筒四周地面全方位防护，具体见图 1.1-14。

5. 防护网上全断面测量孔底沉渣

(1) 钻孔至设计深度后，将钢筋防护网覆盖在护筒口。

(2) 测量人员站在防护网上测量孔深和沉渣厚度，对大直径桩断面多个点位进行测量，确保全断面孔底沉渣厚度满足要求，具体见图 1.1-15。

图 1.1-14 地面钢筋网补充铺设完整

图 1.1-15 钢筋防护网上测孔底沉渣

6. 钢筋笼制作与安放

（1）按设计图纸制作钢筋笼，安放钢筋笼前，将护筒顶钢筋防护网移开。用起重机将钢筋笼逐节吊入桩孔中，具体见图1.1-16。

（2）由于该钻孔上部有空桩段，最后一节钢筋笼使用吊筋固定，吊筋对称焊接，并设置两个吊耳，在孔口处用3根直径25mm的带肋钢筋插入吊耳以定位钢筋笼，具体见图1.1-17。

图1.1-16 钢筋笼吊装

图1.1-17 钢筋笼孔口定位

图1.1-18 安放钢筋网防护灌注架

7. 护筒顶安放钢筋网防护灌注架

（1）将钢筋网防护灌注架吊放至护筒顶部，安放时钢筋网不触碰声测管、注浆管等。

（2）灌注架放置在护筒顶之后，调整其位置，使灌注架中心与护筒中心保持一致，具体操作见图1.1-18。

8. 灌注架上导管安放、二次清孔

（1）打开灌注架活动盖板，将灌注导管下入孔内，闭合活动盖板对导管进行限位，在孔口将上下两节导管对接，导管下放直至其底部距孔底0.3～0.5m。工人在灌注架上作业时，避免两人同时站立在钢筋网的同一侧，具体见图1.1-19。

图1.1-19 下放灌注导管

（2）采用气举反循环进行二次清孔，高速泥浆携带岩渣从导管内上返喷出孔口，具体见图 1.1-20。清孔后测量孔底沉渣，测锤和测绳通过钢筋网中的空隙放入孔内，沉渣厚度满足要求后再灌注混凝土，具体见图 1.1-21。

图 1.1-20　气举反循环清孔

9. 灌注混凝土成桩

（1）灌注混凝土过程中，定期监测孔内混凝土面高度，将测锤和测绳通过钢筋防护网中的空隙放入孔内进行测量。

（2）根据混凝土面上升高度，逐节拆卸导管，保证导管埋管深度为 2～4m，具体见图 1.1-22～图 1.1-24。

图 1.1-21　测量孔底沉渣厚度

图 1.1-22　灌注混凝土

图 1.1-23　测量混凝土面高度

图 1.1-24　拆卸灌注导管

（3）灌注完成后，将灌注架吊离孔口，随后拆除护筒，并将钻孔上部空桩部分回填。

1.1.7　机械设备配置

本工艺现场施工所涉及的主要机械设备配置见表 1.1-1。

主要机械设备配置表　　表 1.1-1

名　称	型　号	备　注
电焊机	LGK-120	焊接钢筋网
钢筋弯曲机	HX-663	将钢筋弯曲成环形
钢筋切断机	50 型	切断钢筋

1.1.8　质量控制

1. 防护网制作

（1）按照设计的钢筋规格、钢筋网尺寸制作钢筋网，不得随意更改。

（2）制作钢筋网时，不使用光圆钢筋代替带肋钢筋。

（3）根据钢筋直径选择合适的钢丝绳卡，确保钢丝绳卡安装、拆卸方便快捷。

2. 防护网使用

（1）使用钢筋网时，尽量避免撞击，防止钢筋网出现变形。

（2）旋挖钻机、挖掘机等大型机械不得碾压地面钢筋防护网，防止焊点脱落。

（3）钻进取土时，旋挖钻机钻斗不得将渣土直接卸在护筒周边钢筋网上。

1.1.9　安全措施

1. 防护网制作

（1）制作钢筋网时，焊接作业人员按要求佩戴专门的防护用具（防护罩、护目镜等），并按照相关操作规程进行焊接操作。

（2）钢筋弯曲机、切断机的操作人员经过专业培训，熟悉机械性能，持证上机操作。

2. 防护网使用

（1）钢筋网使用前，检查钢筋网的焊点连接情况，以及钢筋网的变形情况，如发现钢筋网焊点脱落，或者出现较大的弯曲变形时，及时进行修复。

（2）护筒顶使用钢筋网防护灌注架时，保持防护网平衡，确保工人站立在钢筋网上，不会导致灌注架倾覆。

（3）钢筋网就位后，不得随意移动钢筋网，并且定期进行安全检查。若发现钢筋网发生显著移位或损坏，立即停止使用并及时修复。

1.2　高位护筒装配式孔口平台灌注桩身混凝土施工技术

1.2.1　引言

灌注桩钻进成孔时，孔口护筒起到保持孔内泥浆液面高度、防止孔口坍塌和地面杂物掉入孔内的作用。因此，钻进时通常要求孔口护筒顶面高出地面 0.3～0.5m，当采用内外多层护筒护壁时，护筒顶离地面的高度往往大于 1.0m，具体见图 1.2-1、图 1.2-2。由于孔口护筒较高，灌注桩身混凝土时，工人通常站在孔口灌注架上进行作业，灌注架上作业面狭小且灌注架两侧存在较大的空洞，工人操作不慎时容易坠入孔内或跌落地面，存在一定的安全隐患，具体见图 1.2-3。

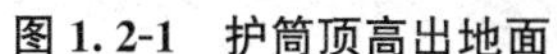

图 1.2-1　护筒顶高出地面

图 1.2-2　孔口多层护筒护壁

图 1.2-3　护筒顶灌注架上作业

针对上述问题，项目组对“高位护筒装配式孔口平台灌注桩身混凝土施工技术”进行了研究，在普通混凝土灌注架的两侧加装了作业盖板，将护筒洞口覆盖，形成了一种封闭式的孔口灌注平台，有效提升了工人在护筒顶高处作业时的安全性。

1.2.2　工艺特点

1. 安全可靠

本工艺用盖板将灌注架两侧护筒洞口全部封闭，避免工人作业时掉入桩孔；在作业盖板底部设置了支撑，同时还设置了防护栏杆和爬梯，保证工人在高处作业时的安全。

2. 施工便捷

本工艺设计的孔口平台采用装配式设计，在灌注架两侧增加了可拆卸的作业盖板，施工时在孔口吊装、临时组装即可，安装方便、快捷。

3. 成本经济

本工艺使用的灌注架由普通灌注架经过改装而成，作业盖板采用钢板加工，重复使用率高；孔口平台制作能充分利用施工现场的废弃钢筋和钢板，实现废物利用，制作和使用成本低。

1.2.3　适用范围

适用于孔口护筒顶高出地面 0.5m 及以上灌注桩身混凝土时使用。

1.2.4　工艺原理

1. 灌注作业装配式平台的组成及功能

本工艺使用的装配式孔口平台主要由灌注架、作业盖板和辅助结构（支撑、栏杆、爬梯）三部分组成，具体结构与实物见图 1.2-4、图 1.2-5。

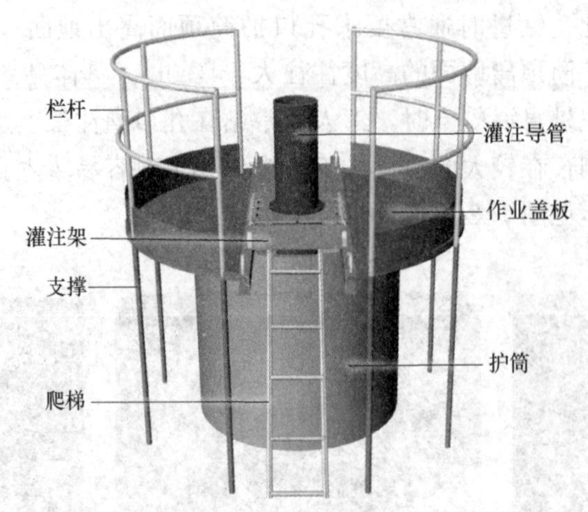

图 1.2-4　装配式平台结构图

图 1.2-5　装配式平台实物图

1）灌注架

灌注架由普通灌注架改制而成，其骨架由两根 U 形槽钢组成，中部为折页板，用于固定灌注导管，折页板一侧为固定盖板，用于封闭洞口；另一侧设置活动盖板，当需要抽吸或注入泥浆时，可将活动盖板打开，泥浆管通过洞口放入护筒内。活动盖板直接放置在灌注架骨架上方，并利用两个耳板限位。灌注架结构见图 1.2-6。

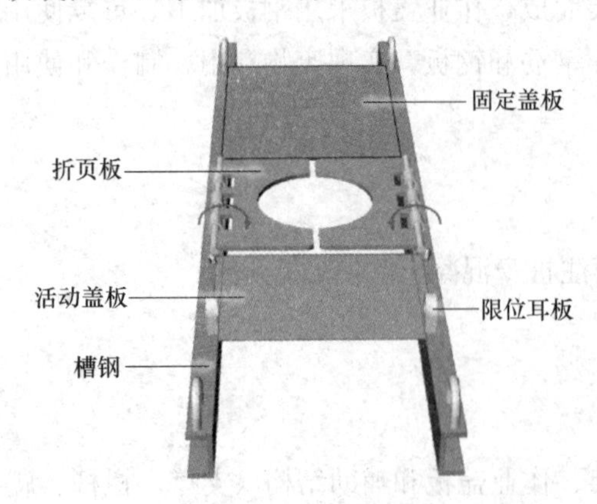

图 1.2-6　灌注架结构

2）作业盖板

（1）灌注架两侧分别设置独立的 5mm 厚半圆形钢制作业盖板，钢板将护筒顶灌注架两侧的洞口全部覆盖，为工人提供足够的作业空间。钢板上方设置一圈 20cm 高的踢脚板，避免人员踏出平台，以及防止平台上施工器具掉落，具体见图 1.2-7。

（2）作业盖板与灌注架槽钢下翼缘搭接，槽钢上下翼缘对齐开设直径 10mm 的连接孔，每根槽钢至少开设 3 组，作业盖板在对应位置同样开设直径 10mm 连接孔。将一端带弯钩的钢筋作为插销插入连接孔，即可将作业盖板与灌注架固定，具体见图 1.2-8。

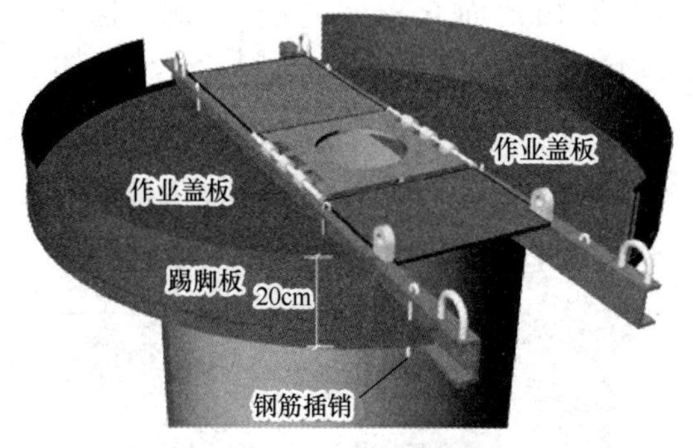

图 1.2-7 作业盖板结构图

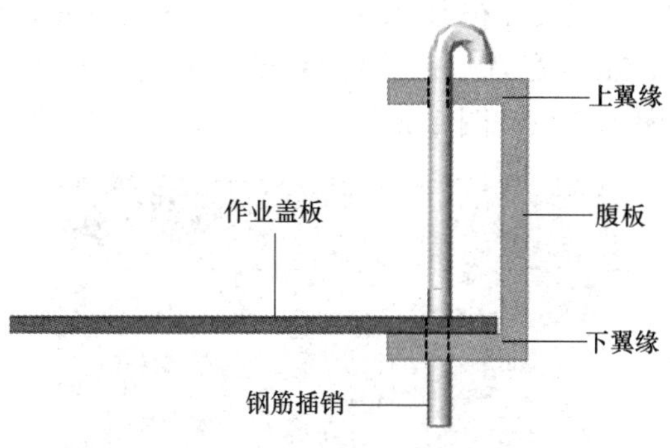

图 1.2-8 作业盖板插销固定

3）辅助结构

（1）栏杆焊接在作业盖板上方，采用直径 20mm 带肋钢筋制成，可避免工人在高处作业时坠落。栏杆高度 1.2m，竖杆支撑在作业盖板上，其间距不超过 1.5m，并且在其中部加设一道横杆，具体见图 1.2-9。

（2）为了增强平台的整体稳定性，在作业盖板下方使用钢筋作为支撑。钢筋支撑与栏杆竖杆一一对应焊接，其下端直接支撑于地面，支撑的长度根据护筒顶高度确定。

（3）孔口平台设置临时爬梯作为人员上下通道，当登上作业盖板时，可将爬梯钩挂在护筒或者灌注架上。

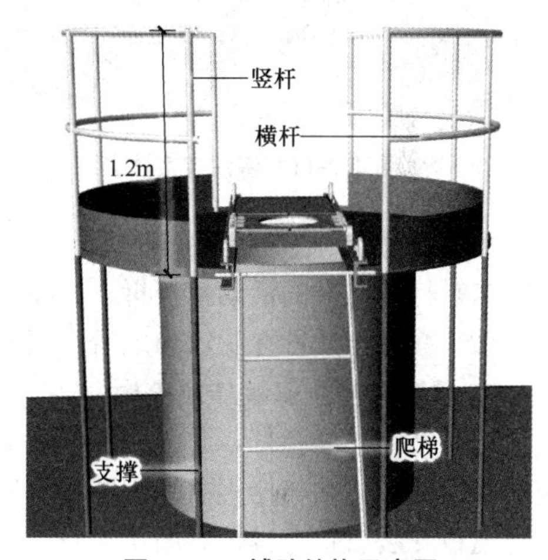

图 1.2-9 辅助结构示意图

高位护筒顶安放灌注架
↓
灌注架两侧安装作业盖板
↓
平台支撑、爬梯安装
↓
孔口平台上导管安放
↓
孔口平台上二次清孔
↓
装配式平台灌注混凝土 ⇄ 潜水泵抽吸泥浆
↓
灌注完成后拆除孔口平台

图 1.2-10 高位护筒装配式孔口平台灌注桩身混凝土施工工艺流程图

2. 装配式灌注平台作业原理

本工艺所述的孔口作业平台作业原理主要是在护筒顶高出地面的情况下，针对工人在孔口进行灌注作业时的安全风险，设计作业盖板将灌注架两侧洞口全部封闭，并且在作业盖板上方安装防护栏杆，底部设置支撑，形成了一种装配式孔口灌注平台，使用该平台可以有效避免工人坠入孔内或掉落地面。本装置保留了灌注架的原有功能，另外设计了活动盖板，以便二次清孔时安放泥浆管以及灌注混凝土时抽吸泥浆，确保桩身混凝土灌注安全、顺利进行。

1.2.5 施工工艺流程

高位护筒装配式孔口平台灌注桩身混凝土施工工艺流程见图 1.2-10。

1.2.6　工序操作要点

以设计桩径 1.8m、护筒直径 2.0m、护筒顶高出地面 0.8m 的桩孔为例。选择长 2.5m、宽 0.6m 的灌注架，作业盖板直径 2.4m，盖板上栏杆高度 1.2m，具体见图 1.2-11、图 1.2-12。

图 1.2-11　灌注架实物

图 1.2-12　作业盖板实物

1. 高位护筒顶安放灌注架

（1）将灌注架的活动盖板拆下，随后借助两端的吊耳将灌注架吊放至护筒顶部。

（2）灌注架放置在护筒顶之后，调整其位置，使灌注架中心与护筒中心保持一致。

2. 灌注架两侧安装作业盖板

（1）吊钩勾挂栏杆，起吊一侧作业盖板，使作业盖板与槽钢下翼缘搭接，安装时注意将钢板上的连接孔与槽钢翼缘上开设的连接孔对齐。重复上述操作过程，将灌注架另一侧作业盖板安装就位，具体见图 1.2-13。

图 1.2-13　作业盖板安装

（2）将直径 6mm、长 20cm 的带肋钢筋上端弯折，随后将短钢筋作为插销插入连接孔，将灌注架与作业盖板固定，具体见图 1.2-14。

（3）作业盖板固定后，将活动盖板安放至灌注架上，活动盖板尺寸为 60cm×40cm，具体见图 1.2-15。

图 1.2-14 插入钢筋插销

图 1.2-15 安装活动盖板

3. 平台支撑、爬梯安装

(1) 在栏杆竖杆底部焊接直径 20mm 带肋钢筋作为支撑，竖杆与支撑采用双面搭接焊连接，具体见图 1.2-16。

(2) 爬梯采用直径 20mm 带肋钢筋制成，爬梯上端用短钢筋作为插销将其与灌注架连接，具体见图 1.2-17。

图 1.2-16 盖板支撑钢筋

图 1.2-17 爬梯安装

4. 孔口平台上导管安放

(1) 检查爬梯与灌注架的连接情况，确保稳固后，工人通过爬梯登上作业盖板。

(2) 起吊首节导管，打开灌注架折页板，开始下放导管，在孔口将上下两节导管对接，导管下放直至其底部距孔底 0.3～0.5m，具体见图 1.2-18。

5. 孔口平台上二次清孔

(1) 采用气举反循环方式清孔，将导管顶部与泥浆净化器进浆管连接。清孔时，打开活动盖板，向导管内通入高压空气，泥浆携带岩渣从导管内上返，通过进浆管进入泥浆净化器，经浆渣分离后通过出浆管流回孔内，具体见图 1.2-19。

(2) 清孔过程中，定期测量孔底沉渣，测锤和测绳通过护筒洞口放入孔内，确保沉渣厚度满足要求后，盖上活动盖板后准备灌注混凝土。

图 1.2-18　下放灌注导管

图 1.2-19　二次清孔

6. 装配式平台灌注混凝土

（1）将灌注料斗吊放至作业盖板上方并与导管连接，随后混凝土罐车向料斗内灌入混凝土，具体见图 1.2-20。

图 1.2-20　平台上灌注桩身混凝土

（2）灌注混凝土时，孔内泥浆液面上升，为了避免泥浆溢出，打开活动盖板，将潜水泵事先放入孔内并且连接泥浆管，启动潜水泵后从孔内抽吸泥浆至泥浆循环池，具体见图 1.2-21。

（3）灌注过程中，定期监测孔内混凝土面高度，将测锤和测绳通过洞口放入孔内，具体见图 1.2-22。根据混凝土面高度，逐节拆卸导管，拆管时保证导管埋管深度为 2～4m。

7. 灌注完成后拆除孔口平台

（1）灌注完成后，将孔口平台的钢筋支撑割断，随后将扶梯移开。

（2）将钢筋插销拆除，随后依次吊离灌注架两侧的作业盖板，最后将灌注架吊离孔口。

1.2.7　机械设备配置

本工艺现场施工所涉及的主要机械设备配置见表 1.2-1。

图 1.2-21 抽吸泥浆

图 1.2-22 测量混凝土面高度

主要机械设备配置表 表 1.2-1

名　称	型　号	备　注
灌注架	普通混凝土灌注架	带有可拆卸活动盖板,用于抽吸泥浆
作业盖板	半圆形	用于提供工人作业面
爬梯	0.6m 宽度	施工人员上下通道

1.2.8 质量控制

1. 孔口平台制作

(1) 按照设计的尺寸与规格制作孔口平台。

(2) 作业盖板直径比护筒直径大 40～60cm。

(3) 灌注架与作业盖板间不少于 2 个连接孔和螺栓插销，连接孔直径比钢筋插销大 4～6mm。

2. 孔口平台使用

(1) 使用孔口平台时，尽量避免撞击，防止平台出现变形。

(2) 平台钢筋支撑插入土体深度不小于 0.5m，确保平台稳固。

(3) 活动盖板保持常闭状态，有需要时打开，使用完后立即盖上活动盖板，以防止杂物掉入孔内。

(4) 桩孔埋设的声测管长度保持低于护筒顶面，防止灌注架或者作业盖板安装时损坏声测管结构。

1.2.9 安全措施

1. 孔口平台制作

(1) 制作孔口平台时，焊接作业人员按要求佩戴专门的防护用具（防护罩、护目镜等)，并按照相关操作规程进行焊接操作。

(2) 钢筋弯曲机、切断机的操作人员经过专业培训后，持证上岗作业。

(3) 孔口平台上安装防护网。

2. 孔口平台使用

（1）平台使用前，检查钢筋支撑的焊点连接情况，以及栏杆、作业盖板的变形情况；如发现钢筋支撑焊点脱落，或者栏杆出现较大的弯曲变形等现象，不得使用平台，并且及时修复。

（2）工人在盖板上作业时，禁止倚靠栏杆；不将工器具随意抛扔地面，以防砸伤人。

（3）定期对孔口平台进行安全检查，若发现栏杆、钢筋支撑等发生移位或损坏，立即停止使用并及时修复。

（4）及时清理作业盖板上的积水，防止工人操作时不慎滑倒。

第2章 旋挖灌注桩综合施工新技术

2.1 深厚易塌地层双护筒护壁与硬岩旋挖滚刀扩底成桩技术

2.1.1 引言

扩底灌注桩是在钻孔灌注桩直孔段钻进至设计要求的持力层深度后，利用扩底钻头将桩端直径扩大，通过增加桩端与持力层接触面积，使桩承载力较大幅度提升的成桩技术。持力层为强风化层的扩底施工，通常采用旋挖钻机配备双翼截齿扩底钻头进行施工，截齿扩底钻头见图2.1-1。在中风化、微风化硬岩中扩底时，旋挖截齿扩底钻头破岩能力不足，通常采用配备四翼滚刀扩底钻头的气举反循环回转钻机（RCD）进行硬岩扩底，RCD四翼滚刀扩底钻头见图2.1-2；而采用RCD扩底时，一般采用旋挖钻机钻进直孔段。采用RCD施工扩底段，整体施工需配备两台套大型设备进行施工，存在工序复杂、效率低、成本高等问题。

图2.1-1 截齿扩底钻头

图2.1-2 RCD四翼滚刀扩底钻头

香港落马洲C_3项目桩基础工程，位于香港文朗区东北面，场地上部覆盖层为深厚海相淤泥层、中细砂、粗砂等，厚度约35m；下伏基岩为花岗岩，平均单轴饱和抗压强度为65MPa。项目塔楼桩基础设计为扩底灌注桩，设计直孔段桩径1.5m、扩底直径为2.5m，桩端持力层为微风化花岗岩，平均桩长约40m，其中入中风化、微风化岩深度平均5m。综合分析，本项目上部分布深厚易塌孔覆盖层，如采用浅埋护筒护壁，由于在硬岩中扩底耗时长，钻进过程中极易造成上部孔壁不稳定；如采用单层超长护筒护壁，则由于护筒埋置太深将造成垂直度难以保证、起拔困难。同时，钻进时存在微风化硬岩扩底难度大，且扩大端清孔时间长、清孔不彻底等难题。

针对本项目硬岩扩底灌注桩施工中面临的上述问题，项目组对“深厚易塌地层双护筒护壁与硬岩旋挖滚刀扩底成桩技术”进行了立项研究，采用内、外双护筒护壁，将内护筒安放至中风化岩面，对深厚易塌地层进行护筒护壁；直孔段采用旋挖钻进，达到设计入岩深度后，采用全断面滚刀钻头将桩底修理平整，再更换自主研制的旋挖滚刀扩底钻头进行扩底段施工；对于桩底扩大端清孔难彻底、清孔时间长的问题，采用双气管气举反循环工艺清孔；另外，针对双护筒护壁，内护筒露出孔口较高给灌注作业带来安全隐患，有针对性采用了孔口封闭平台灌注技术。本工艺经过数个项目的实际应用，达到了质量可靠、钻扩快捷、安全便利、成本经济的效果，取得了显著的社会效益和经济效益。

2.1.2　工艺特点

1. 质量可靠

本工艺成孔时，采用内、外双护筒护壁技术，内护筒下至持力层岩面，确保孔壁稳定，且有效保证了内护筒的定位准确和垂直度；岩层扩底采用特制的旋挖滚刀扩底钻头进行扩底段施工，保证了扩底尺寸；扩底段采用双气管气举反循环清孔工艺，有效地保证了清孔效果。

2. 钻扩快捷

本工艺采用ICE66C型大功率振动锤下沉护筒，下沉平稳、快速；采用SY365R大功率旋挖钻机进行直孔段成孔，旋挖钻进速度快；扩底时，旋挖钻机更换旋挖滚刀扩底钻头即可进行扩底段施工，避免了更换钻机，大大提升了硬岩扩底施工效率；扩底段采用双气管气举反循环清孔工艺，有效地提升了清孔效率。

3. 安全便利

对于采用双护筒护壁而造成内护筒高出地面给灌注作业带来的安全风险，本工艺针对性地采用了孔口可拆卸封闭平台灌注工艺，形成了护筒口全封闭作业和四周完全围挡的操作环境，杜绝了高位施工可能产生的人员坠落，安全措施有效、可靠。

4. 成本经济

本工艺直孔段采用旋挖钻机钻进，扩底时旋挖钻机更换滚刀扩底钻头进行扩底施工。相对比直孔段采用旋挖钻机施工、扩底段采用气举反循环钻机（RCD）的组合施工工艺，一台旋挖钻机即可完成硬岩扩底灌注桩成孔施工作业，减少了成桩设备、缩短了施工时间，总体施工成本低。

2.1.3　适用范围

（1）适用于扩底直径不大于3000mm灌注桩施工；（2）适用于孔深50m以内易塌孔地层条件下的内护筒埋设；（3）适用于硬岩强度65MPa及以下岩层扩底施工。

2.1.4　工艺原理

针对易塌孔地层大直径硬岩扩底灌注桩施工，本工艺以香港落马洲C_3项目桩基础工程为例，其关键技术主要包括以下五个部分：一是内、外双护筒护壁技术；二是硬岩旋挖滚刀扩底技术；三是全断面滚刀钻头孔底岩面修整技术；四是双气管气举反循环清孔技术；五是孔口高位护筒封闭式平台灌注混凝土技术。

1. 内、外双护筒护壁技术

(1) 内护筒沉入与定位控制技术

为防止成孔过程中上部覆盖层塌孔，将内护筒下沉至岩面，护筒最长约35m。由于内护筒超长，下沉与起拔时克服的侧摩阻力大。为此，本工艺设计采用内、外双护筒埋设工艺，先施工稍短的外护筒，外护筒直径1.7m、长6m，用以减小内护筒上部外护筒段的侧摩阻力，便于内护筒下沉和起拔。外护筒下放完成后，根据桩位中心点在外护筒内壁对称焊接4个定位块；定位块外端抵接在内护筒的外表面，利用定位块对内护筒进行限制定位，使得内护筒的中心点与桩孔中心点重合，有效保证了内护筒沉入和定位准确性。内护筒定位原理见图2.1-3。

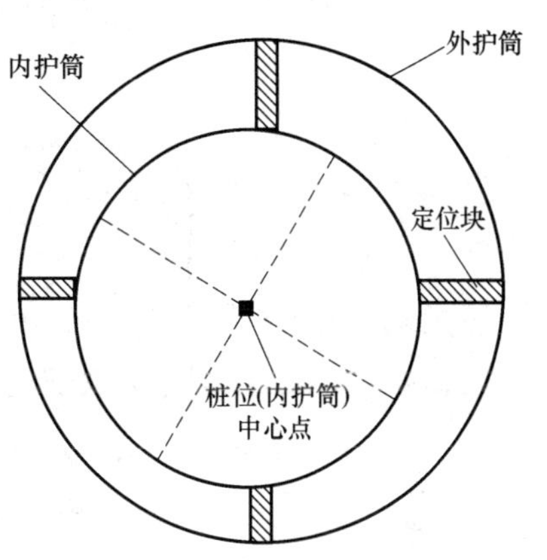

图 2.1-3 内护筒定位原理图

通过在外护筒内壁增设的4块定位块定位内护筒中心点，再利用振动锤护筒起吊点，实现两点一线的精准定位，再辅以下沉过程中护筒垂直度的全站仪观测和及时纠偏等技术措施，保持内护筒安装的垂直度满足设计要求。内护筒垂直度控制原理见图2.1-4。

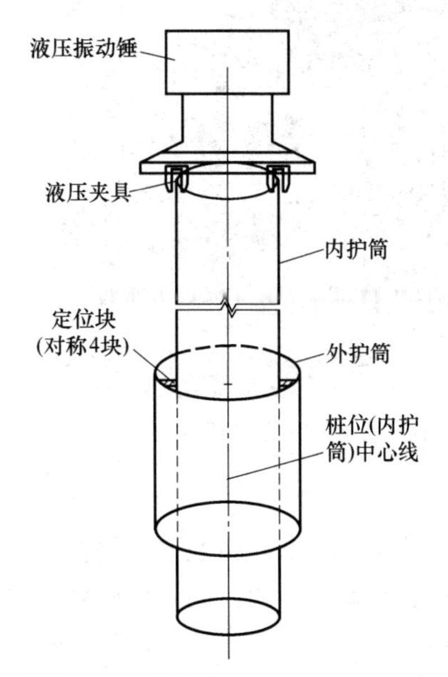

图 2.1-4 内护筒垂直度控制原理图

(2) 内护筒接长及纠偏技术

本工艺设计内护筒长35m，施工过程中内护筒采用孔口焊接连接。对接时，护筒间断面出现一定偏差而错位导致接长困难时，将特制的L形钢块与楔形钢块配合形成纠偏调节装置。当护筒对接断面为内错时，将L形钢块焊接在上节护筒外壁，插入楔形钢块并敲击，通过挤压L形钢块拉动上节护筒归位，具体调节过程见图2.1-5。当对接断面为外错时，则将L形钢块焊接在下节护筒，同样插入楔形钢块并敲击，通过楔形钢块的挤压作用使上节护筒归位，具体调节过程见图2.1-6。护筒纠偏后即通过点焊暂时固定，并沿圆周方向依次对其余错位点进行调节，直至护筒圆度满足要求再进行满焊接长。

2. 硬岩旋挖滚刀扩底技术

(1) 旋挖滚刀钻头设计

为提高施工效率、降低施工成本，项目组研发旋挖滚刀扩底钻头，采用旋挖钻机配备滚刀钻头进行硬岩扩底。该钻头整体为对称四翼、机械下开式结构，由扶正器、支撑座、中心方管、扩底翼、切削滚刀、限位钢板等组成。旋挖滚刀扩底钻头结构见图2.1-7。钻头顶部为与旋挖钻机钻杆方头配套的方形接头，接头

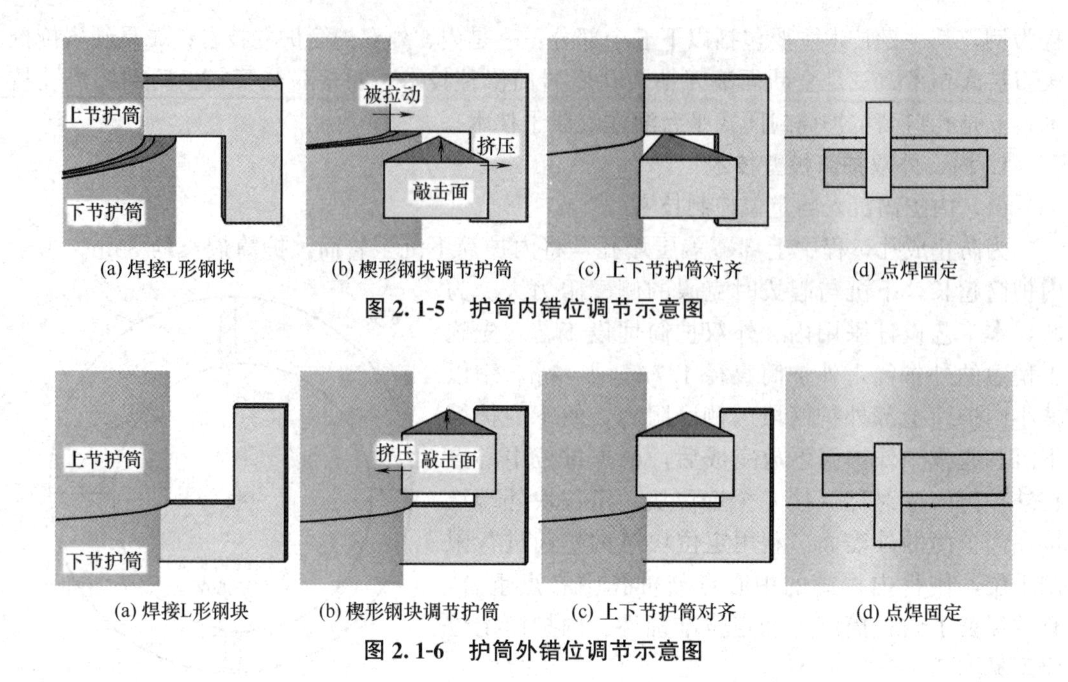

(a) 焊接L形钢块　(b) 楔形钢块调节护筒　(c) 上下节护筒对齐　(d) 点焊固定

图 2.1-5　护筒内错位调节示意图

(a) 焊接L形钢块　(b) 楔形钢块调节护筒　(c) 上下节护筒对齐　(d) 点焊固定

图 2.1-6　护筒外错位调节示意图

处设置的扶正器直径与直孔段直径一致，有助于扩底时垂直度控制，钻头顶部设置见图 2.1-8。

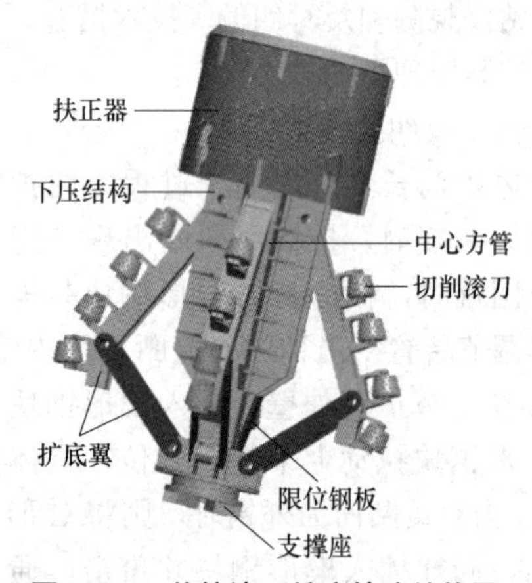

图 2.1-7　旋挖滚刀扩底钻头结构图

图 2.1-8　钻头顶部结构

（2）旋挖滚刀钻头钻扩成孔

本工艺所使用的旋挖滚刀扩底钻头在提起时，扩底翼呈收缩状态；扩底时，将扩底钻头提起下入孔底，在钻压和钻头自重作用下，中心方管向下移动，推动扩底翼向外张开并以一定压力作用于孔壁上；当钻机带动钻头回转时，回转扭矩从中心方管传递到扩底翼，使扩底翼上的滚刀在孔壁上滚动并破碎岩石，随着岩石被逐渐破碎，扩底翼逐渐张开至扩底直径。

扩底直径由钻机施工时扩底行程控制，扩底行程为钻头垂直放置时其扩底翼完全收拢与扩底翼张开至设计扩底直径的扩底钻头的高度差，并在下压结构底端对应中心方管上焊接限位钢板。施工时钻杆下钻达到相应的行程，下压结构底端压至限位钢板顶部，即表示扩底满足设计扩底直径。滚刀扩底钻头扩底翼收起状态见图 2.1-9，滚刀扩底钻头扩底翼扩张状态见图 2.1-10。

图 2.1-9　扩底翼收起状态

图 2.1-10　扩底翼扩张状态

3. 全断面滚刀钻头孔底岩面修整技术

(1) 全断面滚刀钻头设计

由于扩底钻头底端支撑座为平底，扩底钻进时支撑座固定不动，孔底是否平整对扩底效果影响极大。因此，本工艺在滚刀扩底钻头下放前，增加采用全断面滚刀钻头将孔底岩面修平工序，以保证滚刀扩底钻头的扩底效果。

全断面滚刀钻头一般用于大扭矩回转钻机，本工艺将旋挖钻筒与镶齿滚刀底板组合成旋挖硬岩滚刀磨底钻头，将旋挖钻筒底部安设截齿或牙轮的部分整体割除，与布设滚刀的底板进行焊接，使滚刀碾磨轨迹覆盖全断面钻孔，并在底板上切割若干泄压孔，以减小钻头入孔的压力。旋挖全断面滚刀钻头底板及实物见图 2.1-11、图 2.1-12，旋挖全断面滚刀钻头下钻见图 2.1-13。

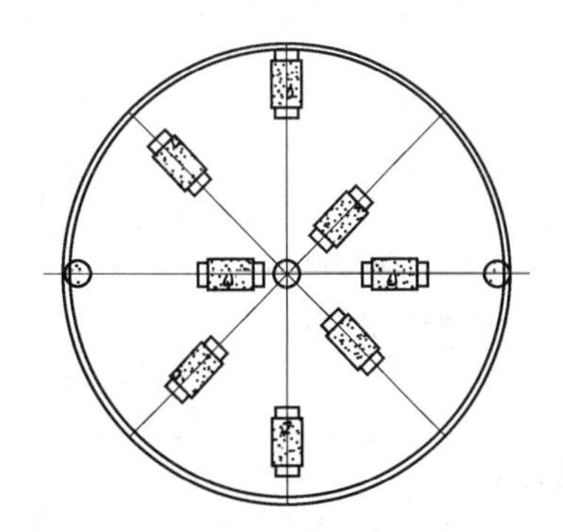

图 2.1-11　滚刀钻头底板

图 2.1-12　旋挖滚刀钻头

图 2.1-13　旋挖滚刀钻头下钻

(2) 全断面滚刀钻头孔底岩面修整

旋挖钻机利用动力头提供的液压动力带动钻杆和钻头旋转，钻进过程中钻头底部滚刀绕自身基座中心轴（点）持续转动，滚刀上镶嵌的金刚石珠在轴向力、水平力和扭矩的作用下，连续对硬岩进行研磨、刻划并逐渐嵌入岩石中，并对岩石进行挤压破坏，当挤压力超过岩石颗粒之间的黏合力时，岩体被钻头切削分离，并成为碎片状钻渣；随着钻头的不断旋转碾压，碎岩被研磨成为细粒状岩屑，从而将孔底岩面修理平整。

4. 双气管气举反循环清孔技术

（1）气举反循环清孔

气举反循环清孔是将空压机产生的高压空气通过送风管送至导管内一定深度，使高压空气与泥浆混合，压缩空气重度小于孔内泥浆重度，管内外泥浆产生重度差，在导管内形成低压区，连续输送高压空气使得导管内外压力差不断增大；当达到一定压力差后，管内的气浆混合体向上流动，使钻孔内泥浆顺着导管、外接泥浆管排出至泥浆净化器，净化后的泥浆再通过泥浆管补充至钻孔内，以此循环达到清孔的目的。

（2）双气管气举反循环清孔

扩底灌注桩因其在钻孔端部扩大钻孔直径，增大了清孔难度。因此，本工艺在气举反循环清孔的基础上，额外增加一根气管向孔底送入高压空气，为保证清孔过程中气管的稳定性，在气管底部接一根长6m、直径48mm、壁厚3.0mm的钢管，钢管底部另焊接一根长2m、直径32mm的钢筋增加配重，清孔时在孔内移动、变换气管的清孔位置，通过气管向钻孔底部各方向输送高压缩空气，钻孔底部的沉渣在喷出气体的作用下被搅动呈悬浮状态，并与孔内泥浆共同沿导管内向上流动、排出，从而提高清孔效率和清孔效果。双气管气举反循环清孔技术原理见图2.1-14。

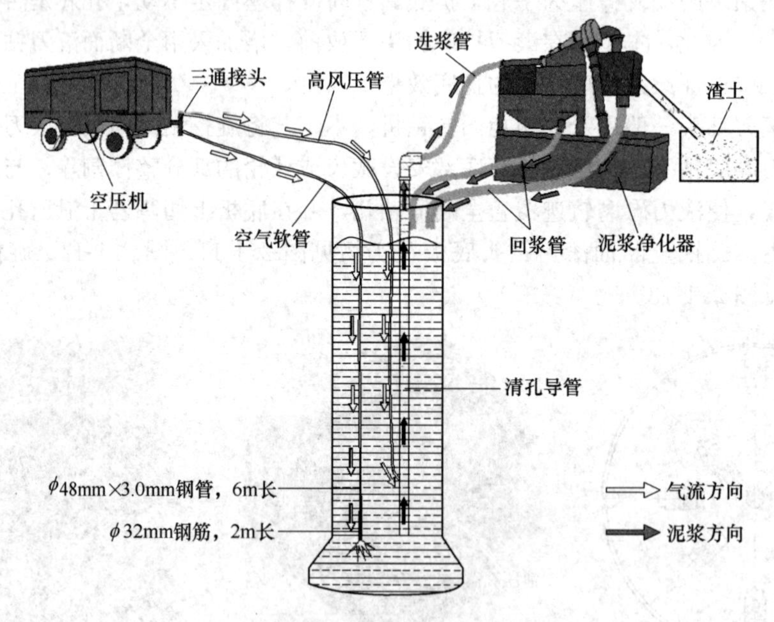

图2.1-14　双气管气举反循环清孔技术原理图

5. 孔口封闭平台灌注混凝土技术

（1）孔口封闭平台作业原理

本工艺由于采用双护筒设计，内护筒露出地面高度约500mm，在孔口作业时存在一定的安全风险。针对工人在孔口进行灌注作业时的安全隐患，专门设计作业盖板将灌注架两侧洞口全部封闭，并且在作业盖板上方安装防护栏杆，底部设置支撑，形成了一种装配式孔口灌注平台，使用该平台可以有效避免工人坠入孔内或者掉落地面。本装置保留了灌注架的原有功能，并专门设计了活动盖板，以便清孔时安放泥浆管以及灌注混凝土时抽吸泥浆，确保桩身混凝土灌注安全、顺利进行。

（2）孔口封闭平台组成

孔口封闭平台主要由灌注架、作业盖板和辅助结构三部分组成，具体结构见图 2.1-15。灌注架骨架由两根 U 形槽钢组成，中部为折页板，用于固定灌注导管，折页板一侧为固定盖板，用于封闭洞口；另一侧设置活动盖板，当需要抽吸或注入泥浆时，可以将活动盖板打开，泥浆管通过洞口放入护筒内。灌注架两侧分别设置独立的 5mm 厚半圆形钢制作业盖板，钢板将护筒顶灌注架两侧的洞口全部覆盖，为工人提供足够的作业空间。钢板上方设置一圈 20cm 高的踢脚板，避免人员踏出平台，以及防止平台上施工器具掉落。辅助结构主要由支撑、栏杆、爬梯等组成。

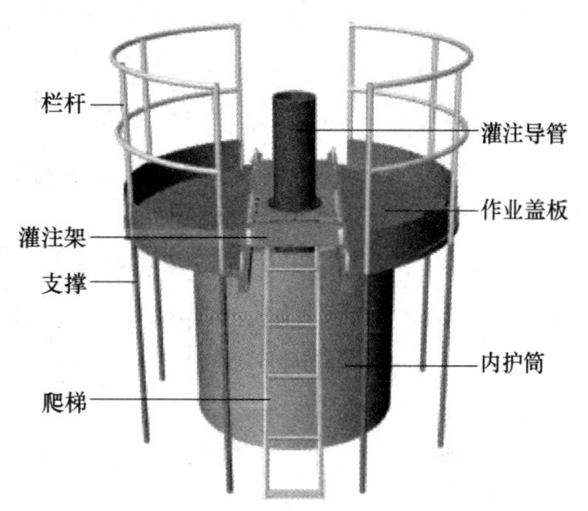

图 2.1-15　孔口封闭平台结构图

2.1.5　施工工艺流程

深厚易塌地层双护筒护壁与硬岩旋挖滚刀扩底成桩工艺流程见图 2.1-16。

2.1.6　工序操作要点

1. 施工准备

（1）收集设计图纸、勘察报告及所施工桩位附近地层资料等，并进行技术交底。

（2）平整场地，修筑临时道路，松软地层进行换填、压实，在钻机就位处铺设钢板，保证施工区域内设备的稳固安全。

（3）采用全站仪对桩位中心点进行放线。

（4）根据设计要求的扩底尺寸加工旋挖扩底滚刀钻头。

2. 外护筒下沉

（1）本项目设计桩径 1.5m，外护筒采用外径 1.8m、壁厚 25mm、长度 6m 的钢制护筒。

（2）外护筒采用 ICE66C 振动锤沉入，其最大激振力为 1700kN，最大压入力为 90t，最大起拔力为 100t。

（3）采用型号 SCX1000A-3 履带起重机配合振动锤夹持外护筒吊起，将外护筒中心点与桩位中心点重合就位，利用振动锤夹持外护筒振入土体中，具体见图 2.1-17。

（4）外层护筒沉入后，复核外护筒圆心与桩位中心位置偏差值。依据量测的外护筒与桩中心的偏差值，在外层护筒内壁焊接 4 个定位块，外护筒上设置内护筒中心点定位块见图 2.1-18。

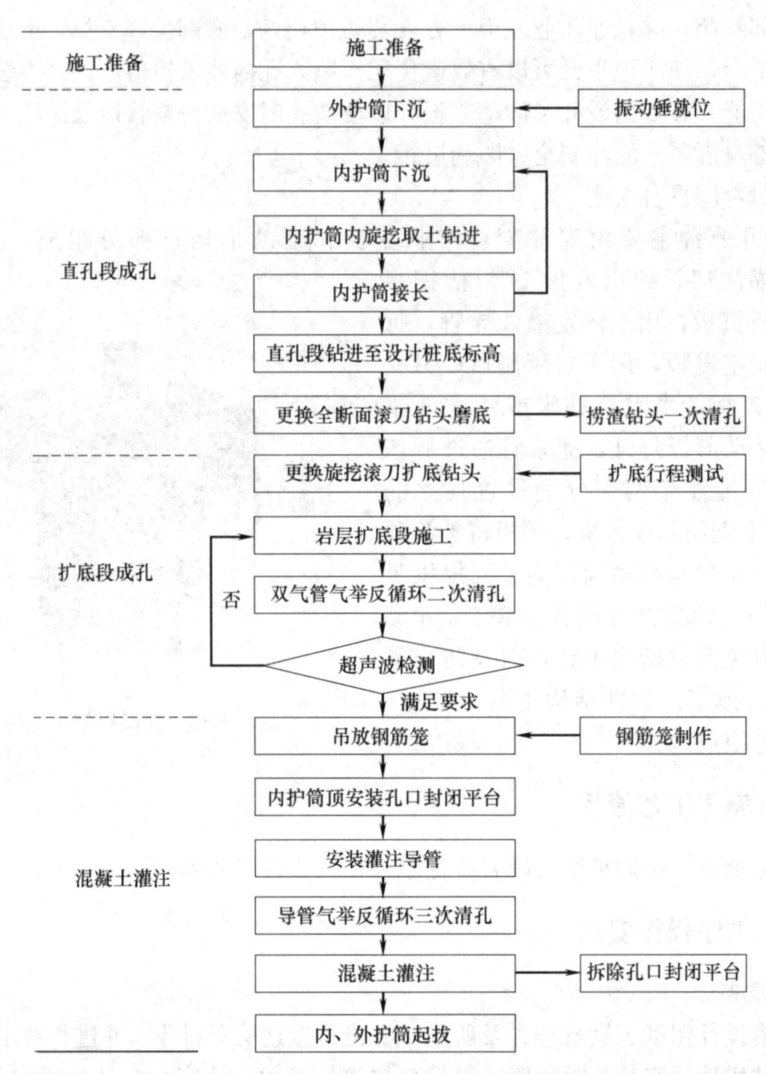

图 2.1-16　深厚易塌地层双护筒护壁与硬岩旋挖滚刀扩底成桩工艺流程图

图 2.1-17　外护筒下沉

图 2.1-18　外护筒上设置内护筒中心点定位块

3. 内护筒下沉

（1）内护筒采用外径 1.5m、壁厚 25mm 钢制护筒，分节长度为 12m，内护筒见图 2.1-19。

图 2.1-19 内护筒

（2）采用履带式起重机将内护筒吊起，置于外护筒定位块内就位，具体见图 2.1-20、图 2.1-21。

（3）采用振动锤夹持内护筒下沉，至距离外护筒顶 50cm 停止下沉，具体见图 2.1-22。

4. 内护筒内旋挖取土钻进

（1）采用型号 SY365R 旋挖钻机，最大扭矩 365kN·m，最大成孔直径 2.5m，最大成孔深度 65m，可满足本项目施工要求。

图 2.1-20 内护筒起吊

图 2.1-21 内护筒定位

图 2.1-22 振动沉入首节内护筒

图 2.1-23 内护筒内旋挖取土

（2）首节钢护筒下沉到位后，采用旋挖钻机进行护筒内取土，土层段采用截齿捞砂斗施工，具体见图 2.1-23。

5. 内护筒接长

（1）孔口护筒接长时，若上、下节护筒断面圆度偏差大于 20mm，为确保护筒的垂直度和护壁效果，对接前先进行护筒口纠偏。

（2）当对接护筒错位方式为内错时，将 L 形钢块焊接在上节护筒，通过锤击楔形钢块拉动错位护筒变形归位，调节过程见图 2.1-24；当外错时，将 L 形钢块焊接在下节护筒，锤击楔形钢块挤压上节护筒归位，调节过程见图 2.1-25。

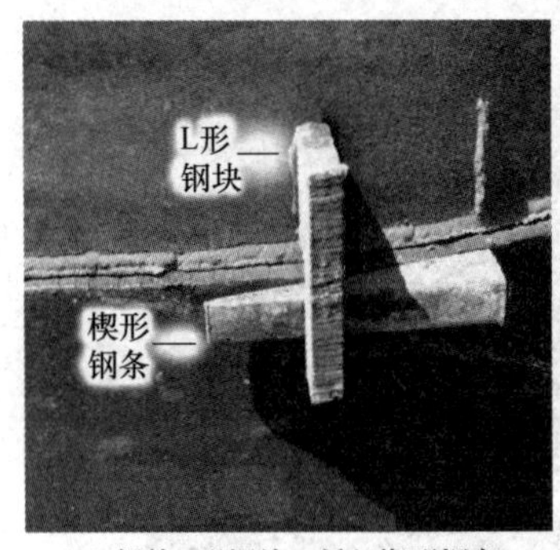

(a) 焊接L形钢块，插入楔形钢条

(b) 锤击楔形钢条，调节护筒

(c) 上下节护筒对齐，点焊固定

图 2.1-24 上、下节护筒内错纠偏调节过程

(a) 焊接L形钢块，插入楔形钢条

(b) 上下节护筒对齐，点焊固定

图 2.1-25 上、下节护筒外错纠偏调节过程

（3）纠偏后的调节位置采用点焊初步固定，再沿着对接护筒圆周方向寻找下一偏差点，并进行纠偏调节，直至护筒圆度满足要求。上、下节护筒纠偏对接效果见图 2.1-26。

（4）上、下节护筒满足对接要求后，对上、下节护筒打坡口以增加焊面，采用满焊将上、下节护筒连接，接长效果见图 2.1-27。

图 2.1-26 护筒对接圆度效果

图 2.1-27 护筒接长效果

6. 直孔段钻进至设计桩底标高

（1）内护筒全断面下沉至岩面后，采用吊锤测量岩面深度，具体见图 2.1-28。

（2）确定岩面后，旋挖钻头更换为直径 1500mm 牙轮筒钻进行直孔段岩层环切钻进，具体见图 2.1-29。环切到位后，采用专门的取芯筒钻入孔取芯，取出的岩芯见图 2.1-30。

（3）根据钻进取芯岩样，综合判断持力层，并按设计要求完成持力层入岩的深度钻进。

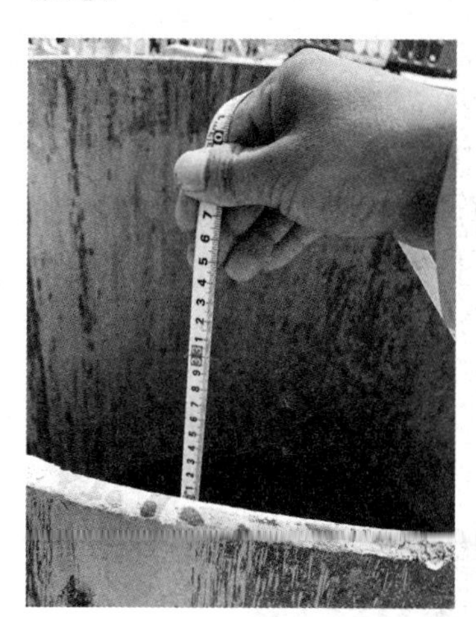

图 2.1-28 岩面深度测量

图 2.1-29 牙轮筒钻

图 2.1-30 筒钻取出岩芯

7. 更换全断面滚刀钻头磨底

（1）旋挖钻机更换全断面滚刀钻头对孔底实施修整磨平，更换前全面检查滚刀钻头质量，检查内容包括：底板与钻斗焊接质量、滚刀基座与底板的焊接情况、滚刀和牙轮安装质量等。

（2）旋挖钻机安装全断面滚刀钻头后，将旋挖滚刀钻头在地面进行研磨钻进试验，并检查滚刀及牙轮研磨轨迹，并从地面上滚刀金刚石珠覆盖轨迹检查滚刀的工况，具体见图 2.1-31。

（3）下钻前，测量孔底标高位置，测量数量不少于 4 个点；将筒钻中心线对准桩位中心线下钻，具体见图 2.1-32；下钻过程中，记录钻头下至孔底位置的标高，当钻头至岩面最高点处开始钻进；钻进时，保持轻压慢转，并观察操作室内的垂直度控制仪，确保钻

图 2.1-31 旋挖滚刀钻头试钻

图 2.1-32 全断面滚刀钻头下钻

进的垂直度及孔底平整。

(4) 量测孔底岩面各点高差不大于 20mm 时，磨底施工结束，更换旋挖捞渣钻头进行孔底捞渣清孔。

8. 更换旋挖滚刀扩底钻头

(1) 本项目扩底段直径为 2.5m，扩底段高度为 1.5m，倾斜角度 25°，采用旋挖钻机配备特制滚刀扩底钻头进行施工。

(2) 扩底钻头使用前对滚刀扩底钻头进行行程测量，主要检查其扩底翼打开尺寸、达到扩底尺寸所需要下压行程等，现场行程测量见图 2.1-33。

(3) 符合设计要求后，将滚刀扩底钻头顶部方形槽与旋挖钻机钻杆端部方头进行连接，滚刀扩底钻头安装见图 2.1-34。

图 2.1-33 滚刀扩底行程测量

图 2.1-34 滚刀扩底钻头安装

9. 岩层扩底段施工

（1）旋挖钻机提起扩底钻头，收缩钻头扩张翼下入桩孔底部，具体见图 2.1-35。

（2）对于滚刀支架安装间距较大，在滚刀钻头间出现切割盲角位置，补焊牙轮钻头，从而实现扩底侧的全断面钻进，具体见图 2.1-36。

图 2.1-35 扩底钻头下放

图 2.1-36 补焊牙轮钻头

（3）扩底钻头就位后，启动旋挖钻机并进行逐渐加压钻进，滚刀钻头切割周边硬岩；在扩底施工过程中，定期提起扩底钻头，采用高压水枪对附着在钻头上的岩屑进行冲洗，检查滚刀状况并及时更换磨损的滚刀，具体见图 2.1-37。

（4）当旋挖钻机钻进达到预定扩底行程时，则表明钻进达到设计扩底尺寸，经检查确认后，将扩底钻头上提出孔。

10. 双气管气举反循环清孔

（1）清孔空压机采用 XAVS900 型空压机，排气量 24.4m^3/min、排气压力 14bar，现场空压机见图 2.1-38。空压机排气管通过三通接头连接空气软管和高风压管形成双气管，三通接头见图 2.1-39。

图 2.1-37 冲洗扩底钻头

图 2.1-38 XAVS900 型空压机

图 2.1-39 三通接头

图 2.1-40　空气软管底部

（2）空气软管采用 super air hose（直径 25mm，耐压 20bar）的空气软管，底部为 6m 长钢管（规格 ϕ48mm，壁厚 3.0mm），钢管底部另焊接一根 2m 长钢筋（HRB400，ϕ32mm），具体见图 2.1-40。高风压管采用 HYDRAULIC HOSE-602-2502-21MPa（代号为 602，公称内径 25mm 的 2 层钢丝编制液压胶管，耐压 21MPa）。

（3）高风压管末端连接清孔导管高压气管接头，清孔导管采用直径 200mm、壁厚 10mm 钢管制作，分节长度约 6m，分节采用法兰连接，专用清孔导管见图 2.1-41。高压气管接头开设在距离清孔导管底部位置约 3.5m 处，接头管直径 10mm、长度 100mm，清孔导管底部气管接头具体见图 2.1-42。

图 2.1-41　专用清孔导管

图 2.1-42　清孔导管底部气管接头

（4）清孔作业时，适时移动空气软管，对孔底各方向进行送气吹渣。孔底泥浆通过清孔导管排出，清孔导管顶部通过泥浆管连接至泥浆净化器，泥浆经净化后通过回浆管循环回流至桩孔内，具体见图 2.1-43～图 2.1-45。

图 2.1-43　双气管二次清孔

图 2.1-44　双气管清孔泥浆循环

11. 超声波检测

（1）清孔完成后，采用日本 koden 超声波钻孔侧壁检测仪 DM-602R 对扩底效果进行检测，具体见图 2.1-46。

(2) 使用导线上下移动超声波传感器，孔壁垂直度、孔径等相关信息同步传至打印装置输出检测图像，具体见图 2.1-47。

(3) 对检测数据进行分析，如钻孔垂直度、扩底尺寸不满足设计要求，再次下放扩底钻头进行扩底修孔，直至满足设计要求，超声检测数据分析见图 2.1-48。

12. 吊放钢筋笼

(1) 钢筋笼在加工场制作，主筋采用 U 形卡扣连接，箍筋与主筋采用绑扎连接，具体见图 2.1-49。

图 2.1-45 泥浆净化器排渣

图 2.1-46 超声波钻孔孔壁检测仪

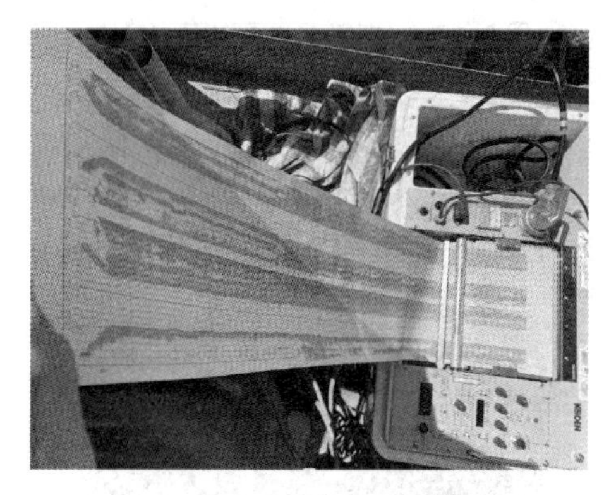

图 2.1-47 钻孔孔壁超声检测

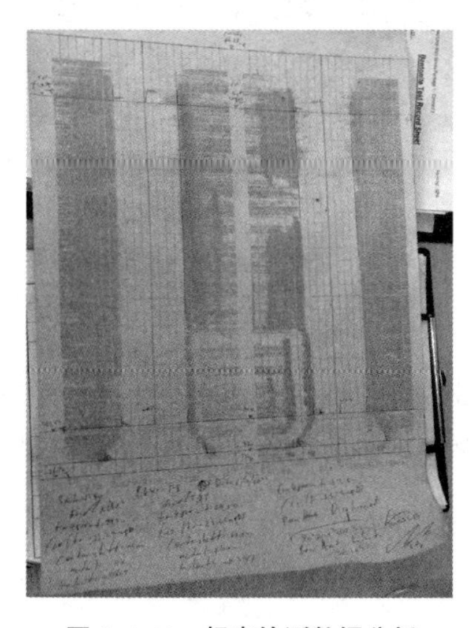

图 2.1-48 超声检测数据分析

图 2.1-49 钢筋笼制作

(2) 钢筋笼侧壁、底部保护层采用混凝土垫块，具体见图 2.1-50、图 2.1-51。

(3) 钢筋笼经验收合格后，采用起重机下放至桩孔内，具体见图 2.1-52、图 2.1-53。

图 2.1-50　侧壁保护层混凝土垫块

图 2.1-51　底部保护层混凝土垫块

图 2.1-52　钢筋笼验收

图 2.1-53　钢筋笼下放入孔

13. 内护筒顶安装孔口封闭平台

（1）本项目选择长 2.0m、宽 0.6m 的灌注架，作业盖板直径设计为 2.0m，盖板上栏杆高度为 1.2m，具体见图 2.1-54、图 2.1-55。

（2）吊钩勾挂栏杆，起吊一侧作业盖板，使作业盖板与槽钢下翼缘搭接，安装时将钢板上的连接孔与槽钢翼缘上开设的连接孔对齐。重复上述操作过程，将灌注架另一侧作业盖板安装就位，具体见图 2.1-56。

（3）将活动盖板安放至灌注架上，活动盖板尺寸为 60cm×40cm，具体见图 2.1-57。爬梯采用 20mm 钢筋制成，爬梯上端用短钢筋作为插销将其与灌注架连接，具体见图 2.1-58。

14. 安装灌注导管

（1）采用水下导管法灌注桩身混凝土，导管直径为 300mm，灌注导管采用丝扣连接方式，灌注导管见图 2.1-59。

图 2.1-54 灌注架实物

图 2.1-55 作业盖板实物

图 2.1-56 作业盖板安装

图 2.1-57 安装活动盖板

图 2.1-58 爬梯安装

(2) 导管使用前，对导管进行水密性测试，导管测试合格后用于现场灌注。

(3) 起吊首节导管至灌注架上方，打开灌注架折页板，开始下放导管，在孔口将上下两节导管对接，导管下放直至其底部距孔底 0.3～0.5m，具体见图 2.1-60。

15. 灌注导管气举反循环三次清孔

(1) 灌注导管下放完成后，在导管顶部安装气举反循环弯头，启动空压机进行气举反循环清孔。

图 2.1-59　灌注导管

图 2.1-60　下放灌注导管

图 2.1-61　灌注导管反循环三次清孔

（2）清孔过程中，气举反循环排出的泥浆通过胶管流入泥浆净化器进行浆渣分离，分离后的优质泥浆返回孔内进行循环清孔，具体见图 2.1-61。

（3）清孔作业时，控制孔内泥浆面的高度，确保孔壁稳定。

16. 混凝土灌注

（1）本工程扩底端直径 2500mm，为满足混凝土初灌埋管不小于 1.0m 的要求，选用容积为 $6m^3$ 的初灌料斗，采用混凝土罐车直卸方式灌注。

（2）为保证初灌开塞效果，本项目采用泡沫开塞球结合隔水盖板方式，泡沫开塞球见图 2.1-62。隔水盖板采用底部包裹无纺布的钢制隔水板，具体见图 2.1-63。

图 2.1-62　泡沫开塞球

图 2.1-63　无纺布包裹隔水塞

（3）将灌注料斗与孔内灌注导管连接。将泡沫开塞球放入导管内，泡沫球悬浮于导管内泥浆表面，再将隔水盖板置于灌注料斗的底部；然后，混凝土罐车向料斗内灌入混凝土。当料斗即将灌满时，将隔水盖板提起，料斗内混凝土随导管灌入桩孔底，具体见图 2.1-64。

图 2.1-64 平台上灌注桩身混凝土

(4) 灌注混凝土时，孔内泥浆液面上升，为了避免泥浆溢出，打开活动盖板，将潜水泵放入孔内并且连接泥浆管，启动潜水泵后从孔内抽吸泥浆至泥浆循环池，具体见图 2.1-65。灌注过程中，定期监测孔内混凝土面高度，根据混凝土面高度，逐节拆卸导管，保证导管埋管深度为 2～6m。

图 2.1-65 抽吸泥浆

17. 内、外护筒起拔

(1) 随着桩身混凝土灌注面的上升，及时进行内护筒起拔和拆除，内护筒起拔前，将孔口封闭平台拆除吊开，将内、外护筒间采用人工填砂方式充填密实。

(2) 护筒起拔采用液压振动锤，随混凝土灌注逐节将内护筒拆除，拆除时保持内护筒埋入桩内混凝土面不小于 6m。

(3) 混凝土灌注完成后，采用振动锤将外护筒拔除。

2.1.7 机械设备配置

本工艺现场施工所涉及的主要机械设备配置见表 2.1-1。

主要机械设备配置表 表 2.1-1

名　称	型　号	数　量	备　注
旋挖钻机	SY365R	1 台	成孔
振动锤	ICE66C	1 台	护筒下沉
履带起重机	SCX1000A-3	1 台	吊装
外护筒	ϕ1.7m,壁厚 25mm	6m	内护筒定位
内护筒	ϕ1.5m,壁厚 25mm	50m	护壁

续表

名　　称	型号、规格	数　量	备　注
空压机	XAVS900	1台	清孔
清孔导管	ϕ200mm	50m	清孔
灌注料斗	6m^3	1个	混凝土灌注
灌注导管	ϕ300mm	50m	混凝土灌注
电焊机	NBC-250A	2台	护筒焊接
泥浆净化器	ZX-200	1台	泥浆净化
装配式平台	定制	1套	混凝土灌注
超声波钻孔侧壁检测仪	DM-602R	1台	成孔质量检测
全站仪	莱卡 TZ05	1台	桩位测放
经纬仪	莱卡 TM6100A	2台	垂直度监测

2.1.8 质量控制

1. 成孔

（1）外护筒内壁定位块根据外护筒中心点与桩位中心点偏差制作，保证定位块尺寸的准确性；内护筒上、下节护筒孔口断面圆度偏差大于 20mm 时，通过锤击楔形钢块进行纠偏。

（2）直孔段遇到岩层后，根据钻进取芯岩样，综合判断持力层，入持力层深度满足设计要求。

（3）全断面滚刀钻头磨底施工前，检查滚刀及牙轮研磨轨迹；施工完成后，取桩底 8 个点进行高差测量，各点高差不大于 20mm。

（4）扩底钻头使用前，进行扩底行程、扩底直径、扩底角度等检查受滚刀支架安装影响而出现钻进盲点时，在滚刀钻头间适当补焊牙轮钻头；扩底段施工完成后，采用超声波进行成孔质量检测。

（5）扩底施工前、钢筋笼吊装前、混凝土灌注前分别进行清孔，保证桩底沉渣厚度满足要求。

2. 钢筋笼制安及混凝土灌注

（1）钢筋笼吊装前，进行笼体检查，检查内容包括：长度、直径、卡扣连接、保护层垫块等。

（2）混凝土灌注前，采用超声波钻孔检测仪对成孔质量进行检测，检测合格后方可进行钢筋笼吊装。

（3）混凝土灌注前，确保孔底沉渣清理干净，检测合格后进行混凝土灌注。

（4）利用导管灌注桩身混凝土，首次灌注量考虑扩底段方量，保证导管长度埋入混凝土量不少于 1m。灌注过程中，导管底部埋入混凝土深度保持在 2～6m 的范围。混凝土实际灌注标高满足设计超灌要求，确保桩顶混凝土质量。

（5）起拔和拆除内护筒时，内护筒埋入桩内混凝土面不小于 6m。

2.1.9 安全措施

1. 成孔

（1）旋挖钻机履带处铺垫钢板，确保作业面场地承载力满足施工要求。

（2）对护筒的材质、壁厚、平整度等进行现场检测，合格后方可使用。

（3）吊装作业时，派专人进行指挥。

（4）钻头与旋挖钻杆方头采用钢制插销连接，下钻前确保连接可靠。

（5）气举反循环清孔作业前，检查各气管接口，确保连接牢固。

2. 钢筋笼制安及混凝土灌注

（1）根据钢筋笼长度计算吊点位置，避免钢筋笼变形、损坏。

（2）混凝土灌注在装配式平台上进行，平台使用前，检查钢筋支撑的焊点连接情况，以及栏杆、作业盖板的变形情况。

（3）混凝土经坍落度检测合格后方可使用，避免发生堵管事故。

（4）混凝土灌注保持连续进行，避免中断时间过长导致发生埋管事故。

（5）钢筋笼吊装、混凝土灌注过程中，派专人进行指挥。

2.2 易塌孔灌注桩旋挖全套管钻进、下沉、起拔一体施工技术

2.2.1 引言

在深厚易塌孔地层上进行旋挖灌注桩施工，通常需要沉入深长护筒进行护壁，将护筒穿越易塌地层，以确保孔壁稳定。

深惠城际大鹏支线土建七工区动走线特大桥位于深圳七娘山下，紧邻大鹏半岛地质公园地块，南西侧为碧洲村，北西侧为新大村。场地地层由上至下主要为：素填土、填砂层、填碎石、杂填土、淤泥质砂、砾砂、碎（卵）石、砂质黏性土、全风化花岗岩、微风化花岗岩。桥梁桩基桩径为1.0m、1.2m，持力层为微风化花岗岩，桩底最小嵌入持力层深度不小于1.5m，设计桩长16.2～30.3m。开始施工时，孔口下入8m的长护筒，护筒底进入杂填土中，施工中由于未完全隔离易垮塌地层，底部淤泥质砂、砾砂、卵石层造成严重垮孔。经现场反复研究和试验，为确保顺利成孔，制定长护筒护壁方案，需将护筒下至岩面，完全将易塌地层护住，护筒最大深度达28m。

目前，传统深长护筒的施工方法主要有三种：一是采用全套管全回转钻机下长护筒，配合冲抓斗进行取土钻进；二是采用全套管全回转钻机下长护筒，配合旋挖钻机进行取土；三是使用振动锤沉入超长护筒，旋挖钻机进行取土。以上三种方法都需要两种大型设备组合施工，工序较复杂，钻进效率低。

针对本项目在深厚易塌孔地层超长护筒施工存在的上述问题，项目组对灌注桩超长护筒施工技术进行了研究，采用“深厚易塌孔灌注桩旋挖全套管钻、沉、拔一体施工工艺”，沉入长护筒、旋挖取土、起拔长护筒全过程均只采用一台旋挖钻机进行施工，达到了施工工效高、成桩质量好、综合成本低的效果。

2.2.2　工艺特点

1. 施工效率高

本工艺采用驱动器连接钢套管，旋挖钻机动力头通过连接器、驱动器驱动钢套管旋转压入或拔出，钢套管接长和拆卸均由旋挖钻机完成，无需其他大型机械配合加拆套管。卸除连接钢套管插销后，旋挖钻机可直接在套管内钻进取土，大大提升了施工效率。

2. 成桩质量好

本工艺采用旋挖钻机全套管跟管钻进，利用钢套管护壁，无孔壁坍塌、缩径等风险，无需泥浆护壁，清洁、环保；钢套管护壁，成孔质量高，垂直度易于控制，确保了成桩质量。

3. 综合成本低

灌注桩施工下沉钢套管、旋挖钻进、出土，仅使用旋挖钻机施工，节省了大量的机械使用费用；施工时，旋挖拔出套管后随即接入另一孔的套管上钻进，整体流水组织作业，减少了辅助作业时间，施工效率高，总体综合成本低。

2.2.3　适用范围

（1）适用于扭矩不小于380kN・m的旋挖钻机施工；（2）适用于含地下水丰富、深厚易塌地层钻进；（3）适用于桩径不大于1500mm、跟管套管长度不大于35m的灌注桩施工。

2.2.4　工艺原理

本工艺采用大扭矩旋挖钻机施工，将驱动器通过连接器与旋挖钻机的动力头用连接销连接，旋挖钻机动力头输出扭矩和施加下压力带动驱动器，使与驱动器相连的首节钢套管带筒靴切入土中。当钢套管沉入困难时，解除钢套管与驱动器的连接销，旋挖钻机在钢套管内下放旋挖钻头取土作业，以减少钢套管的摩阻力。完成取土后，通过旋挖钻机接长钢套管旋转并下压钢套管继续沉入。如此循环沉入钢套管、接长钢套管、旋挖取土等操作，直至将钢套管下沉穿越易塌地层。

在完成钢筋笼吊放、桩身混凝土灌注后，再使用旋挖钻机将钢套管逐节拔出。起拔钢套管前，先安放孔口套管起拔夹持平台，当下节钢套管拔出地面约1m时，使用孔口套管起拔夹持平台将钢套管固定，再松开钢套管间的连接销，将钢套管移至下一根桩孔内沉入，循环作业直至拔出全部钢套管后完成施工。

1. 旋挖钻机与套管接驳连接原理

1）套管接驳连接

本工艺采用旋挖钻机接驳套管钻进，套管接驳主要构件包括连接器、驱动器、钢套管、带刀齿筒靴等，由工厂加工制作。连接器、驱动器、钢套管、带合金齿筒靴分别见图2.2-1～图2.2-4。

（1）连接器用于驱动器与旋挖钻机动力头之间的连接，上、下方均设有连接销，上方与旋挖钻机动力头连接，下方通过销轴与驱动器连接。

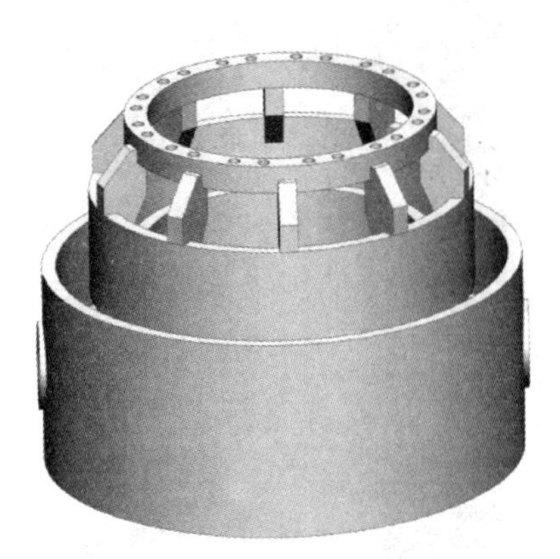

图 2.2-1 连接器

图 2.2-2 驱动器

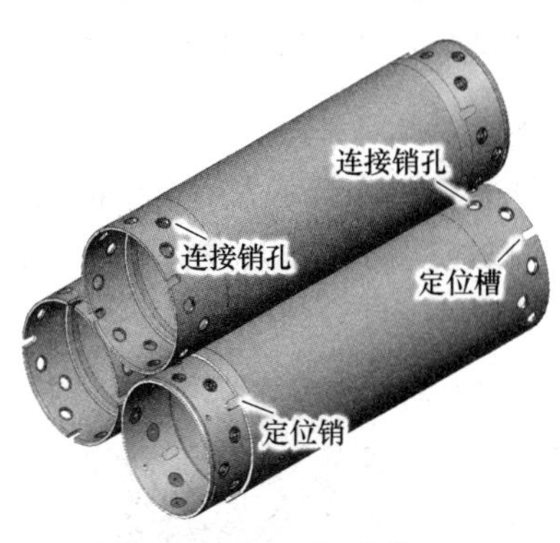

图 2.2-3 钢套管

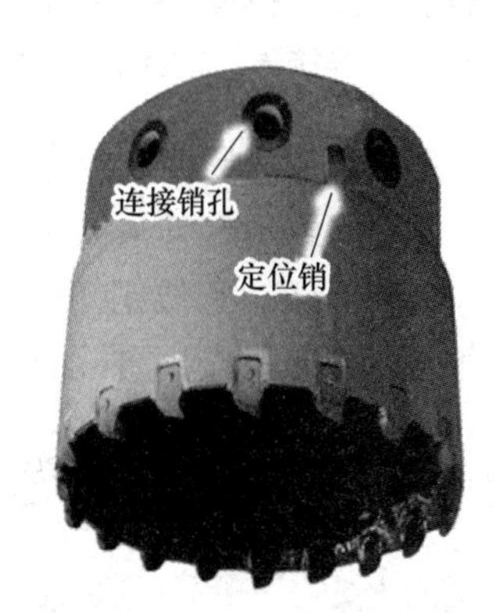

图 2.2-4 带合金齿筒靴

（2）驱动器长为 2m，管身开有若干圆气孔，上部设有连接销孔，并通过螺栓与连接器连接，下部设计定位槽和连接销用于连接钢套筒；驱动器实现整体结构过渡，起到传递旋挖钻机扭矩与加压的作用。

（3）钢套管设 2m、3m、4m 等长度规格，壁厚为 40mm，每节套管的上部 50cm 壁厚 20mm，开设排状连接销孔，对称设计 4 个定位销；下部同样开设相应的连接销孔，与上部反向设计 4 个定位槽相对应用于钢套管间或与筒靴榫接。

（4）筒靴前端镶嵌合金钻齿，通过旋转及轴压环切地层，减缓埋设套管阻力，提升套管钻入能力；筒靴上部与钢套管上部结构相同，上方连接钢套管。

2）旋挖钻机与套管接驳连接

（1）先将旋挖钻机动力头下压盘卸除，用连接销轴将连接器与旋挖钻机动力头插销连接，连接器同样采用插销与驱动器连接，动力头通过连接器、驱动器传递下压力及扭矩。安装连接器、驱动器后，不影响钻杆的伸缩以及旋挖钻头旋转取土。旋挖钻机加装连接器、驱动器前后见图 2.2-5、图 2.2-6。

（2）操机手通过操控旋挖钻机，缓慢下放驱动器套入钢套管，调整驱动器并使驱动器下部定位槽与钢套管的定位销对齐后再次下放驱动器，驱动器与钢套管完成对接，对称、

图 2.2-5 连接器、驱动器加装前

图 2.2-6 连接器、驱动器加装后

顺时针拨动连接销完成紧固。驱动器与钢套管连接见图 2.2-7。

（3）钢套管间或钢套管与筒靴的连接与驱动器相同，将钢套管下方的定位槽与另一节钢套管（筒靴）上部的定位销对齐完成对接；然后，在连接销孔插入柱状螺栓并完成紧固，从而完成钢套管间或与筒靴的连接。钢套管间连接见图 2.2-8。

图 2.2-7 驱动器与钢套管连接

图 2.2-8 钢套管间连接

2. 钢套管沉入及套管内取土原理

（1）钢套管沉入原理

本工艺将连接器与旋挖钻机动力头连接，并依次连接驱动器、钢套管和筒靴。通过旋挖钻机动力头输出扭矩和施加压力于钢套管、筒靴，将首节钢套管旋转切入土中。当首节钢套管顶离地面约 1m 时，停止沉入，开始接长钢套管。旋挖钻机解除与首节钢套管连接，重新接驳另一节钢套管，将两节钢套管进行对接并完成紧固后，旋挖钻机再次施压将钢套管沉入。循环沉入钢套管、接长钢套管步骤，直至钢套管至预定位置。钢套管下沉见图 2.2-9。

图 2.2-9　钢套管下沉

（2）旋挖钻机套管内取土原理

当钢套管与驱动器连接后，旋挖钻头可在钻孔深度方向通过伸缩钻杆进行套管内旋转钻进，但由于受钢套管、驱动器的限制无法卸土。随着钢套管的不断沉入，钢套管承受的摩阻力加大，造成下沉困难时，解除钢套管与驱动器的连接，将旋挖钻头携带着驱动器在套管内钻进取土，或入岩钻进以及提升钻头套管外卸渣。旋挖钻机套管内钻进见图 2.2-10，旋挖钻斗套管内取土见图 2.2-11。

3. 孔口夹持起拔套管原理

1）孔口夹持平台设计

当桩身混凝土灌注完成后，需及时拔出钢套管，避免因混凝土凝固造成套管无法拔出。此时，将驱动器与钢套管重新连接，动力头反向转动驱动器同时施加上拔力将钢套管逐节拔出。起拔钢套管前，为防止钢套管因自重作用下沉，本工艺在钢套管外专门设计了孔口套管起拔夹持平台。

孔口套管起拔夹持平台由型钢制作，平台设 2 个螺杆锁、6 个凸轮锁和固定顶块，具体结构见图 2.2-12。

2）孔口套管起拔

（1）在上节钢套管拔出地面、驱动器与钢套管解除连接前，为防止钢套管在自重作用下下沉，顺时针方向旋转螺杆锁，将螺杆向钢套管内旋出，并卡住焊在钢套管上的短钢筋；上抬凸轮锁手柄，凸轮锁凸轮带有连续锯齿，当锯齿与套管外壁接触时，凸轮锯齿将

图 2.2-10　旋挖钻机套管内钻进

图 2.2-11　旋挖钻斗套管内取土

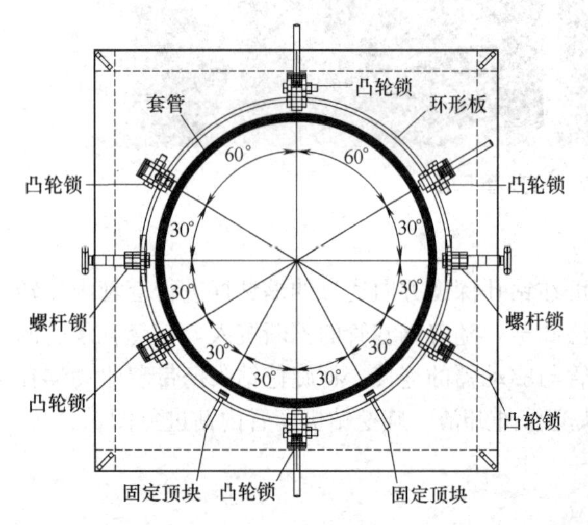

图 2.2-12　孔口套管起拔夹持平台结构

发挥夹持作用。若套管出现下沉，连续分布的锯齿与套管越夹越紧，利用锯齿与套管之间的摩擦力抵抗套管下沉。螺杆锁及凸轮锁固定套管见图 2.2-13，加焊在钢套管侧壁的短钢筋见图 2.2-14。

（2）当上节钢套管拔出地面约 1m 时，拧动孔口套管起拔夹持平台的螺杆锁及凸轮锁将钢套管固定。使用电动扳手拧出钢套管间的柱状固定螺栓，提升旋挖钻机动力头及驱动器，将上节钢套管与下节套管分离，移至孔外堆放位置或转至下一根桩施工。旋挖钻机驶回原桩位重新连接钢套管，继续拔出余下钢套管，直至全部拔出。

4. 流水作业原理

当 1 号桩完成混凝土灌注后，使用旋挖钻机带驱动器起拔钢套管，起拔过程中使用孔口套管起拔夹持平台固定地下部分钢套管，防止其下沉。起拔出来的钢套管移至 2 号桩位

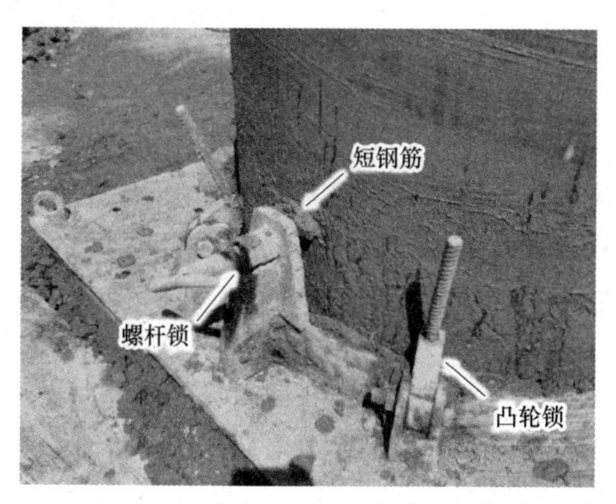

图 2.2-13　螺杆锁及凸轮锁固定套管

图 2.2-14　钢套管上的短钢筋

沉入，然后旋挖钻机继续将 1 号桩剩余的钢套管逐节拔出，并沉入 2 号桩；如此循环，完成 1 号桩所有的套管起拔以及 2 号桩的套管沉入的流水作业。旋挖全套管流水作业见图 2.2-15。

2.2.5　施工工艺流程

深厚易塌孔灌注桩旋挖全套管钻、沉、拔一体施工工艺流程见图 2.2-16。

图 2.2-15　旋挖全套管流水作业

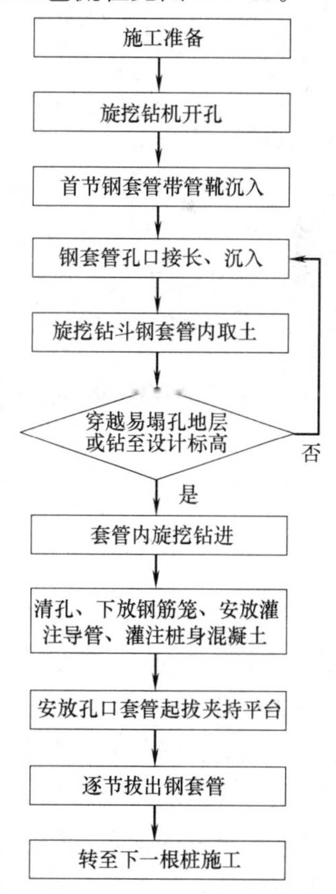

图 2.2-16　深厚易塌孔灌注桩旋挖全套管钻、沉、拔一体施工工艺流程图

2.2.6　工序操作要点

1. 施工准备

（1）施工前，收集场地勘察资料，查阅设计图纸，确定实桩桩顶和桩底标高，计算空桩及实桩桩长，编制施工方案，安排人员、材料、设备进场。

（2）清除场地施工范围内的所有障碍物，平整场地并压实。

（3）依据设计图纸，使用全站仪对桩位进行测量定位，并标示出桩位中心点，引出4个护桩。

（4）根据施工需要准备足够数量的钢套管和2套筒靴，以便全套管跟进流水作业。

（5）拆卸旋挖钻机驱动下压盘，安装连接器、驱动器。

2. 旋挖钻机开孔

（1）根据场地地层条件，采用旋挖钻筒或带筒靴的套管开孔，具体见图2.2-17、图2.2-18。

图2.2-17　旋挖钻筒开孔

图2.2-18　旋挖套管开孔

（2）采用旋挖钻筒开孔时，将旋挖钻头中心对准桩位中心点，下放钻头至地面，旋转、下压钻头开始钻进成孔，钻孔深度以孔口不发生垮塌为准。

3. 首节钢套管带筒靴沉入

（1）将首节钢套管与驱动器连接，安装钢套管前，先将驱动器的连接销顺时针全部打开，再安装钢套管。驱动器完全插入钢套管后，逆时针拨动连接销，将钢套管固定。

（2）将连接筒靴的钢套管缓慢下放至孔内，通过旋挖钻机动力头调整钢套管垂直度。

（3）垂直度符合要求后，旋转旋挖钻机动力头，旋转驱动器并加压，钢套管开始切削土层入土下沉，钢套管压入过程见图2.2-19。

图 2.2-19　钢套管压入过程

4. 钢套管孔口接长、沉入

（1）为方便钢套管接长，当首节钢套管沉入至外露地面约 1m 时，停止沉入，开始接长钢套管。

（2）顺时针拨动驱动器连接销使驱动器与钢套管解锁，提起驱动器。

（3）将驱动器与另一节钢套管连接，旋挖钻机移位至首节钢套管上方，调整动力头使钢套管下方定位槽插入首节钢套管上方定位销，缓慢下放。钢套管接长见图 2.2-20。

（4）两节钢套管对接完成、安装螺栓前，将连接销孔及柱状螺栓的浮泥用高压水枪冲洗干净。安装好螺栓后，先人工用扳手初紧，再用电动扳手紧固。冲洗及紧固螺栓见图 2.2-21。

图 2.2-20　钢套管接长

图 2.2-21　冲洗及紧固螺栓

(5) 套管连接完成后，用水平靠尺检测套管垂直度，用直尺复核桩位，不符合要求则及时调整。垂直度检测见图 2.2-22，采用直尺复核桩位见图 2.2-23。

图 2.2-22　水平靠尺检测垂直度

图 2.2-23　桩位复核

(6) 旋转旋挖钻机动力头，转动并下压沉入钢套管，当沉入钢套管顶距离地面约 1m 时，停止沉入，继续重复接长钢套管。

5. 旋挖钻斗钢套管内取土

(1) 随着钢套管不断沉入，钢套管受到的摩阻力加大。当钢套管难以继续沉入时，使用旋挖钻斗在钢套管内进行取土。

(2) 伸长旋挖钻机钻杆，用旋挖钻斗于钢套管内取土；旋挖钻斗取土完成后，逆时针拨动驱动器全部连接销，使驱动器与钢套管之间的连接分离，提起驱动器。当驱动器与钢套管连接位于高处时，施工人员可借助自制长钩拨动连接销。

(3) 旋挖钻斗卸渣至积渣箱内临时堆放。

(4) 旋挖钻斗取土深度与钢套管底平，或略比钢套管底深，确保孔底不发生塌孔。解除驱动器与套管连接销见图 2.2-24，旋挖套管内钻进取土见图 2.2-25，旋挖渣土箱卸渣见图 2.2-26。

(5) 重复钢套管压入与旋挖套管内取土、卸渣等作业步骤，直至钻孔深度穿越易塌孔地层或满足设计桩底标高。

6. 套管内旋挖钻进

(1) 钢套管穿越易塌孔地层进入岩面后，开始在套管内正常旋挖钻进。

(2) 解除驱动器与钢套管的连接销，正常旋挖钻头进行钻进、取土、入岩、卸渣作业，直到钻孔深度满足设计桩底标高。旋挖钻机套管内钻进见图 2.2-27。

7. 清孔、下放钢筋笼、安放灌注导管、灌注桩身混凝土

(1) 钻进达到设计要求后，使用清孔捞渣钻头对孔底进行扫孔清渣。

图 2.2-24 解除驱动器与套管连接销

图 2.2-25 旋挖套管内钻进取土

图 2.2-26 旋挖渣土箱卸渣

（2）起重机吊钢筋笼入孔时，派专人指挥，缓慢平稳下落。

（3）钢筋笼吊装固定后，安装灌注导管，导管直径 250mm，接头连接牢固并设密封圈。

（4）二次清孔满足要求后，即进行桩身混凝土灌注。灌注时使用 12h 超缓凝混凝土，避免未拔出全部钢套管前混凝土发生凝固，造成钢套管无法拔出。

（5）初灌混凝土灌注量满足导管首次埋置深度 1.0m 以上，保持连续灌注；在灌注过程中，派专人定期测量套管内混凝土面和导管内混凝土的上升高度，及时拆除导管，埋管深度控制在 2～6m。灌注导管拆除见图 2.2-28。

图 2.2-27 旋挖钻机套管内钻进

8. 安放孔口套管起拔夹持平台

（1）混凝土灌注完成后，开始起拔钢套管。

（2）拔出钢套管前，将旋挖钻机驱动器与钢套管分离，从钢套管上方移开，将孔口套管起拔夹持平台套入钢套管。

（3）夹持平台就位后，使用垫块将孔口套管起拔夹持平台安放平稳，并保持平台平面水平。孔口套管起拔夹持平台固定钢套管见图 2.2-29。

9. 逐节拔出套管

（1）将旋挖钻机就位，对准套管中心，下放接驳器与孔口套管对接，并采用螺栓紧固连接。

（2）旋挖钻机动力头输出扭矩使接驳器旋转，同时施加上拔力，将套管逐渐拔出孔口，具体见图 2.2-30。

图 2.2-28　灌注导管拆除

图 2.2-29　孔口套管起拔夹持平台固定钢套管

图 2.2-30　旋挖钻机起拔孔口套管

（3）当上节钢套管完全拔出且下节钢套管拔出地面约 1m 时，顺时针方向将螺杆锁螺杆旋出，并卡住焊在钢套管上的短钢筋，具体见图 2.2-31；上抬凸轮锁手柄，凸轮锁夹紧钢套管，与螺杆锁共同作用固定孔内超长套管。

图 2.2-31　旋紧螺杆锁

（4）用高压水枪对销孔位置进行冲洗，对称、逐个旋开连接销将两节钢套管松开。提升驱动器，当上节钢套管与下节钢套管完全分离后，旋挖钻机将钢套管移至桩位旁或下一桩孔。

（5）重复以上步骤，将钢套管以及首节刀齿套管全部拔出。套管逐节拔出，具体见图 2.2-32。

10. 转至下一根桩施工

（1）首节套管拔出后，移至下一根桩位，确认桩位、垂直度符合要求后，加压旋转沉入土中。

图 2.2-32 套管逐节拔出

（2）重复以上工序，完成流水作业。

2.2.7 机械设备配置

本工艺现场施工所涉及的主要机械设备配置见表 2.2-1。

主要机械设备配置表 表 2.2-1

名 称	型 号	备 注
旋挖钻机	BG46	成孔、沉入套管
旋挖钻斗、筒钻	直径 1.0m、1.2m	钻进
钢套管	壁厚 40mm	钻孔全套管护壁
高压水枪		冲洗连接销孔、钢套管
履带式起重机	SCC550E	配合吊装钢筋笼
全站仪	ES-600G	桩位放样、垂直度观测
孔口套管起拔夹持平台	自制	起拔时固定套管

2.2.8 质量控制

1. 旋挖全套管钻进

（1）提升、下放钻头过程中对中、缓慢下放，避免碰撞套管。

（2）根据地质情况和钻进深度，选择合适的钻压、钻速，平稳钻进。

（3）钻孔深度达到设计标高后，对孔深、桩孔垂直度进行检查。

2. 旋挖全套管下沉

（1）检查每一节钢套管外观质量、尺寸，如有裂缝、变形，及时处理或更换。

（2）清理干净钢套管接头连接销孔中的夹泥，避免造成螺栓难以拧入或拧入不紧。

（3）每加长一节钢套管，沉入前检查钢套管垂直度。

3. 全套管起拔

（1）桩身灌注混凝土根据灌注时间设定合适的缓凝时间，在完成桩身混凝土灌注后，及时拔出钢套管，避免因混凝土凝固导致钢套管无法拔出。

（2）起拔钢套管前，确认混凝土超灌量满足要求，避免因套管起拔、混凝土面下降造成桩顶标高不满足设计要求。

（3）保持钢套管竖直起拔，避免倾斜过大。

2.2.9　安全措施

1. 旋挖全套管钻进

（1）旋挖钻机施工时，钻机旋转半径范围内无关人员撤离施工区域。

（2）由于旋挖钻机带全套管作业，选择大功率、大扭矩旋挖钻机钻进施工。

2. 旋挖全套管下沉

（1）旋挖钻机起吊钢护筒时，设专人进行指挥；钢护筒竖立未稳时，其他人员不得进入施工区域。

（2）旋挖钻机连接器、驱动器、套管之间连接坚固，防止松动造成螺栓脱落伤人。

（3）旋挖全套管下沉困难时，及时采用旋挖套管内取土减阻，防止过大扭矩造成钻机过载。

3. 全套管起拔

（1）吊放孔口套管起拔夹持平台时，缓慢下放，避免碰撞钢套管；孔口套管起拔夹持平台放至地面后，使用垫块将其稳定。

（2）解除上、下节钢套管连接前，先使用孔口套管起拔夹持平台将下节钢套管夹持牢固，防止钢套管下沉。

（3）起拔出的钢套管转至下一根桩孔进行沉入。若无下一根桩施工时，将钢套管转至指定位置并将其平放，堆放整齐。

2.3　大直径灌注桩超重钢筋笼孔口平台吊装、固定施工技术

2.3.1　引言

在灌注桩施工过程中，钢筋笼吊放对接、就位后固定，通常均在孔口护筒上完成；灌注混凝土时，孔口灌注架直接搁置在护筒顶实施混凝土灌注。对于直径超过 3m、桩深 60m 及以上的灌注柱，其桩身钢筋笼重达数十吨，在成桩过程中，安放固定钢筋笼和灌注桩身混凝土时会持续对护筒叠加荷载，往往会导致孔口护筒不同程度的沉降、变形，严重的会引起孔口垮塌，造成灌注混凝土质量事故，这些问题给大直径灌注桩施工带来质量和安全隐患。

为了避免大直径超深灌注桩在成桩过程中，钢筋笼固定、灌注桩身混凝土工序操作对孔口护筒的影响，保证顺利灌注成桩，采用一种孔口独立作业平台，通过吊环分节吊装钢筋笼精准入孔并固定在定位平台上，使得在钻孔终孔后续的钢筋笼、灌注导管安放，以及混凝土灌注等工序操作不与孔口护筒发生任何接触，完全避免成桩工序对孔口护筒和钻孔的影响。

2.3.2 工艺特点

1. 质量可靠

本作业平台就位时，其中心点与钻孔中心点的十字交叉点重合，确保后续钢筋笼准确就位，准确控制灌注导管中心位置，确保灌注成桩质量；通过吊筋连接吊环与钢筋笼，有效控制钢筋笼的垂直度，并在混凝土灌注过程中防止钢筋笼上浮。

2. 操作安全

本作业平台属于孔口护筒外搭建的独立作业平台，钢筋笼、灌注导管安放以及灌注桩身混凝土等成桩工序施工过程均不与护筒发生接触，避免孔口护筒变形，确保孔壁稳定；平台采用框架式设计、高强度钢材制作，自身稳定性好、承重能力强、安全性高。

3. 施工高效

本作业平台采用起重机就位便捷，在安放钢筋笼时，通过工人操作活动插销，可精准控制钢筋笼对中与固定，操作简便、固定效果好；采用吊环吊装钢筋笼，可通过吊环控制钢筋笼的垂直状态，提高套筒连接质量，确保钢筋笼垂直入孔。

2.3.3 适用范围

适用于灌注桩直径不大于 4000mm、总质量不大于 150t 的桩身钢筋笼的吊装、安放和固定等施工。

2.3.4 平台装置整体构成

大直径灌注桩超重钢筋笼孔口独立吊装固定平台主要由吊环、定位平台两部分组成，吊环呈圆形，用于吊装、安放和固定钢筋笼；定位平台呈矩形，用于定位和支撑吊环。装置结构三维示意图见图 2.3-1，装置实物现场使用见图 2.3-2。

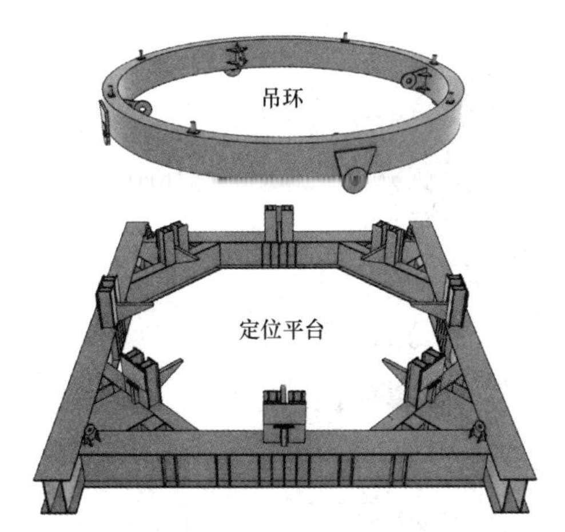

图 2.3-1 孔口独立吊装固定平台装置结构三维图

图 2.3-2 现场孔口独立吊装固定平台

以设计直径 4000mm 的灌注桩为例，对装置结构及操作使用进行具体说明。

1. 吊环

吊环用于辅助吊运、安放和固定钢筋笼，主要由钢环、内侧吊板、外侧吊板、套筒组

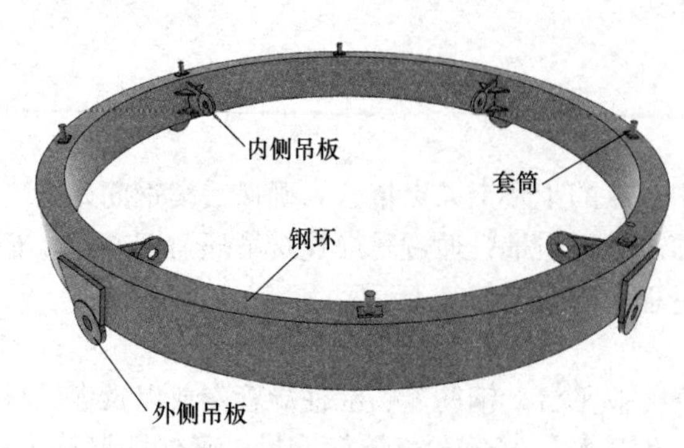

图 2.3-3　吊环组成示意图

成，具体见图 2.3-3。

(1) 钢环

钢环作为吊环的主体，其高度为 400mm，内径为 2038mm，外径尺寸为 2218mm，环身上设置 6 个贯通孔，用于吊筋穿过孔洞并通过套筒固定于钢环上，钢环尺寸示意见图 2.3-4。

(2) 内侧吊板

在钢环内侧环向均匀布置并焊接 4 块单孔吊板，每块吊板均采用 4 块加强肋板进行固定，用于连接起重机的主吊钩和吊环，内侧吊板尺寸三维示意见图 2.3-5，主吊钩与内侧吊板连接三维示意见图 2.3-6。

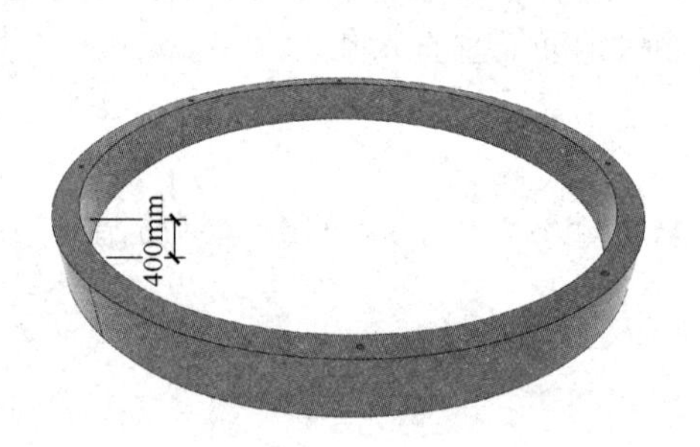

(a) 钢环高度尺寸三维示意图

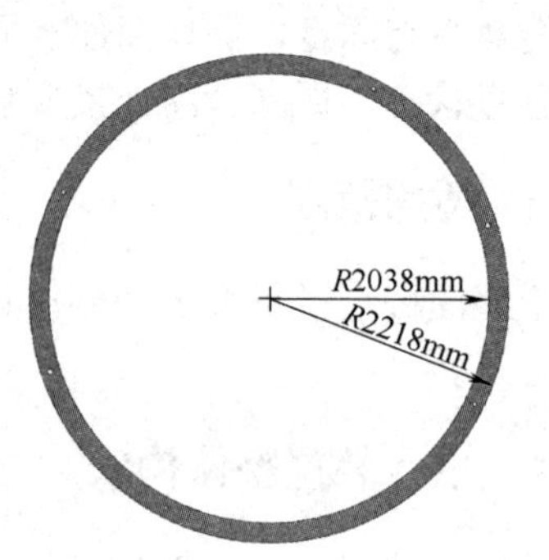

(b) 钢环内径、外径尺寸平面图

图 2.3-4　钢环尺寸示意图

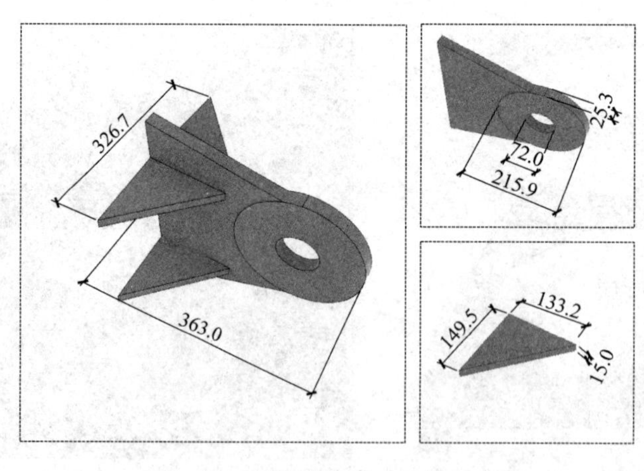

图 2.3-5　内侧吊板尺寸三维示意图

(3) 外侧吊板

在钢环外侧对应于内侧吊板的位置布置并焊接 4 块外侧单孔吊板，用于连接吊环和钢筋笼加强筋吊板，外侧吊板尺寸三维示意见图 2.3-7，吊环与钢筋笼加强筋吊板连接三维示意见图 2.3-8。

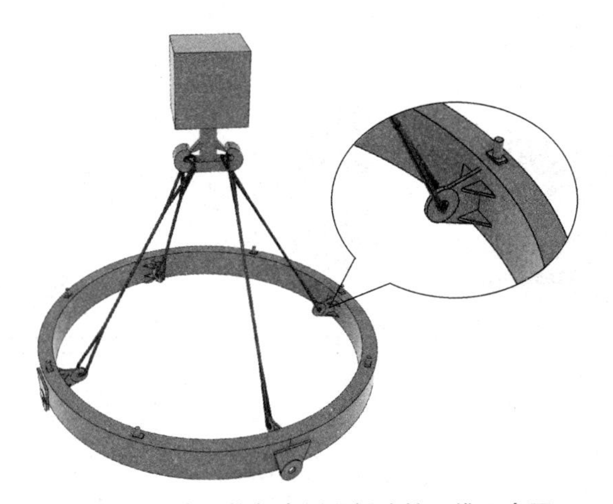

图 2.3-6　主吊钩与内侧吊板连接三维示意图

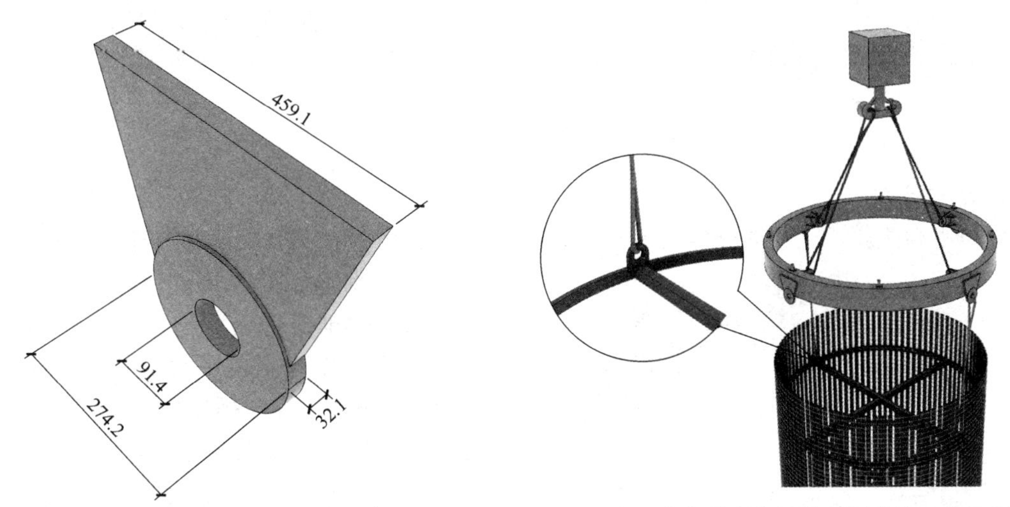

图 2.3-7　外侧吊板尺寸三维示意图

图 2.3-8　吊环与钢筋笼加强筋吊板连接三维示意图

(4) 套筒

在钢环上共布置有 6 个套筒及对应垫片，分别用于锁紧并固定连接最后一节钢筋笼的 6 根吊筋，以此完成整个钢筋笼的固定，套筒位置三维示意见图 2.3-9，套筒及垫片尺寸示意见图 2.3-10。

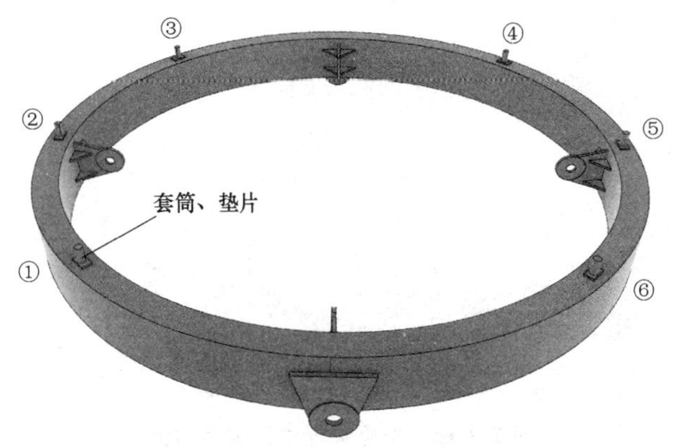

图 2.3-9　套筒位置三维示意图

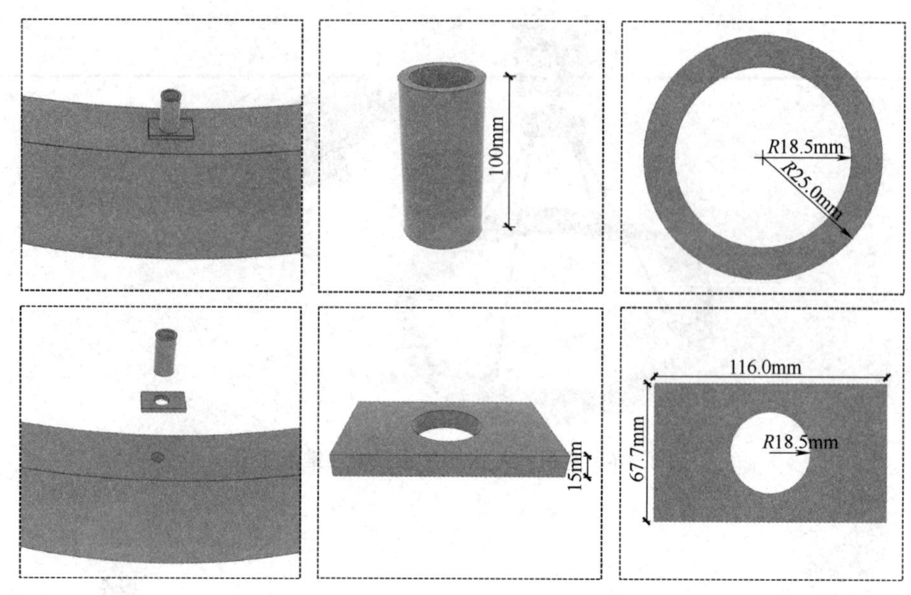

图 2.3-10　套筒及垫片尺寸示意图

2. 定位平台

定位平台主要用于钢筋笼定位和支撑钢筋笼，主要由钢框架、门式固定架、吊耳组成，具体见图 2.3-11。

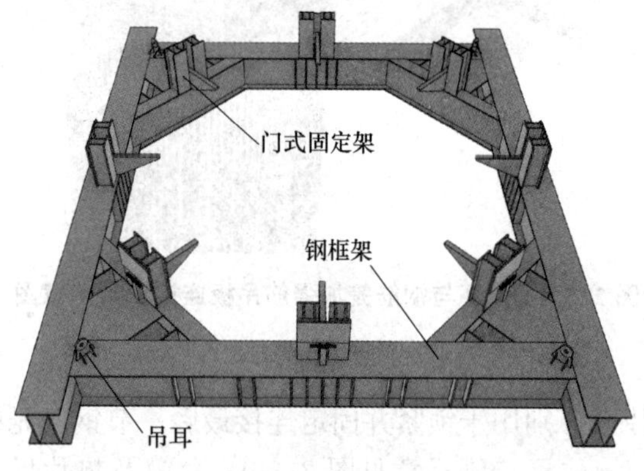

图 2.3-11　定位平台结构组成三维示意图

（1）钢框架

钢框架作为定位平台的结构主体，主要由外框架、斜撑和加劲板组成，用于支承吊环和钢筋笼的重量，架设门式固定架、吊耳等。外框架由 4 根钢梁组成，每根钢梁由 2 根型号为 HN500×200×10×16 的 H 型钢焊接而成箱形钢梁结构，钢梁内外侧分别布置加劲板用于加强外框架的整体性和稳定性，外框架尺寸三维示意见图 2.3-12。

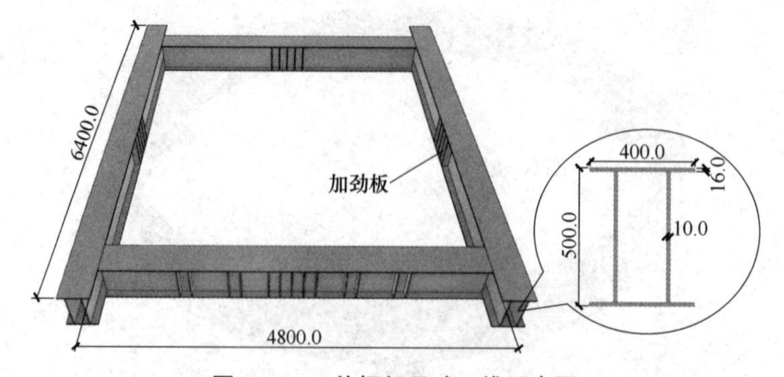

图 2.3-12　外框架尺寸三维示意图

钢框架4个角分别布设由型号为HN500×200×10×16的H型钢和钢板焊接而成的斜撑结构，斜撑两端端部均加工为45°角斜口，与外框架采用满焊连接，斜撑结构三维示意见图2.3-13。

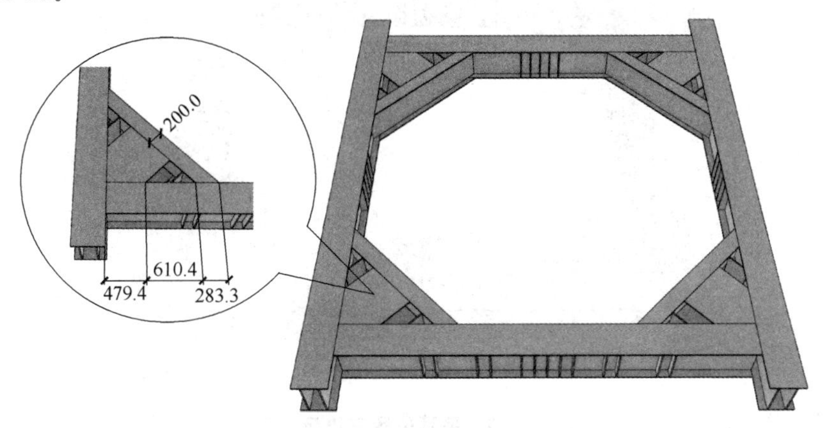

图2.3-13　斜撑结构三维示意图

（2）门式固定架

门式固定架由门式架和活动插销组成，沿钢框架环向均匀布置并焊接8组门式固定架。插销为可活动的钢板，其利用门式架固定下入的钢筋笼；尾部焊接把手钢筋，主要用于防止插销固定钢筋笼时移位滑落，同时在钢筋上系拉绳，便于工人拔出插销。门式架、活动插销结构三维示意见图2.3-14。

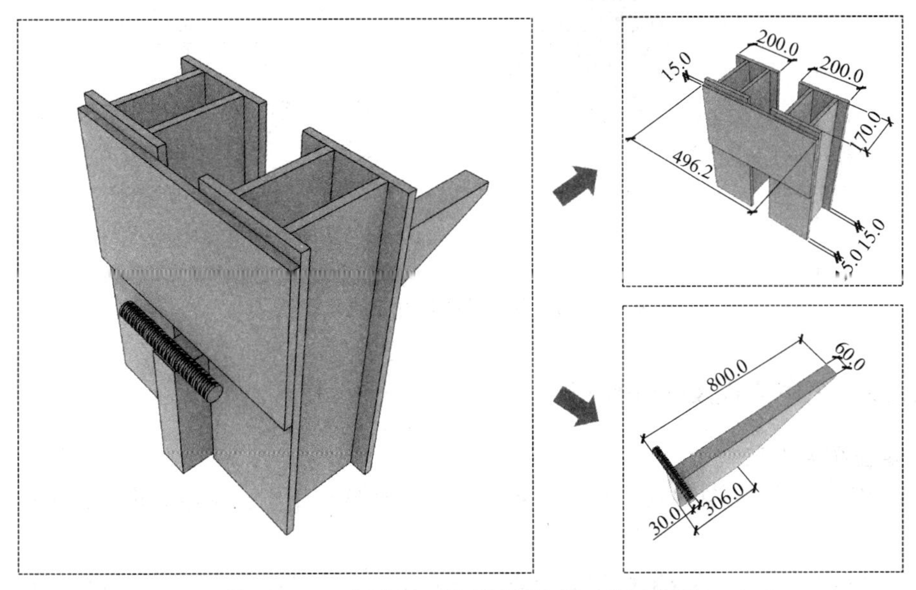

图2.3-14　门式架、活动插销结构三维示意图

（3）吊耳

定位平台4个边角位置分别设有吊耳，用于吊运定位平台，吊耳均采用加强板焊接固定，用于加强吊耳的稳固性，吊耳位置三维示意见图2.3-15，结构尺寸三维示意见图2.3-16。

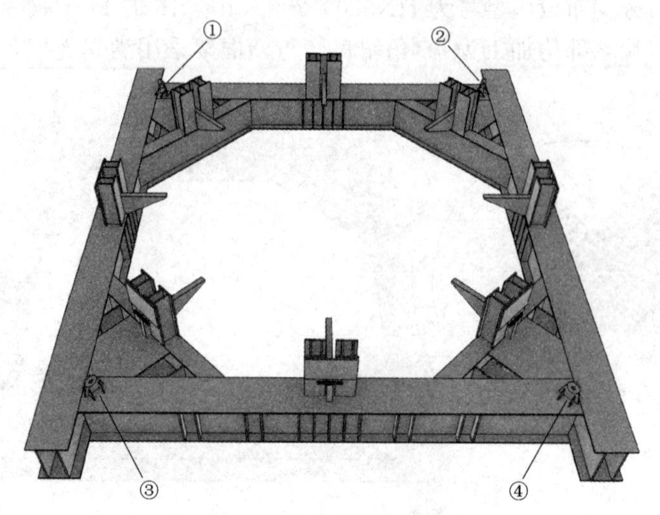

图 2.3-15　吊耳位置三维示意图

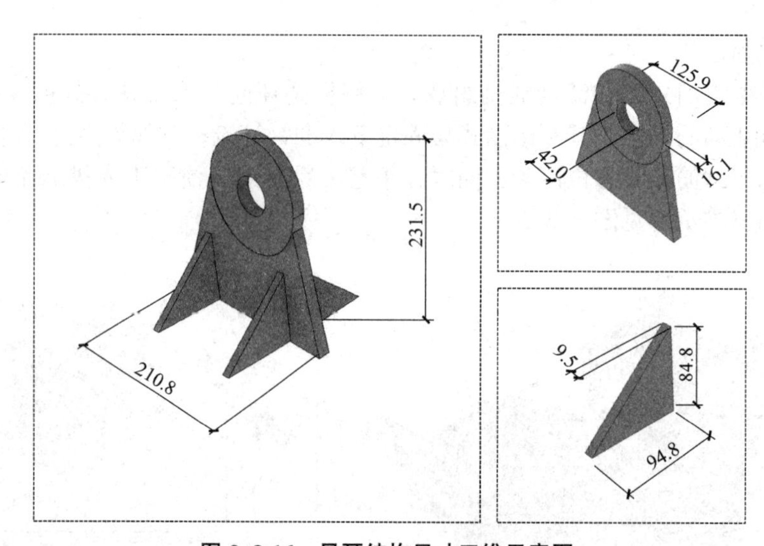

图 2.3-16　吊耳结构尺寸三维示意图

2.3.5　工序流程及操作要点

1. 定位平台孔口就位

(1) 当灌注桩完成钻进成孔后，将护筒口场地平整、压实，采用起重机将定位平台吊至孔口。

(2) 吊放时，保持平台钢框架的中心点与桩孔四个交叉中心点重合，确保后续的工序操作精确定位。

(3) 适当采用垫衬方木、钢板等措施对平台找平，保证平台的平稳，具体见图 2.3-17、图 2.3-18。

2. 钢筋笼制作

(1) 钢筋笼按设计图纸制作，由于为大直径桩，钢筋笼采用分节制作、每节 12m；

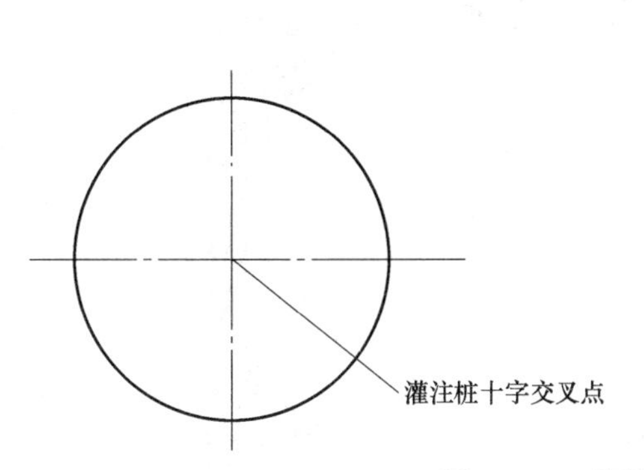

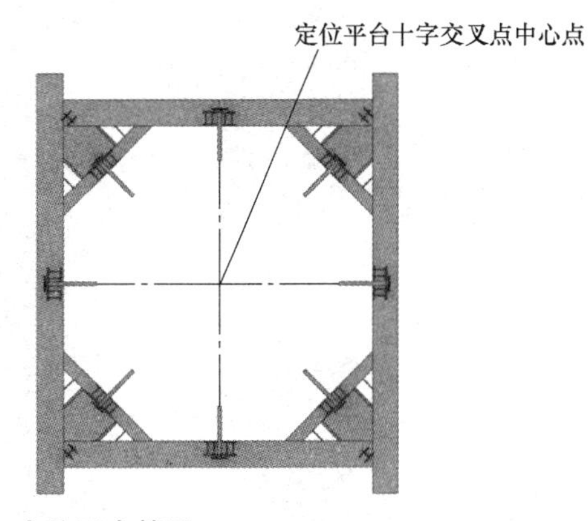

图 2.3-17 灌注桩与定位平台简图

制作时采用自动弯箍筋工艺，加快制作进度。

（2）钢筋笼采用套筒连接，在现场完成套筒预对接，并做好标志。

（3）由于钢筋笼直径大，制作时设置临时支撑，避免吊装时钢筋笼变形。钢筋笼现场加工制作及临时支撑结构见图 2.3-19、图 2.3-20。

3. 孔口门式固定架准备

（1）在吊放钢筋笼前，将门式固定架吊放在孔口，利用十字交叉线，使门式固定架中心点与钻孔中心重合。

（2）门式固定架就位后，将门架的活动插销往外拔出，让出孔口位置，便于钢筋笼下入孔内，具体操作示意见图 2.3-21，现场操作见图 2.3-22。

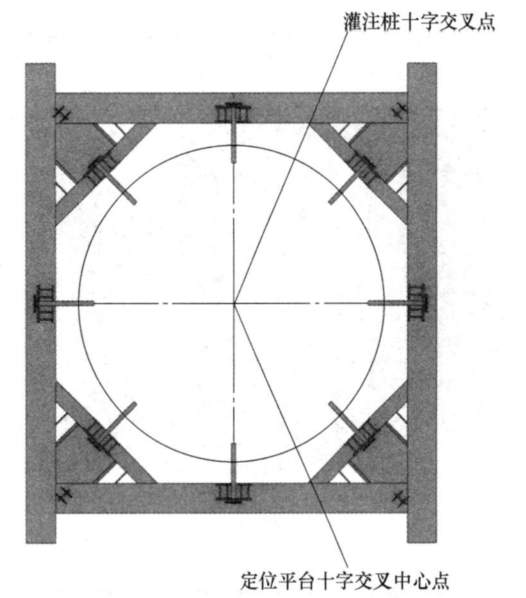

图 2.3-18 定位平台安放效果图

图 2.3-19 钢筋笼现场加工制作

图 2.3-20 钢筋笼临时支撑结构

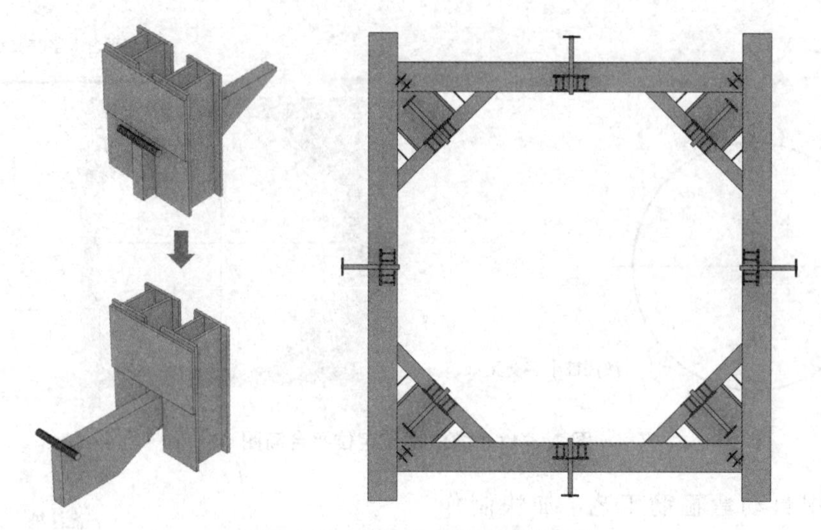

图 2.3-21　定位平台活动插销拔出

图 2.3-22　现场拔出活动插销让出孔口位置

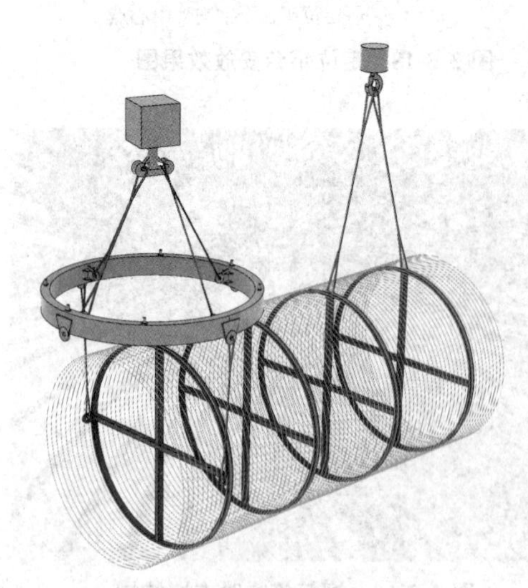

图 2.3-23　钢筋笼吊点示意图

4. 钢筋笼起吊

（1）钢筋笼设置 3 个吊点起吊，以确保平稳安全；第一个吊点设置在钢筋笼上部第一个加强筋的吊板上，主钩通过吊环与钢筋笼上部的第一个吊点连接，以便钢筋笼翻转竖直吊装及保证钢筋笼顶部不变形；第二、三个吊点分别设在钢筋笼中部和尾部的加强筋上，用于辅助钢筋笼翻身起吊，具体见图 2.3-23。

（2）起吊前准备好各项工作，司索工指挥起重机移位到起吊位置，操作工人将钢丝绳一端穿过吊环的内侧吊板并固定，另一端套在起重机的主钩上，通过调节 4 根钢丝绳长度使吊环处于水平状态，具体见图 2.3-24，现场钢筋笼起吊见图 2.3-25。

图 2.3-24 吊环起吊示意图

图 2.3-25 现场钢筋笼起吊

（3）在钢筋笼上安装钢丝绳和卡环，挂上主吊钩及副吊钩，检查起重机钢丝绳的安装情况及受力重心后，开始同时平吊，具体见图 2.3-26。在钢筋笼两侧设置缆风绳，并安排两个工人牵拉缆风绳保证钢筋笼在吊装过程中的平稳。

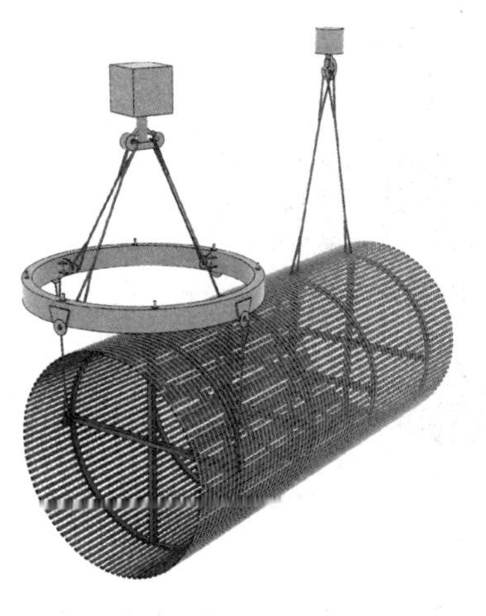
(a) 侧视图

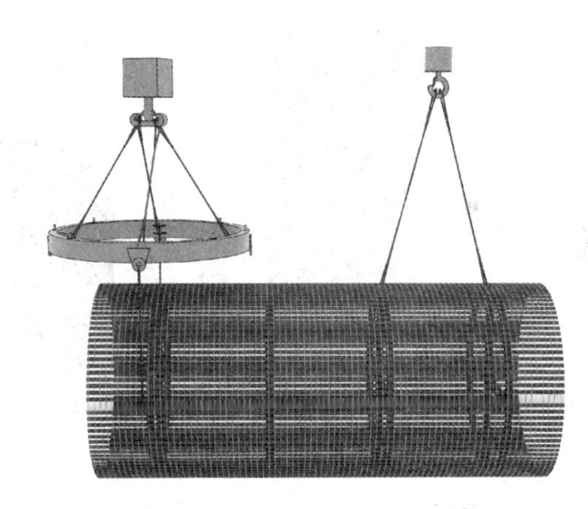
(b) 正视图

图 2.3-26 将钢筋笼吊离地面

（4）钢筋笼吊至离地面 0.3～0.5m 后，待钢筋笼平稳后，主吊慢慢起钩，根据钢筋笼尾部距地面距离，随时指挥副吊配合起钩，具体见图 2.3-27。

（5）钢筋笼吊起后，主钩慢慢起钩提升，副起重机主钩与副钩配合，保持钢筋笼距地面距离，最终使钢筋笼垂直于地面，钢筋笼现场吊装见图 2.3-28。

（6）指挥司索工卸除钢筋笼上起重机副钩、钢丝绳、卡环，然后远离起吊作业范围。

5. 钢筋笼孔口插销固定就位

（1）将钢筋笼吊运至孔口上方，以定位平台十字交叉中心点为参照，辅助钢筋笼对中，并缓慢下放入孔，钢筋笼现场吊放见图 2.3-29。

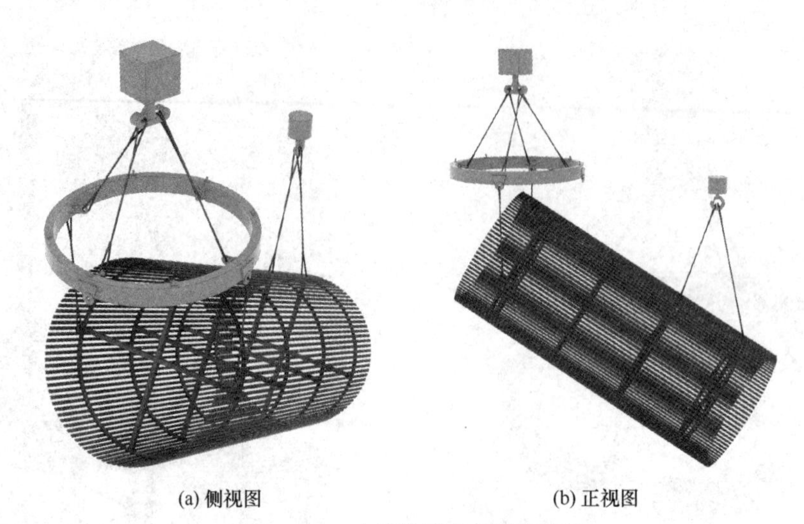

图 2.3-27　主副钩配合起吊钢筋笼

图 2.3-28　钢筋笼现场吊装

（2）当钢筋笼在入孔口满足搭接的位置时，由工人移动活动插销，并插入钢筋笼加强筋位置下方；按平台中心点调节钢筋笼位置，然后起重机将钢筋笼放下，松开钢丝绳，钢筋笼在孔口就位。钢筋笼孔口插销固定就位见图 2.3-30。

6. 钢筋笼平台口对接

（1）在孔口确认钢筋笼垂直入孔、固定后，吊放另一节钢筋笼，并在孔口对接。

（2）对接采用丝扣套筒连接，利用长臂扳手将套筒拧紧到位，保证搭接长度。

（3）对接完成后，拔出活动插销，由起重机控制钢筋笼高度，工人补充布设钢筋笼对接位置的箍筋，现场钢筋笼对接施工见图 2.3-31。

7. 钢筋笼整体吊筋固定

（1）最后一节钢筋笼采用吊筋就位，利用 6 根 ϕ36 吊筋连接吊环和钢筋笼；根据钢筋笼顶标高计算吊筋长度，起吊前将吊筋插入吊环预留孔洞内，并采用套筒进行固定，具

图 2.3-29　钢筋笼现场吊放

图 2.3-30　钢筋笼孔口插销固定就位

体见图 2.3-32。

（2）采用起重机将最后一节钢筋笼吊放至孔位，与下方笼体完成套筒连接和箍筋布设后，将整个钢筋笼下放至设计标高位置，对吊筋和相应位置的主筋进行满焊连接，解除吊环外侧吊板的钢丝绳；插入活动插销，通过定位平台十字交叉点调整钢筋笼对中，继续下放钢筋笼直至吊环支撑在活动插销上，确认钢筋笼垂直入孔后，解除吊环内侧吊板的钢丝绳，具体见图 2.3-33，现场施工见图 2.3-34、图 2.3-35。

图 2.3-31　钢筋笼对接位置箍筋人工弯绕

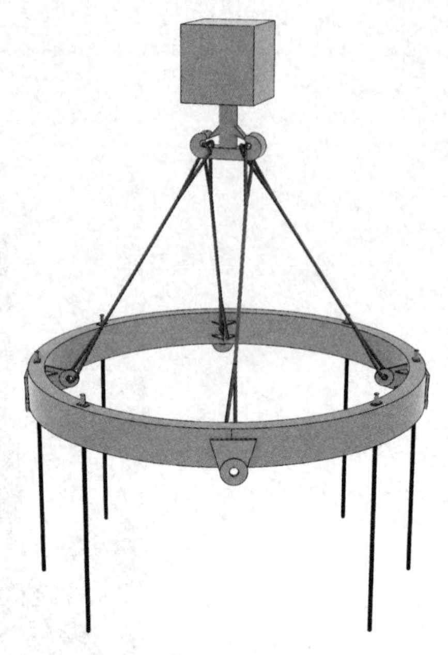

图 2.3-32　钢筋笼吊筋与吊环连接

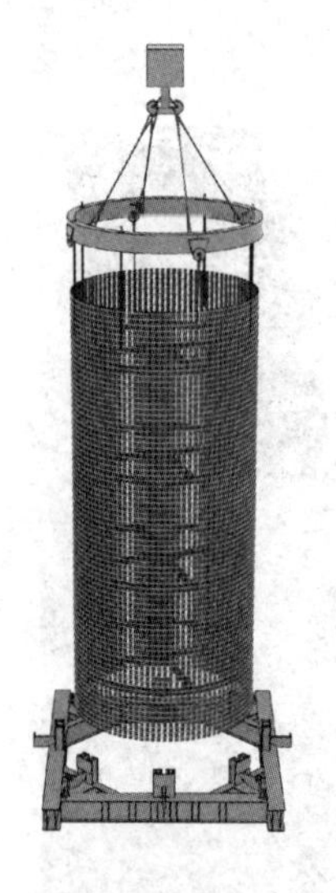

(a) 钢筋笼吊放至孔位

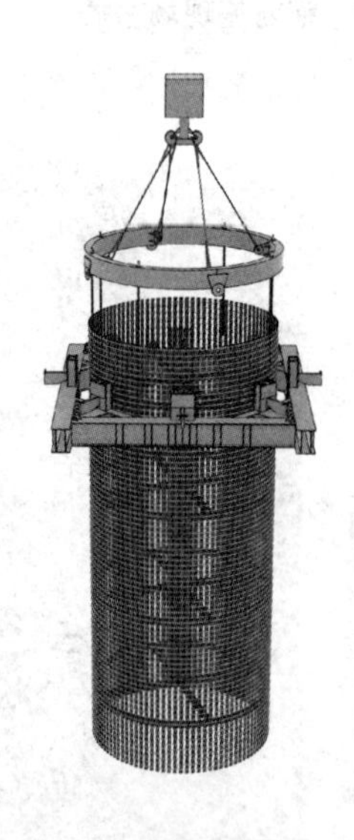

(b) 吊筋与主筋满焊连接

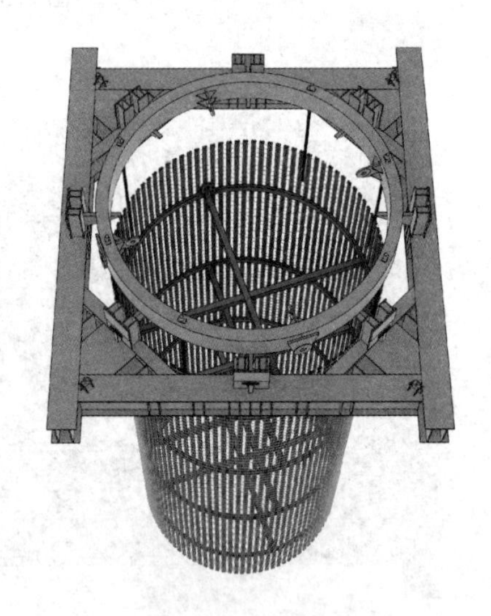

(c) 钢筋笼对中、固定完成

图 2.3-33　钢筋笼固定示意图

8. 灌注成桩

（1）钢筋笼孔口固定后，安放灌注导管，并采用气举反循环进行二次清孔。

（2）二次清孔至孔底沉渣厚度满足要求后，进行桩身混凝土灌注。

（3）待桩身混凝土初凝后，解除套筒对吊筋的固定，采用起重机将定位平台和吊环吊运至下一桩位。

图 2.3-34 套筒与吊筋固定连接

图 2.3-35 钢筋笼固定完成

第3章　全套管全回转灌注桩施工新技术

3.1　海堤填石层钢管灌注桩潜孔锤阵列引孔与双护筒定位成桩技术

3.1.1　引言

“阳江新增循环水监测与预过滤系统项目建安工程”位于阳江核电厂旁沿海填筑的防波堤，其第二道拦截设施（机械化网兜）基础设计采用直径1800mm的永久性钢套管灌注桩。场地地层上部由上至下分布填石、淤泥质土、粗砂、砂质黏土，下伏基岩为花岗岩各风化层；其中填石层平均厚度24m，为修筑防波堤时堆填而成，主要为粒径400～1200mm的中风化花岗岩碎块；淤泥质土、粗砂、砂质黏土平均厚度为24m，下伏基岩为全风化、强风化、中风化花岗岩。灌注桩设计桩端持力层为中风化花岗岩，桩底嵌入中风化岩1800mm，平均桩长约60m。

本工程钻孔灌注桩前期采用冲孔桩机冲击上部填石钻进成孔，在孔口下入直径1800mm的钢护筒，作为永久性护筒成为灌注桩的一部分。但受填石块度不均匀、间隙大的影响，桩孔内泥浆流失严重，需要反复回填黏土再冲击，造成施工进度极其缓慢，现场冲击成孔见图3.1-1。为解决填石层穿越困难，后改用潜孔锤跟管阵列咬合引孔，并用砂土置换填石，随后采用全套管全回转钻机下沉钢护筒，具体见图3.1-2。但在护筒下沉和后继成孔过程中，上部深厚填石因受扰动产生沉降并相互挤压推移，导致全套管全回转钻机连同护筒一并发生一定程度的偏移，护筒中心与桩孔中心点偏差超过允许值，施工工艺仍无法满足设计要求。

图3.1-1　现场灌注桩冲击成孔

图3.1-2　全套管全回转下沉永久性钢护筒

为解决灌注桩施工时护筒和钻机受地层挤压移位、灌注桩施工质量无法保证的技术难题，项目组对海堤深厚填石层灌注桩施工技术进行了研究，经过现场试验、不断完善工艺，总结出成套针对滨海填石层永久性套管灌注桩潜孔锤阵列咬合引孔与全套管全回转双护筒定位成桩的施工方法。本工艺首先采用潜孔锤跟管钻进阵列咬合引孔，并用砂土置换填石层；再采用全套管全回转钻机埋设直径 2000mm 的外护筒，预留足够孔位偏移量，并将外护筒穿越填石层并进入至持力层面，使外护筒嵌固并稳定于填石层以下地层中；随后在外护筒内测定永久性内护筒中心点位置，并在外护筒上设置内护筒定位块，再在外护筒内下放直径 1800mm 的永久性内护筒，在永久性内护筒就位并复核中心点满足要求后起拔外护筒；最后采用旋挖分级扩孔钻进桩端持力层至设计深度，并灌注混凝土成桩。本工艺解决了在滨海深厚填石层钻进困难、护筒移位导致桩位偏差大的难题，达到了质量可靠、施工高效、成本经济的效果。

3.1.2 工艺特点

1. 质量可靠

本工艺填石层采用潜孔锤跟管钻进咬合引孔，将桩位范围内的深厚填石置换为砂土，避免了由不良地层导致的漏浆、塌孔等情况；采用全套管全回转钻机埋设比设计桩径大的外护筒至持力层岩面，预留了足够的偏移量；同时，根据外护筒中心的偏移量，在外护筒上采用定位块专利技术固定内护筒中心后，再准确安放内护筒，内护筒就位后在自身刚性结构和稳定地层的作用下，能有效保持位置稳定，定位效果好，并确保桩中心满足要求。

2. 施工效率高

本工艺采用潜孔锤高频往复冲击对深厚填石层进行快速破碎，并采用阵列咬合引孔以及在跟管套管内用砂土将填石层进行转换，降低了后续护筒安放和填石层钻进难度，进一步提高了钻进效率；同时，采用全套管全回转钻机下入深长护筒，配合冲抓、旋挖钻机在护筒内抓石、取土，加快了深长护筒的沉入效率；另外，采用在外护筒内壁设置安放内护筒中心点定位块技术，实现快捷、准确安放内护筒，加快了施工进度。

3. 综合成本低

本工艺采用潜孔锤阵列咬合引孔及双护筒定位技术，有效解决了深厚填石层护筒穿越困难、发生偏移的难题，提高了施工效率，节省了相应的施工费用；同时，潜孔锤引孔采用预制钢导槽可循环使用，避免了咬合引孔过程反复浇筑混凝土导槽所需耗材和时间；潜孔钻头配置耐磨结构有效延长了钻头寿命，同时大大降低成本；另外，潜孔锤跟管钻进及清孔时从孔内排出的泥砂重复利用于置换填石，节约材料费用，总体综合成本低。

3.1.3 适用范围

适用于厚度不超过 30m 滨海填石地层潜孔锤跟管阵列咬合引孔；适用于全套管全回转钻机外护筒下沉长度不超过 60m 的灌注桩施工。

3.1.4 工艺原理

本工艺主要解决滨海深厚填石层灌注桩填石穿越和桩位控制施工，其关键技术主要包括四部分：一是深厚填石层潜孔锤阵列咬合引孔及置换技术；二是全套管全回转钻机外护筒埋设技术；三是外护筒嵌固技术；四是内护筒定位技术。

1. 潜孔锤阵列咬合引孔及置换技术

1）潜孔锤破岩技术

潜孔锤破岩是利用大直径潜孔锤对深厚填石进行高频破碎，大直径潜孔锤以空压机提供的压缩空气作为动力，压缩空气经钻杆进入潜孔锤冲击器，推动潜孔锤钻头对硬岩进行超高频率冲击破碎，实现破岩的目的；同时，空压机产生的压缩空气也兼作洗孔介质，将潜孔锤破碎的岩屑携带至地面。

2）潜孔锤跟管钻进技术

（1）潜孔锤跟管管靴技术

针对本项目深厚填石层分布的特点，本工艺采用潜孔锤钻进与套管跟管钻进引孔技术，通过潜孔锤钻头与套管端部设置的管靴配合实现。管靴外径与套管外径相同，管靴整个置于套管底部，嵌于护筒的内表面，管靴在套管底部内环形成凸出结构，此凸出结构将与潜孔锤凸出结构接触，成为跟管结构的一部分。管靴与套管接触的外环面，管靴与套管形成的坡口通过焊接工艺结合成一体，管靴结构见图 3.1-3，管靴结构与套管焊接见图 3.1-4。

图 3.1-3　管靴结构

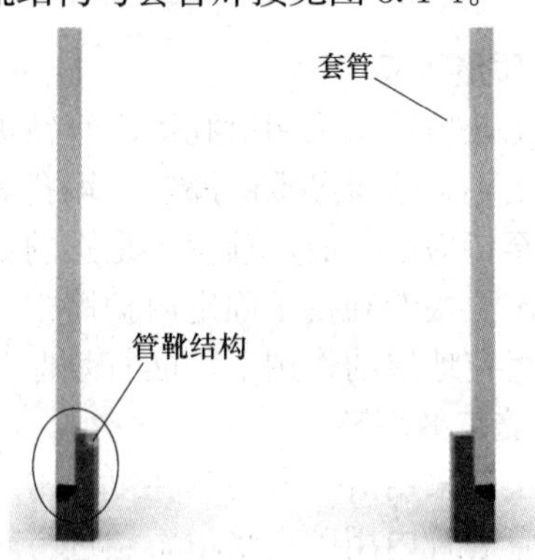

图 3.1-4　管靴结构与套管焊接

（2）潜孔锤跟管钻进原理

潜孔锤跟管钻进是通过潜孔锤钻头与管靴结构相互作用而实现，潜孔锤钻进时，潜孔锤钻头底部设置的可伸缩冲击滑块向外滑出，实施扩孔冲击破碎填石；在潜孔锤扩孔钻进时，潜孔锤钻头外部的凸出结构对管靴凸出结构进行啮合冲击，从而带动套管跟进，并始终与潜孔锤钻头保持同步下沉，从而对钻孔进行有效护壁。潜孔锤钻头与套管管靴跟管结构示意见图 3.1-5，潜孔锤钻头与管靴结构跟管钻进流程示意见图 3.1-6。

图 3.1-5　潜孔锤钻头与套管管靴跟管结构示意图

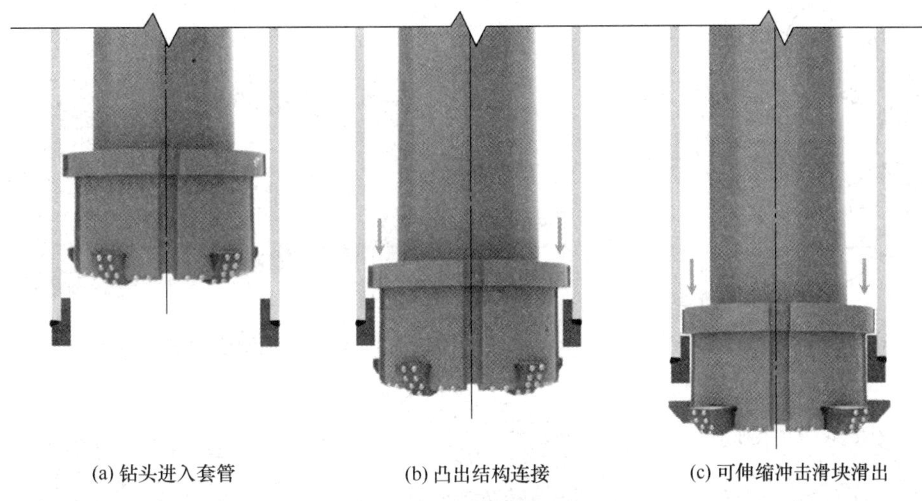

图 3.1-6 潜孔锤钻头与管靴结构跟管钻进流程示意图

(3) 潜孔锤跟管耐磨环优化设计与应用

由于本项目场地分布深厚硬质填石层，潜孔锤破岩量大，潜孔锤钻头的跟管凸出结构磨损快，使潜孔锤本体损耗大。为提升潜孔锤体的使用寿命、降低工程施工成本，项目组在潜孔锤钻头凸起处设计一道耐磨环槽，并在槽内配置耐磨环，用钢制的耐磨环取代潜孔锤钻进过程中套管管靴对钻头凸出结构的撞击磨损，保护钻头的同时保证套管同步下沉。增加耐磨环槽及耐磨器后的潜孔锤跟管结构示意见图 3.1-7。

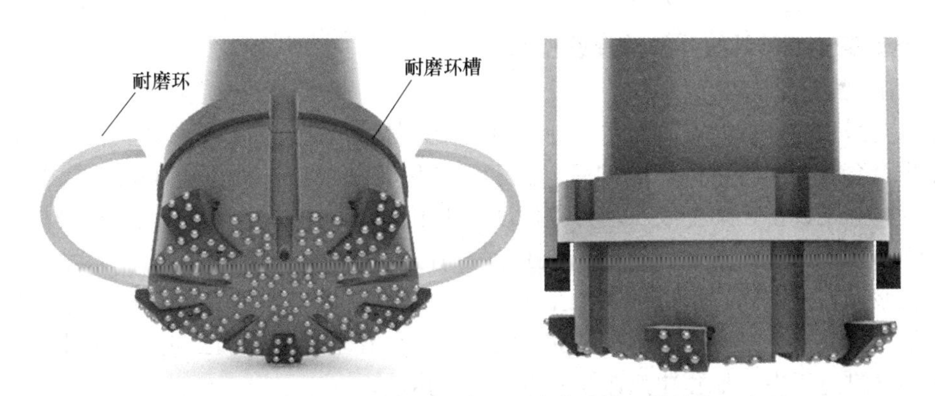

图 3.1-7 增加耐磨环槽及耐磨器后的潜孔锤跟管结构示意图

3) 潜孔锤阵列咬合引孔及置换技术

由于本项目灌注桩设计桩径较大，为保证引孔效率，本工艺采用 ϕ800mm 潜孔锤进行阵列式咬合跟管引孔。以设计桩位中心为圆心，按"$n+m$"(n 个边线孔 $+m$ 个中心孔) 复合引孔平面位置布设分序引孔孔位。本项目灌注桩直径为 1800mm，边线孔 $n=7$、中心孔 $m=1$，布孔方式为"7+1"孔，具体引孔平面布置见图 3.1-8。引孔时利用预制钢导槽定位，通过导槽开孔确定潜孔锤钻进位置，预制咬合式导槽结构见图 3.1-9。每个阵列孔成孔后，将潜孔锤提出套管，在套管内回填砂土后拔出套管。潜孔锤跟管阵列咬合引孔及砂土置换操作流程示意见图 3.1-10。

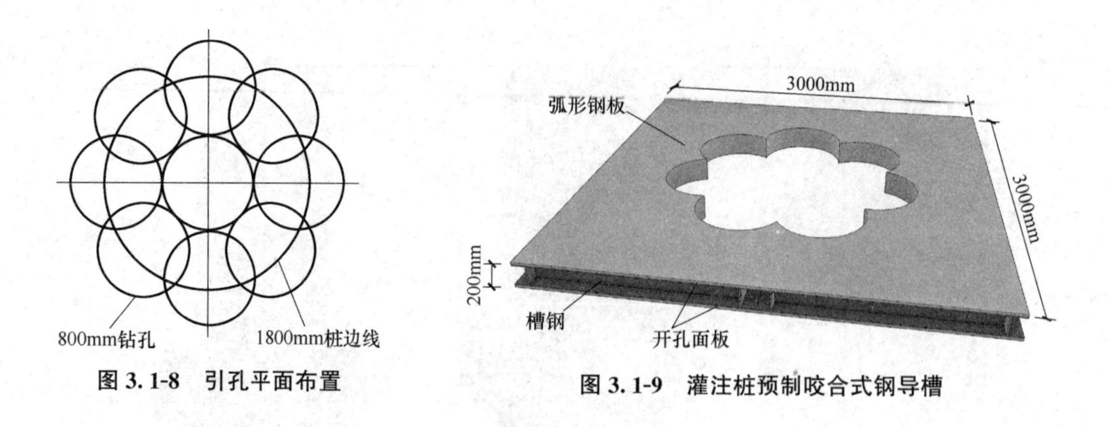

图 3.1-8　引孔平面布置

图 3.1-9　灌注桩预制咬合式钢导槽

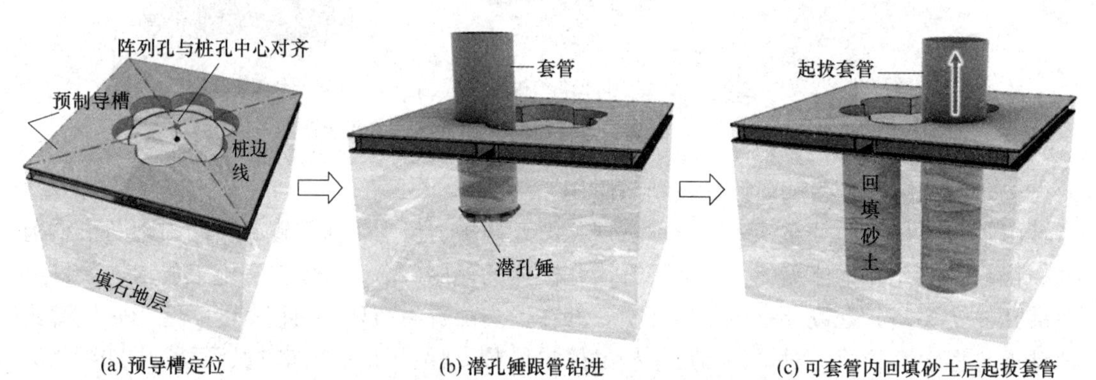

(a) 预导槽定位　(b) 潜孔锤跟管钻进　(c) 可套管内回填砂土后起拔套管

图 3.1-10　潜孔锤跟管阵列咬合引孔及砂土置换操作流程示意图

2. 全套管全回转钻机外护筒埋设技术

(1) 全套管全回转护筒定位

本工艺采用内外护筒安放技术，外护筒直径大且就位深，为确保外护筒垂直度满足要求，采用全套管全回转钻机安放护筒。全套管全回转钻机是一种可以驱动套管做 360°回转的全套管施工设备，集全液压动力和传动、机电液联合控制于一体，钻机本身具有强大的扭矩、压入力，从而对地层进行有效切削，有效防止塌孔，且施工过程无噪声、无振动、无泥浆，安全性高。钻机配备上下两层定位抱箍装置，抱箍夹紧系统为主要紧锁系统，在液压驱动下会将套管卡紧控制套管垂直度，套管垂直度精确至 1/500。此外，全套管全回转钻进过程中，配套冲抓斗及时进行取土捞渣。

(2) 护筒埋设

为确保大直径、深长护筒埋设至中风化岩面，本工艺采用全套管全回转钻机进行外护筒的埋设，在护筒下沉过程中，遇土层时采用旋挖钻机钻进取土，遇填石时则采用冲抓抓取填石，以加快深长护筒沉入和钻进速度。旋挖钻机套管内钻进取土见图 3.1-11，冲抓斗冲抓填石见图 3.1-12。

3. 外护筒嵌固技术

(1) 护筒稳定地层嵌固原理

由于填石厚、间隙大、分选性差、形状不规则，深厚填石层在护筒下沉过程中受扰动后重新排列，随即产生沉降，在填石沉降移动过程中，带动地面护筒发生偏移。为克服护

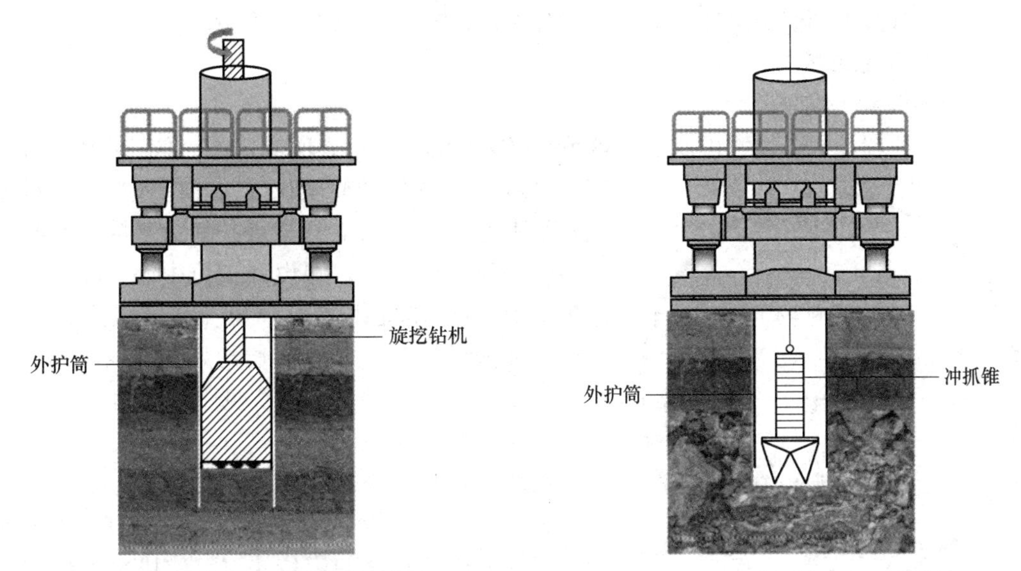

图 3.1-11 旋挖钻机套管内钻进取土

图 3.1-12 冲抓填石下沉外护筒

筒的移位，本工艺采用全套管全回转钻机将外护筒埋设至中风化岩面，外护筒穿越上部24m 易偏移填石层后，再往下进入下部土层 24m（淤泥质土、粗砂、砂质黏土），并嵌入全风化岩、强风化岩层中 12m。本工艺外护筒上部 24m 处于非稳定地层中，而外护筒下部 36m 长的稳定地层的嵌固深度，足以承受上部非稳定地层对护筒产生的推力。外护筒嵌固埋设示意见图 3.1-13。

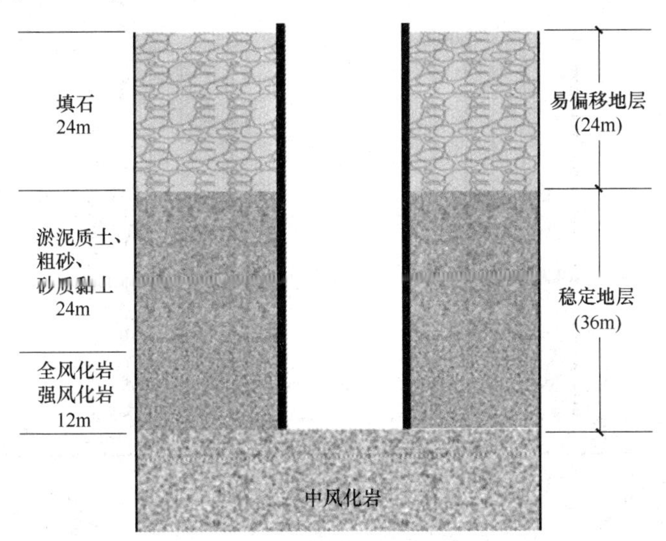

图 3.1-13 外护筒嵌固埋设示意图

(2) 外护筒防偏移原理

受上部深厚填石层的沉降并相互挤压推移作用，护筒在下沉过程中会发生一定程度的偏移。为此，本工艺采用直径比设计桩径大 200mm 的外护筒，为在外护筒内安放永久性内护筒预留出足够的偏移量以及调整的范围，后续通过定位技术确保内护筒中心与设计桩孔中心一致。另外，本项目选择壁厚 40mm 的标准钢套管作为外护筒，进一步提升护筒的刚度，以抵抗上部非稳定地层移位，从而持续对护筒产生的推移作用。

4. 内护筒定位技术

(1) 偏移量纠偏原理

为了顺利埋设永久性钢护筒，并确保护筒中心与桩位中心保持一致，本工艺埋设直径(D) 2000mm 的外护筒就位，并确保外护筒的最大偏移量不大于 200mm，再以外护筒为基准，复测永久性内护筒的中心点，即设计桩位中心；随后，以内护筒中心点为圆心，在其半径(r)范围测放 4 个点位，并测量记录在 4 个方位与外护筒间距离 x_1、x_2、y_1、y_2，具体位置和距离见图 3.1-14。

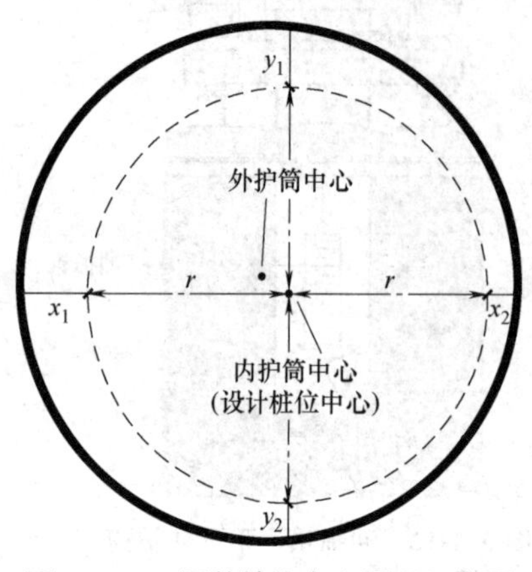

图 3.1-14 调整桩位中心原理示意图

(2) 内护筒定位原理

根据上述测得的内护筒定位相对于外护筒的 x_1、x_2、y_1、y_2 横纵位置相应的距离，在外护筒内壁焊接 4 个相应长度的定位块，定位块由钢板切割而成，用以控制永久性内护筒的下放位置，使内护筒的中心点与设计桩位中心点重合；随后，将内护筒吊入外护筒内，逐节加接内护筒至进入持力层岩面。拔出外护筒后，内护筒处于稳定地层包裹下保持稳固，且此时内护筒中心与设计桩位中心基本保持一致，桩孔位置满足设计要求，永久性内护筒埋设操作流程示意见图 3.1-15。

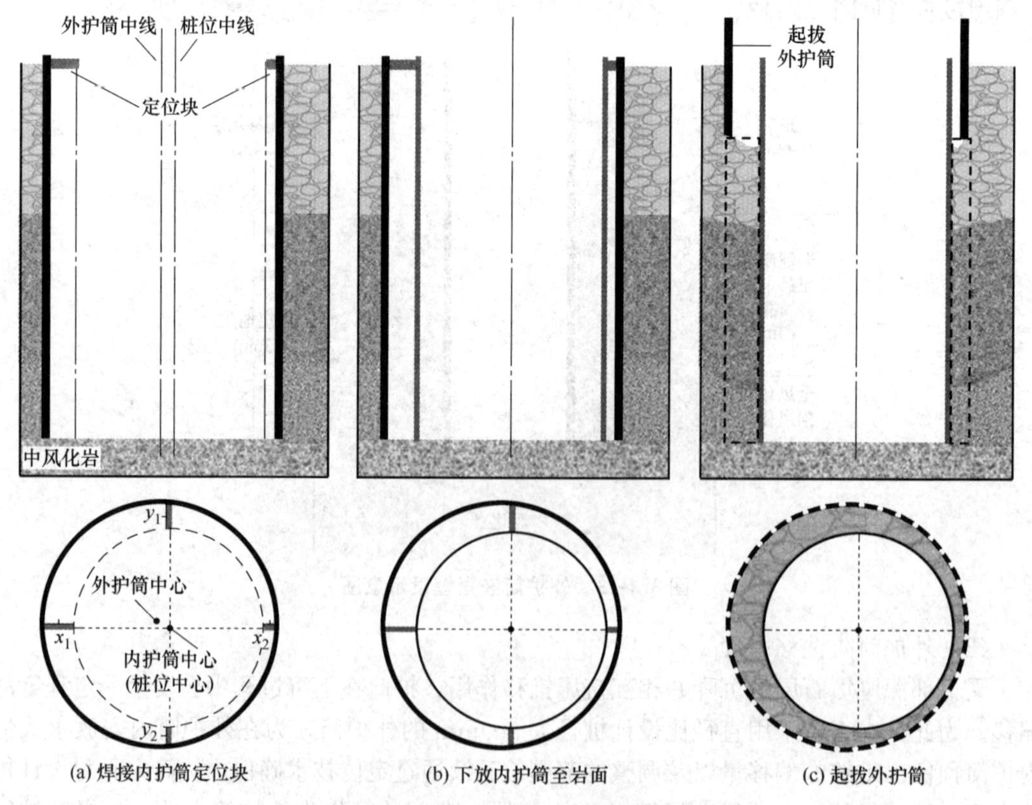

图 3.1-15 永久性内护筒埋设操作流程示意图

3.1.5 施工工艺流程

滨海填石层永久性套管灌注桩全套管全回转双护筒定位成桩施工工艺流程见图 3.1-16。

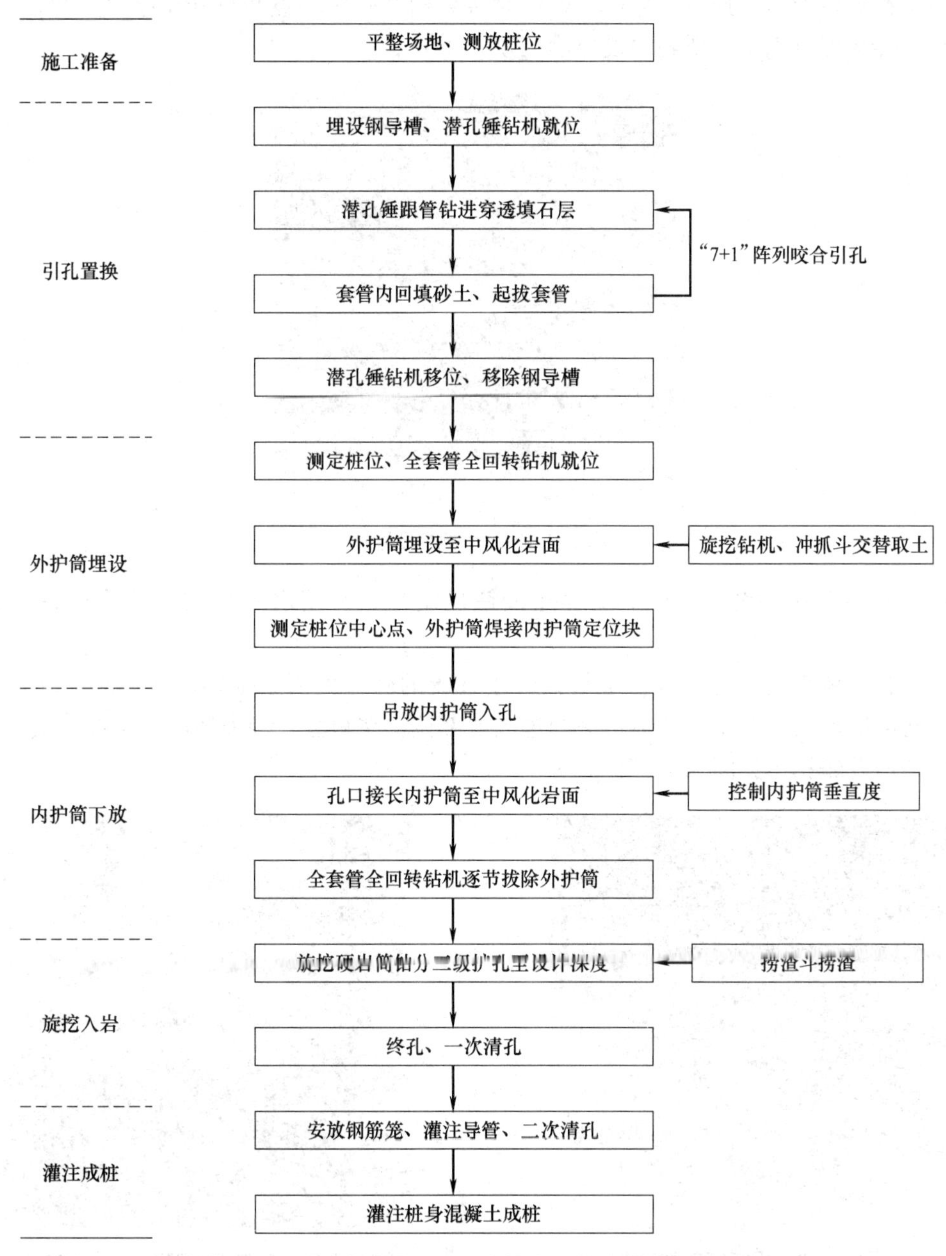

图 3.1-16 滨海填石层永久性套管灌注桩全套管全回转双护筒定位成桩施工工艺流程图

3.1.6 工序操作要点

1. 平整场地、测放桩位

(1) 施工前，将场地区域进行平整、压实，以方便桩机顺利行走。

（2）根据桩位图，使用全站仪进行桩位的测量定位，打入短钢筋设立明显标志；根据放样桩位张拉十字交叉线，在线端处设置4个护桩作为定位点，并进行妥善保护。

2. 埋设钢导槽、潜孔锤钻机就位

（1）在桩位处埋设预制钢导槽，就位时将导槽开孔中心点与桩孔十字交叉中心对齐，埋设后使导槽保持水平，现场埋设导槽见图3.1-17。

图3.1-17　现场埋设导槽

（2）利用液压系统将SH-180潜孔锤钻机调平，并用水平尺校正，确保桩机保持水平。

（3）将管靴套入套管内进行堆焊，焊接管靴的套管见图3.1-18；清理耐磨环槽和耐磨环，将耐磨环接头置于潜孔锤钻头凹进去的部位，在耐磨环接头处进行满焊连接，安装耐磨环的潜孔锤钻头见图3.1-19。

图3.1-18　焊接管靴的套管

图3.1-19　安装耐磨环的潜孔锤钻头

（4）受桩架高度影响，施钻一个直径大于套管外径的工艺孔，利用工艺孔组合潜孔锤钻具及带管靴的套管。工艺孔设置在桩位孔附近，起吊套管并放入工艺孔内，具体见图3.1-20；随后，将直径800mm的潜孔锤钻头和钻杆对准工艺孔后放入套管内。组合完成后，将钻头、钻杆和套管从工艺孔内吊出，潜孔锤跟管钻具见图3.1-21。

图 3.1-20 工艺孔安装钻具

图 3.1-21 潜孔锤跟管钻具

(5) 采用起重机将组合好的套管、跟管管靴和潜孔锤钻具吊至桩孔位，调整桩架位置，确保套管中心点、潜孔锤中心点和阵列孔中心点“三点一线”，起吊潜孔锤钻具见图 3.1-22。

3. 潜孔锤跟管钻进穿透填石层

(1) 潜孔锤钻机及套管就位后，开启空压机和钻具上方的回转电机，待套管口出风时，将钻具轻放至孔口，对准阵列孔。潜孔锤启动后，其底部钻头的 4 个可伸缩冲击滑块外扩并超出套管直径。钻进过程中，及时清理从孔内返出并堆积在平台孔口附近的钻渣，潜孔锤全套管跟管钻进见图 3.1-23。

图 3.1-22 起吊潜孔锤钻具

图 3.1-23 潜孔锤全套管跟管钻进

(2) 当套管跟管下沉至孔口附近时，加接钻杆和套管。钻杆接头采用六方键槽套接连接，当钻杆套接到位后，再插入定位销固定，连接时控制钻杆长度始终高出套管顶，插入定位销见图 3.1-24。

(3) 钻杆接长后，将下一节套管吊起置于已接长钻杆外的前一节套管处，对接平齐，将上下两节套管用丝扣连接，加接套管见图 3.1-25。重复跟管钻进和加接钻杆、套管作业至穿透填石层为止。

图 3.1-24　插入定位销

图 3.1-25　加接套管

4. 套管内回填砂土、起拔套管

（1）采用先边线孔后中心孔的施工顺序，即"7＋1"阵列式咬合重复潜孔锤跟管钻进、回填砂土和拔除套管，直至整个桩孔范围内填石层全部被砂土置换。

（2）潜孔锤穿透填石层使套管就位后，上提潜孔锤钻杆并逐节拆卸，护壁套管留在孔内。

（3）潜孔锤钻头拔出后，及时向套管内回填砂土，回填所用的砂土以粗砂、石粉为主，所含最大颗粒粒径不超过 5cm。砂土用挖掘机填入孔内，直至将孔内填石完全置换，套管内砂土回填情况见图 3.1-26。

（4）砂土回填至套管口后，采用单夹持打拔机拔除套管，起拔套管见图 3.1-27；随后，进行下一阵列孔位引孔。

图 3.1-26　套管内回填砂土

图 3.1-27　起拔套管

5. 潜孔锤钻机移位、移除钢导槽

（1）当最后一个阵列孔位引孔结束并将套管拔出后，将潜孔锤钻机移离孔口。

（2）采用起重机将预制钢导槽从孔口移除。

6. 测定桩位、全套管全回转钻机就位

（1）重新平整、压实桩孔周围场地，确保施工区域内重型设备行走安全。

（2）根据桩位标识与护桩重新测放桩位中心点，并做好标识；若桩位标识与护桩发生破坏，则采用全站仪重新测量放样。

（3）将钻机底座的定位板摆放到位，利用铅锤线复核定位板圆心和桩位中心，确保两层双中心重合，定位板就位见图 3.1-28。

（4）用起重机将 JAR260H 全套管全回转钻机吊放至钻机定位板上，保证全回转钻机底部四个支腿与定位板四个定位圆弧坐落准确，全套管全回转钻机就位见图 3.1-29。

图 3.1-28 定位板就位

图 3.1-29 全套管全回转钻机就位

7. 外护筒埋设至中风化岩面

（1）将筒底端带有刃口的首节外护筒吊放至全回转钻机夹具内，平稳缓慢吊放，避免与主机机体碰撞。

（2）开启全套管全回转钻机下压外护筒，钻机回转钻进的过程中观察扭矩、压力及垂直度。并做好记录。

（3）采用壁厚 40mm 的外护筒，外护筒下压时利用 SR415R 旋挖钻机配合从护筒内取土，一边取土、一边下沉外护筒，并监测取土深度确保不超挖；因受阻过大或遇未完全置换的填石难以下压时，采用冲抓斗适当超前抓取填石，以便护筒顺利下沉。外护筒下压时旋挖钻机配合取土见图 3.1-30，冲抓斗冲抓填石见图 3.1-31。

（4）外护筒下放过程中，当一节护筒下沉至上部距全套管全回转钻机操作平台 50cm 左右时停止下放，吊放另一节护筒，并通过螺栓接长固定外护筒直至中风化岩面，接长外护筒见图 3.1-32。

8. 测定桩位中心点、外护筒焊接内护筒定位块

（1）待外护筒底端钻进至中风化岩面后，全套管全回转钻机停止钻进，并用抱箍夹紧固定外护筒。

（2）外层护筒固定后，根据内护筒的内径测算外护筒中心与设计桩位中心位置偏差值，并记录在四个方位需要调整的距离。

（3）依据量测的外护筒中心与设计桩位中心的偏差值，确定内护筒定位块的焊接位置和尺寸。在外护筒内壁上部焊接相应厚度的定位调节块，外护筒内壁焊接的内护筒定位块见图 3.1-33。

图 3.1-30　旋挖钻机配合取土

图 3.1-31　冲抓锥冲抓填石

图 3.1-32　接长外护筒

图 3.1-33　内护筒定位块

9. 吊放内护筒入孔

（1）焊接好定位块后，校核内护筒中心点位置，确保与设计桩位中心保持一致。

（2）采用壁厚 20mm、单节长 12m 的永久内护筒。根据孔深确定所需永久性护筒的长度，起吊内护筒，对准桩位中心，沿着外护筒内壁的定位块缓慢下放，内护筒下放见图 3.1-34。

（3）内护筒下放过程中，采用全站仪对护筒外侧进行垂直度监测。

10. 孔口接长内护筒至中风化岩面

（1）吊放首节内护筒下放至孔口附近后，沿内护筒孔口外侧环形对称焊接 4 个牛腿，使外护筒承托内护筒，复核筒身垂直度后进行护筒接长。

（2）将上节护筒吊放于下节护筒上部，保持起吊状态进行纠偏；纠偏后的调节位置采用点焊初步固定，再沿着对接护筒圆周方向寻找下一偏差点，并进行纠偏调节直至护筒圆度满足要求。当上、下节护筒完全对位后，对上、下节护筒打坡口以增加焊面，采用满焊连接将上、下节护筒连接，内护筒接长见图 3.1-35。

图 3.1-34 内护筒下放

图 3.1-35 内护筒接长

（3）重复焊接接长护筒作业，直至内护筒下放至持力层岩面。

11. 全套管全回转钻机逐节拔除外护筒

（1）永久性内护筒准确定位且埋设稳定后，利用全套管全回转钻机自带的液压顶力起拔外护筒。启动抱箍夹紧系统将外护筒抱紧上拔 750mm 后松开夹具，夹具下移重复抱紧、上拔作业，起拔外护筒见图 3.1-36。当一节外护筒起拔至距钻机操作平台 50cm 时，松开固定螺栓，并使用起重机将外护筒吊离孔口。

（2）起拔外护筒过程中，保持平稳缓慢、不歪斜，避免扰动内护筒；拔出外护筒后，周边地层自然填满内护筒周围的空隙。

（3）外护筒拔出后，将全套管全回转钻机移离孔口。

12. 旋挖硬岩筒钻分三级扩孔至设计深度

（1）考虑到桩孔入岩深度为 1800mm，岩层坚硬，为便于取芯并提高硬岩层钻进效率，桩端入岩采用 1200mm、1500mm、1800mm 三级扩孔至设计桩径。

（2）首先，第一级采用直径 1200mm 截齿筒钻钻进至设计深度，采用取芯筒钻取出岩芯，并进行捞渣；其次，依次更换直径 1500mm、1800mm 的筒钻进行第二、三级硬岩扩孔钻进至设计桩径，旋挖钻机扩孔截齿筒钻见图 3.1-37。

图 3.1-36 起拔外护筒

图 3.1-37 旋挖钻机扩孔截齿筒钻

（3）入岩钻进过程中，始终控制钻压，轻压慢转，保持钻机平稳。提钻后孔内残留较多岩渣时，及时采用捞渣筒清理出孔内钻渣，取出岩芯后捞渣筒捞渣见图 3.1-38。

13. 终孔、一次清孔

（1）当完成入岩钻进至设计深度时，对钻孔进行终孔检验，包括孔径、孔深、持力层、垂直度等。

（2）终孔后，采用旋挖钻斗捞渣进行一次清孔，经 2～3 个回次将岩壁钻渣及土层沉渣捞除。

14. 安放钢筋笼、灌注导管、二次清孔

（1）按设计要求进行钢筋笼制作、运输和吊装。钢筋笼采用“双钩多点”缓慢起吊，吊运时防止扭转、弯曲，严防钢筋笼由于起吊操作不当导致变形。

（2）钢筋笼吊装至孔口上方，缓慢下放钢筋笼入孔，并在孔口对接至设计标高，调整钢筋笼与桩孔中心对齐，再将钢筋笼固定在护筒壁上，安放钢筋笼见图 3.1-39。

图 3.1-38　取出岩芯后捞渣筒捞渣

图 3.1-39　安放钢筋笼

（3）安放灌注导管前，对每节导管进行水密试验，现场安装导管见图 3.1-40。

（4）灌注混凝土前，采用气举反循环进行二次清孔。二次清孔排出沉渣经过三级净化系统进行处理，沉渣经分筛后流入沉淀池内，净化后的泥浆再次回流至孔内循环使用，二次清孔见图 3.1-41。

图 3.1-40　安放灌注导管

图 3.1-41　二次清孔泥浆过滤处理

15. 灌注桩身混凝土成桩

（1）清孔完成后，检查孔底沉渣、泥浆指标，泥浆含砂率检测见图 3.1-42。

（2）清孔验收合格后，选用满足混凝土初灌量要求的灌注料斗，立即开始灌注水下混凝土。灌注采用灌注斗吊灌，在灌注过程中，不时上下提动料斗和导管，以便管内混凝土能顺利下入孔内，护筒内灌注混凝土见图 3.1-43。

图 3.1-42 泥浆含砂率检测

图 3.1-43 护筒内灌注混凝土

（3）灌注混凝土至孔口并超灌 1.0m 左右，及时拔出灌注导管。

3.1.7 机械设备配置

本工艺现场施工涉及的主要机械设备配置见表 3.1-1。

主要机械设备配置表 **表 3.1-1**

序　号	名　称	型　号	备　注
1	潜孔锤钻机	SH-180	机架高 17m
2	潜孔锤钻头	直径 800mm	平底、可扩径钻头
3	潜孔锤跟管套管	12m 长，外径 800mm	潜孔锤跟管钻进护壁套管
4	预制孔口钢导槽	适用于 1800mm 桩径	辅助潜孔锤咬合钻进引孔
5	全套管全回转钻机	JAR260H	下压/起拔外护筒
6	旋挖捞渣斗	直径 1800mm	钻孔捞渣
7	外护筒	外径 2080mm，壁厚 40mm	标准护壁套管，辅助内护筒定位
8	内护筒	外径 1840mm，壁厚 20mm	永久性护筒
9	旋挖钻机	SR415R	取土、成孔、入岩
10	截齿筒钻	直径 1200mm、1500mm、1800mm	硬岩钻进

3.1.8 质量控制

1. 潜孔锤咬合引孔及置换

（1）潜孔锤设备底座尺寸较大，桩机就位后，引孔过程中始终保持平稳，确保在施工时不发生倾斜和偏移，以保证桩孔垂直度满足设计要求。

（2）引孔过程中，控制潜孔锤下沉速度；派专人观察钻具的下沉速度是否异常，钻具是否有挤偏的现象；出现异常情况及时分析原因并采取措施。

（3）引孔深度以穿过填石层约1m控制，以返回地面的钻渣判断。

（4）引孔严格按“7+1”咬合引孔平面布置进行，以确保引孔效果。

（5）单孔引孔结束后，及时向跟管套管内回填砂土；回填以粗砂、石粉为主，所含最大粒径不超过5cm。

2. 全套管全回转钻机埋设外护筒

（1）护筒进场时，对钢护筒内径、壁厚、变形、长度、焊缝情况等进行检查验收。

（2）护筒沉放时。护筒中心与测量标定的桩中心偏差不大于5cm，并保持竖直。

（3）埋设护筒时，用十字交叉线在护筒顶部标记护筒中心，使护筒中心与测放的钻孔中心位置偏差不大于50mm，同时保证护筒竖直；沉放外护筒过程中，实时监测护筒的垂直度，发现偏差时及时纠偏。

（4）外护筒顶高出全套管全回转钻机平台30～50cm，外护筒嵌固长度保证钢护筒能自稳并防孔壁坍塌。

（5）起拔外护筒时，保持慢速、平稳，避免挤压或触碰内护筒。

3. 内护筒定位及下放

（1）内护筒进场时，对内径、壁厚、长度等进行检查验收。

（2）内护筒焊接完成后，检测焊缝质量，进行垂直度检测，合格后方继续下放。

（3）护筒中心点定位块的布置以保证下一层护筒沉入准确对中定位为原则，内护筒定位块焊接位置标记准确，严格按照计算尺寸加工。

（4）吊放内护筒时，注意保持平稳、竖直，避免与外护筒碰撞。

（5）护筒底端接近孔底时，保持护筒定位块方位正确，并实时监测。

3.1.9 安全措施

1. 潜孔锤咬合引孔及置换

（1）引孔时，做好孔口防护措施，防止空压机高风压携渣伤人。

（2）钻杆接长时，需要操作人员登高作业，要求现场操作人员做好个人安全防护，系好安全带。

（3）潜孔锤桩机移位前，采用钢丝绳将钻头固定，防止钻头晃动而造成钻机不稳。

2. 全套管全回转钻机埋设外护筒

（1）外护筒钻进时，全套管全回转钻机的反力叉支撑牢靠，防止钻进过程中钻机晃动。

（2）冲抓斗配合全回转钻机取土时，周围设专人指挥，机械旋转半径内不站人。

（3）将外护筒拔出后置于专门场地放置，防止护筒滚动伤人。

3. 内护筒定位及下放

（1）焊接外护筒定位块时，腰身系绑安全带，防止失足掉入护筒内。

（2）内护筒吊装时，按照起重作业规定操作，吊装重物下方不站人。

（3）悬空放置内护筒时，起重机保持平稳吊起状态，待护筒牛腿焊接完成检验合格后松放。

3.2 海上百米嵌岩桩全套管全回转与旋挖、RCD钻机组合成桩技术

3.2.1 引言

海上桥桩主墩基础通常设计为大直径嵌岩灌注桩，施工时需在海上搭建平台施工，通常情况下采用振动锤下入深长护筒，利用旋挖钻机钻进成孔。因其特殊的施工作业环境条件，施工时常遇到深厚海相淤泥层、砂层影响，钻进成孔时易出现塌孔、缩颈、沉渣超标等问题。同时，振动锤下护筒受深度限制，二次清孔效果差。另外，桩端持力层埋深大，超百米深钻孔的硬岩钻进困难，旋挖钻进效率低。

澳门第四跨海大桥起自澳门新城区填海 A 区东侧，与港珠澳大桥口岸人工岛连接，跨越外港航道、往内港航道与澳门新城区填海 E 区相连，全桥由北向南划分为：A 区立交桥（1 条主线桥+4 条匝道桥）+北引桥+主桥+南引桥+E 区匝道桥。G2、Z3 两个主桥墩，共设计 21 根 ϕ2.8m 的永久钢护筒钻孔灌注桩，其中 G2 桥墩 9 根 ϕ2.8m，Z3 桥墩 12 根 ϕ2.8m 灌注桩，桩长 97～106m，桩端入中风化花岗岩≥5m。覆盖层为深厚海相淤泥层、中细砂、粗砂等，厚度 92～101m；下伏基岩为花岗岩，平均单轴饱和抗压强度为 45MPa。

针对上述海上大直径百米嵌岩桩施工中存在的问题，项目组对“海上平台大直径百米嵌岩桩全套管全回转与旋挖、RCD 钻机组合成桩施工技术”进行了研究，采用全套管全回转钻机下放超长永久性钢套管护壁，钢套管下至完整岩面，有效防止了成孔过程中出现塌孔问题；覆盖层采用旋挖钻机套管内取土，解决了超长钻孔抓斗钢丝绳提升取土工效低的问题；硬岩钻进采取气举反循环钻机（RCD）回转钻进，配置全断面滚刀研磨硬岩，解决了旋挖钻机超深孔入岩效率低、取芯孔垂直度差的问题，达到了质量可靠、施工快捷、降低成本的效果。

3.2.2 工艺特点

1. 成桩质量好

本工艺成孔时，采用全套管跟进，套管深度嵌入完整岩面，有效解决了淤泥层、砂层等不良地层塌孔问题；入岩采用 RCD 钻机配备的全断面滚刀钻头研磨硬岩，保证了桩底沉渣厚度达标和入岩段垂直度；混凝土灌注时，分别采用水泥浆和混凝土进行两次开塞，实现桩底零沉渣。

2. 钻进效率高

本工艺采用 320 型大扭矩全套管全回转钻机下沉套管，配合套管外壁注浆、焊减阻条及套管内取土等减阻技术，有效提升套管下沉速度；土层成孔时，采用旋挖钻机取土，入岩采用气举反循环滚刀钻头全断面研磨钻进，避免岩渣重复破碎，有效提升了成孔工效，整体施工效率高。

3. 综合成本低

本工艺采用全套管全回转钻机下沉全套管护壁，旋挖钻机取土、RCD 钻机入岩组合施工工艺，相比传统振动锤下放护筒、抓斗取土、旋挖硬岩分级扩孔钻进工艺，大大缩短了施工时

间；同时，全套管全回转钻机、旋挖钻机、RCD钻机可实现流水作业，总体施工成本低。

3.2.3 适用范围

适用于在水上平台、码头及海上设施的基础工程灌注桩施工；适用于直径2500mm及以上、易塌孔地层条件下的灌注桩施工，适用于百米孔深、桩端硬岩灌注桩施工。

3.2.4 工艺原理

本工艺针对成孔深、地质条件复杂的海上大直径嵌岩灌注桩施工，采用全套管全回转配合旋挖、RCD等多种类型钻机组合施工工艺，有效提升了施工进度和成桩质量，其关键技术主要包括以下四个部分：一是全套管护壁施工技术；二是超长钢套管内、外侧减阻下沉技术；三是RCD钻机全断面破岩技术；四是超大体积混凝土灌注技术等。

1. 全套管护壁施工技术

全套管下沉采用全套管全回转钻机施工，全套管全回转钻机通过动力装置对钢套管施加扭矩和垂直荷载，驱动钢套管360°回转，同时套管下段的高强刀头对土体进行切削，使套管在地层中钻进下沉。钢套管由多节套管通过焊接连接，随旋挖钻机钻进取土逐节加接套管直至岩面，从而实现钻进过程中土层段全套管护壁，避免了不良地层塌孔问题。全套管护壁施工原理见图3.2-1。

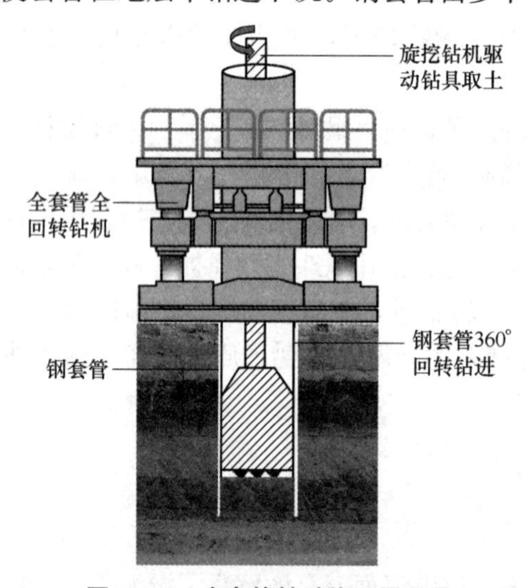

图3.2-1 全套管护壁施工原理图

2. 超长钢套管内、外减阻下沉技术

超长钢套管下沉时，套管受到套管内、外土体对套管的摩阻力影响。本工艺采用套管内减阻技术，施工时在淤泥层、砂层中采用套管超前钻进，在黏性土和强风化地层采用超前取土钻进，最大限度减小套管内土体对套管的侧摩阻力。

套管外减阻采用注浆减阻法和减阻条减阻法。注浆减阻法在通长的套管外壁对称焊接两组注浆管，每组两根，注浆液采用膨润土和水拌制而成，套管下沉过程中通过注浆管将注浆液泵入套管底部，随着浆液渗入量的增加，套管与周围土体之间被浆液填充，套管回转下沉时使浆液绕套管侧壁形成润滑层，从而达到减阻效果，套管外壁注浆管现场见图3.2-2。减阻条减阻法在钢套管外壁对称加焊两根通长钢条作为减阻条，在钢套管下沉时，由套管壁与土体之间的接触摩擦改为钢条与土体的切削，从而减小钢套管与土体的侧摩阻力，套管外壁减阻钢条现场见图3.2-3。

3. RCD钻机全断面破岩技术

硬岩钻进采用气举反循环钻机（RCD）进行施工，RCD钻机由机架、动力站、空压机及钻具四部分组成，利用动力头提供的液压动力带动钻杆及钻头旋转，钻进过程中钻具底部的球齿滚刀绕自身基座中心点持续转动，滚刀上镶嵌有金刚石颗粒，金刚石颗粒在轴向力、水平力和扭矩的作用下，连续研磨、刻划、犁削岩石。当挤压力超过岩石颗粒之间

图 3.2-2 注浆管

图 3.2-3 减阻钢条

的粘结力时，部分岩石从岩层母体中剥离而成为碎屑岩。随着钻头的不断旋转压入，碎石被研磨成细粒状岩屑，通过空压机提供的高风压将岩屑随泥浆排入沉淀箱，经沉淀箱将泥浆净化后再回流至桩孔中。RCD 钻机全断面破岩原理见图 3.2-4。

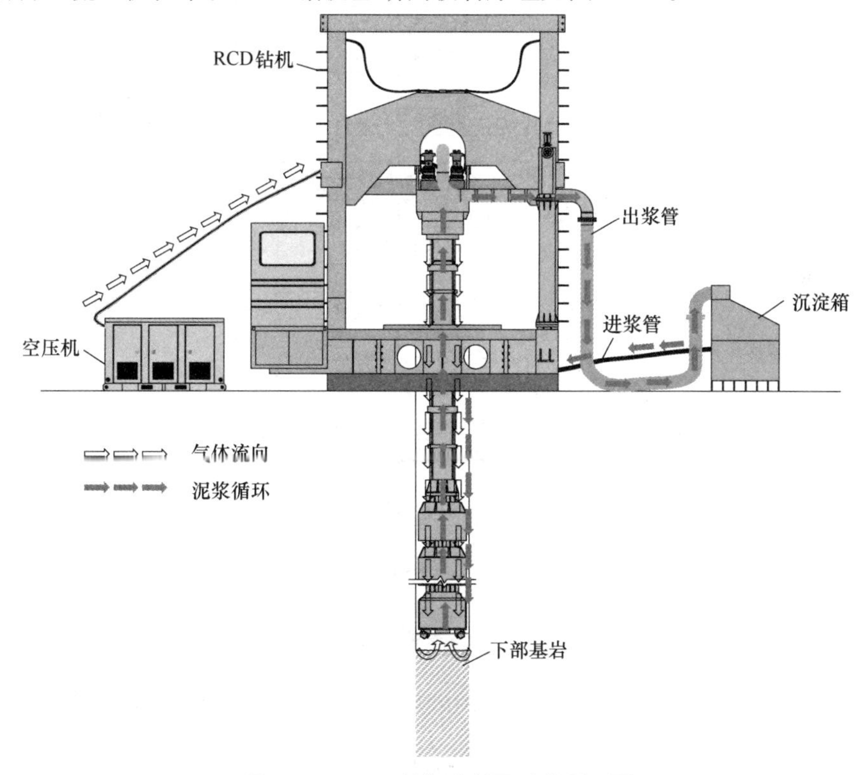

图 3.2-4 RCD 钻机全断面破岩原理图

4. 桩身大体积混凝土灌注技术

大直径百米桩混凝土方量达 $500m^3$ 以上，灌注时间达 10h 以上才能完成，常规混凝土约 5h 即初凝，为防止大体积混凝土在灌注过程中快速初凝，采用超缓凝混凝土进行灌注。

大直径百米桩灌注导管长百米左右，为保证混凝土灌注质量，在混凝土灌注之前采用水泥浆进行一次开塞，起到润管、避免混凝土中水泥浆粘管及防止初灌混凝土发生离析的作用；同时，清孔作业完成后桩底仍残留少量岩屑颗粒，水泥浆开塞时料斗内水泥浆由势能转化为动能，高速冲入孔底，孔底残余岩屑颗粒受水泥浆冲击后与水泥浆充分混合，水泥浆密度 2.45g/cm^3、黏度 18s，可使岩屑颗粒悬浮于水泥浆液中。水泥浆一次开塞完成后，再采用混凝土进行二次开塞初灌，对桩底沉渣混合物进行二次冲击，使其置于混凝土面之上，从而保证桩底零沉渣效果。

3.2.5　施工工艺流程

以澳门澳凼四桥 G2、Z3 主桥墩桩基工程为例，本项目施工工艺流程见图 3.2-5。

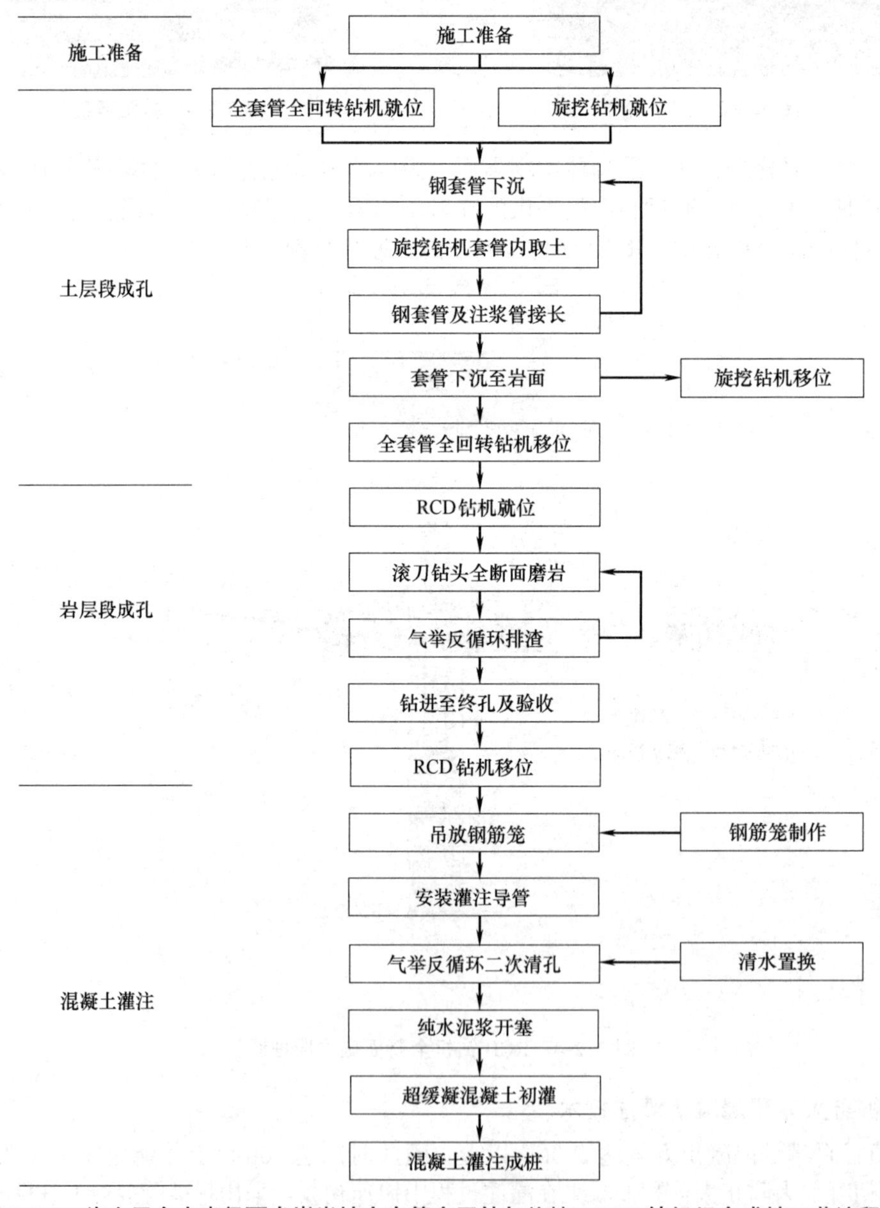

图 3.2-5　海上平台大直径百米嵌岩桩全套管全回转与旋挖、RCD钻机组合成桩工艺流程图

3.2.6 工序操作要点

1. 施工准备

（1）根据施工设备荷载作业需求，由专业单位搭设钢制施工平台，见图3.2-6。

（2）收集设计图纸、勘察报告、测量控制点及所施工桩位附近地层资料等。

（3）采用全站仪对桩位进行放线，具体见图3.2-7。

图3.2-6 钢制施工平台

图3.2-7 全站仪放线

（4）组织所需材料、设备进场，做好钢护筒首节管底部烧焊刀头、钢护筒侧部焊接注浆管等工作，具体见图3.2-8、图3.2-9。

图3.2-8 套管烧焊刀头

图3.2-9 注浆管焊接

2. 全套管全回转钻机就位

（1）全套管全回转钻机采用景安重工JAR-320H，该钻机功率403kW（动力站1）+205kW（动力站2），回转扭矩9080kN·m，最大套管下沉力1100kN，最大成孔直径

3.2m，可满足施工要求。

（2）采用转运船将定位平衡板运至平台附近，具体见图3.2-10；将定位板吊放至桩位，采用十字线交叉法调整定位板，使定位板中心点与桩中心点重合，具体见图3.2-11、图3.2-12。

图3.2-10　定位板转运

图3.2-11　定位板吊放

图3.2-12　定位板就位

（3）全套管全回转钻机采用运输船运至平台附近，具体见图3.2-13。

（4）采用起重机将钻机吊放至桩位，调整桩位点、定位平衡板中心点、全套管全回转钻机中心点三点重合，钻机就位后采用反力叉固定，具体见图3.2-14、图3.2-15。

图3.2-13　全回转转运

图3.2-14　全回转就位

图3.2-15　反力叉固定

3. 旋挖钻机就位

（1）旋挖钻机采用SWDM550型进行施工，该旋挖钻机最大成孔直径3.5m，最大成孔深度135m，额定功率447kW，最大扭矩550kN·m，可满足施工要求。

（2）旋挖钻机施工作业面铺设钢板，将旋挖钻机移机至钢板上就位，具体见图3.2-16。

（3）在施工平台上旋挖钻机旁放置2个15m^{3}渣土箱（尺寸：2.5m宽×4m长×1.5m高），具体见图3.2-17。

图 3.2-16 旋挖钻机就位

图 3.2-17 渣土箱

4. 钢套管下沉

（1）本项目钢套管外径 2.8m，壁厚 32mm，标准节分节长度为 12m 一节，部分连接节为 8m，其中第一节为 18m。现场钢套管见图 3.2-18。

（2）钢套管下沉采用注浆减阻法时，在钢套管外侧垂直方向各焊接两根注浆管（外径 30mm，壁厚 3mm），注浆管两侧采用 2 根带肋钢筋（直径 32mm）进行防护，具体见图 3.2-19。

图 3.2-18 钢套管

图 3.2-19 注浆管

（3）钢套管下沉采用减阻条减阻法时，在钢套管外侧垂直方向各焊接一根减阻条（宽度、厚度各 20mm 钢条）。

（4）全套管全回转钻机就位后，起吊首节底部带有合金刃脚的钢套管放入钻机，夹紧抱箍固定钢套管进行下沉，具体见图 3.2-20。套管下沉时，采用全站仪对钢套管进行垂直度监测，如套管垂直度超出允许值时，立即停止作业进行纠偏，具体见图 3.2-21。

图 3.2-20　钢套管就位

图 3.2-21　套管垂直度检测

5. 旋挖钻机套管内取土

（1）旋挖钻头采用直径 2.7m、高度 1.5m 的双底板截齿捞砂斗。

（2）首节钢套管下沉到位后，采用旋挖钻机进行套管内取土，具体见图 3.2-22。

（3）旋挖钻机取出的渣土倒入渣土箱，具体见图 3.2-23。

图 3.2-22　旋挖套管内取土

图 3.2-23　渣土倒入渣土箱

（4）渣土箱四角采用钢丝绳与主吊连接，渣土箱宽度方向一侧采用钢丝绳与副吊连接，渣土箱装满渣土后，采用起重机主吊将渣土箱吊至转运船上部后释放主吊，渣土箱由水平变为直立，渣土箱内渣土倾倒至转运船中，渣土箱转运渣土过程见图 3.2-24～图 3.2-26。

6. 钢套管及注浆管接长

（1）当第一节套管下沉至全套管全回转钻机操作平台顶部 0.5m 位置时停止下沉，将第二节钢套管吊起至第一节钢套管顶部，具体见图 3.2-27。

（2）在第一节套管顶部焊接限位钢板，使上下两节钢套管对齐，具体见图 3.2-28。

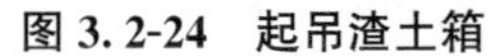

图 3.2-24　起吊渣土箱

图 3.2-25　吊至转运船上部

图 3.2-26　倾倒渣土

图 3.2-27　第二节钢套管就位

图 3.2-28　限位钢板

（3）上下两节钢套管对接后，采用焊接法将钢套管、注浆管接长，具体见图 3.2-29、图 3.2-30。钢套管焊缝经探伤检测满足设计要求后切割掉限位钢板，继续下沉，焊缝探伤检测见图 3.2-31。

（4）完成第二节钢套管压入后，继续旋挖取土，重复以上步骤，直至套管底部下沉至岩面。

7. 套管下沉至岩面

（1）套管全断面下沉至岩面后，根据勘察孔提示的深度和岩样综合判断岩面。

（2）采用测绳测量套管及岩面深度，具体见图 3.2-32；确定岩面后，将旋挖钻机移至下一桩位施工。

8. 全套管全回转钻机移位

（1）全套管全回转钻机采用 SCC1500 履带式起重机进行吊装。

（2）SCC1500 履带式起重机额定功率 242kW，最大起重量 150t，可满足起吊需求。

图 3.2-29　钢套管焊接

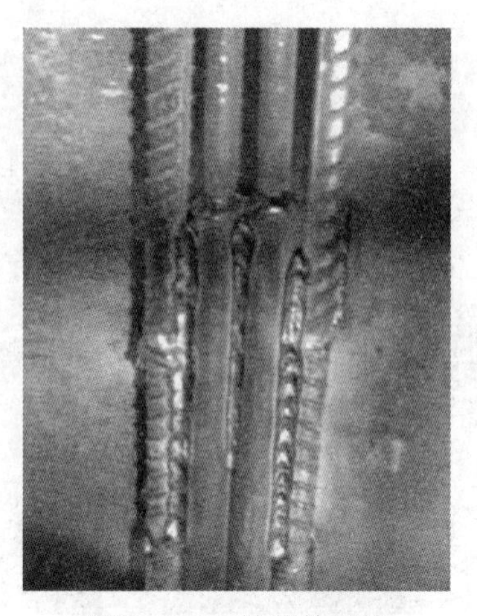

图 3.2-30　注浆管焊接

图 3.2-31　焊缝探伤检测

图 3.2-32　套管及岩面深度测量

（3）使用吊装钢丝绳一端与全套管全回转钻机连接，另一端连接履带式起重机主吊吊钩，徐徐吊起移开桩位，具体见图 3.2-33、图 3.2-34。

图 3.2-33　全回转钻机起吊

图 3.2-34　全回转钻机移位

9. RCD 钻机就位

（1）RCD 钻机采用 JRD300 型气举反循环钻机，该钻机最大成孔直径 3.0m，最大成孔深度 135m，额定功率 447kW，动力头扭矩 360kN·m，可满足本工程施工要求。

（2）RCD 钻机主要由机架、动力站、空压机、钻具组成，具体见图 3.2-35。配套空压机采用 141SCY-15B 空压机，最大功率 142kW，额定排气量 $15m^3/min$，额定排气压力 15bar。

图 3.2-35 JRD300 现场图

采用履带式起重机将 RCD 钻机机架吊至钢套管顶部，钻机机架中心与钢套管中心重合，见图 3.2-36；采用液压夹将机架固定于钢套管顶部，具体见图 3.2-37。

图 3.2-36 机架安装

图 3.2-37 机架液压固定

10. 滚刀钻头全断面磨岩

（1）RCD 钻具由中空钻杆、配重（本项目单个配重 2.3t，配置 3 个）、滚刀钻头三部分组成，具体见图 3.2-38，滚刀钻头底部为球齿滚刀见图 3.2-39。

图 3.2-38　RCD 钻具

图 3.2-39　滚刀钻头底部

（2）采用 SCC1500 履带式起重机将 RCD 钻具吊起，徐徐放入桩孔中，具体见图 3.2-40。

（3）单根钻杆长 3m，采用法兰式结构，中心管为排渣通道，两侧设 2 根通风管，钻杆法兰之间采用高强螺栓连接，具体见图 3.2-41。

（4）启动空压机，在钻具中通入压缩空气，开动钻机驱动合金滚刀钻头回转钻进，施工过程中保持钻孔平台水平，并采用经纬仪复核，以保证桩孔垂直度，具体见图 3.2-42。

图 3.2-40　RCD 钻具下放

图 3.2-41　钻杆螺栓连接

图 3.2-42　平台水平度测量

11. 气举反循环排渣

（1）钻机利用动力头提供的液压动力带动钻杆和钻头旋转，钻头底部的球齿合金滚刀与岩石研磨钻进，通过空压机提供的高风压将泥浆携破碎岩屑经由中空钻杆抽吸，通过胶管输送至三级沉淀箱，经分离出岩屑后回流至钻孔中实现循环，具体见图 3.2-43。

（2）破岩钻进过程中，观察进尺和排渣情况，钻孔深度通过钻杆长度进行测算，具体见图 3.2-44。

（3）通过排出的碎屑岩样判断入岩情况，并进行中风化岩面验收，具体见图 3.2-45。

图 3.2-43　RCD 泥浆循环系统图

图 3.2-44　钻孔深度测量

图 3.2-45　中风化岩面验收

12. 钻进至终孔及验收

(1) RCD 钻机钻进至设计持力层深度后，对桩底持力层岩样进行取样验收，终孔岩样验收见图 3.2-46。

(2) 采用气举反循环清除桩孔底部岩渣，直至桩底残留沉渣全部被带出孔外。

(3) 桩孔垂直度采用 TS-K100CW 型超声波测试仪进行检测，将仪器探头沿桩孔垂直下降至桩孔底，测定桩孔的直径、垂直度及整桩尺寸等，检测结果见图 3.2-47。

13. RCD 钻机移位

(1) 各终孔检验指标满足设计要求后，拧松 RCD 钻机钻杆法兰连接螺栓，分节将钻杆拆除。

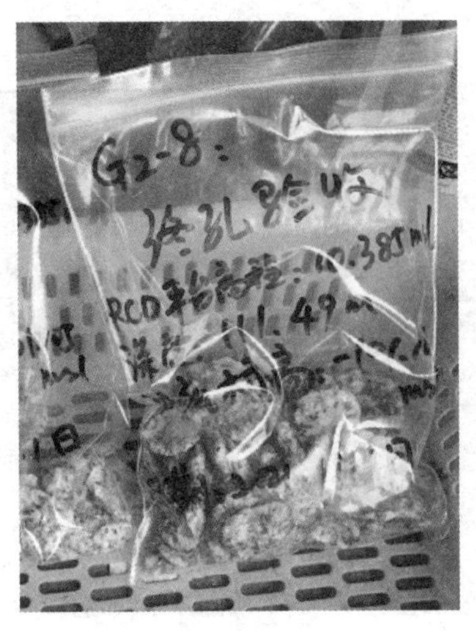

图 3.2-46　终孔岩样验收

图 3.2-47　超声波检测

（2）钻杆拆除完成后，将机架与钢套管连接液压夹松开，采用 SCC1500 履带式起重机将 RCD 钻机吊离移至下一桩位施工，具体见图 3.2-48。

14. 吊放钢筋笼

（1）钢筋笼采用场外加工，利用转运船分节运转至平台，具体见图 3.2-49。

（2）钢筋笼接长采用液压分体式锥形套筒进行连接，具体见图 3.2-50。加强箍筋与主筋采用 U 形卡扣连接，箍筋与主筋采用绑扎连接，具体见图 3.2-51。

图 3.2-48　RCD 钻机拆除

图 3.2-49　钢筋笼转运

图 3.2-50　主筋套筒连接

（3）钢筋笼采用环形吊装装置分节吊装，分节长度约 20m，环形吊装装置见图 3.2-52，钢筋笼吊装见图 3.2-53。

（4）将第一节钢筋笼吊入孔口，徐徐下放至笼体上端最后一道加强箍筋时，采用 2 根穿杠穿过加强筋的下方，将钢筋笼固定后进行钢筋笼对接，具体见图 3.2-54。

图 3.2-51　U形卡扣连接

图 3.2-52　环形吊装装置

图 3.2-53　钢筋笼吊装

(a) 套筒液压钳

(b) 钢筋笼对接

(c) 安装钢筋对接套筒

(d) 钢筋套筒连接完成

图 3.2-54　钢筋笼孔口连接

15. 安装灌注导管

（1）采用水下导管回顶法灌注混凝土，导管直径273mm，灌注导管见图3.2-55。

（2）灌注导管采用丝扣连接方式，使用前对导管进行水密性测试，导管测试合格后用于现场灌注。

（3）将导管分节吊放入孔，直至导管距离桩孔底30～50cm，具体见图3.2-56。

图3.2-55　灌注导管

图3.2-56　导管分节入孔

16. 气举反循环二次清孔

（1）二次清孔采用气举反循环方式，空压机采用141SCY-15B空压机，气举反循环弯管见图3.2-57。

（2）高压气管采用RULIC HOSE 3802 W. P. 12MPa橡胶软管（直径38.02mm，耐压12MPa），具体见图3.2-58。

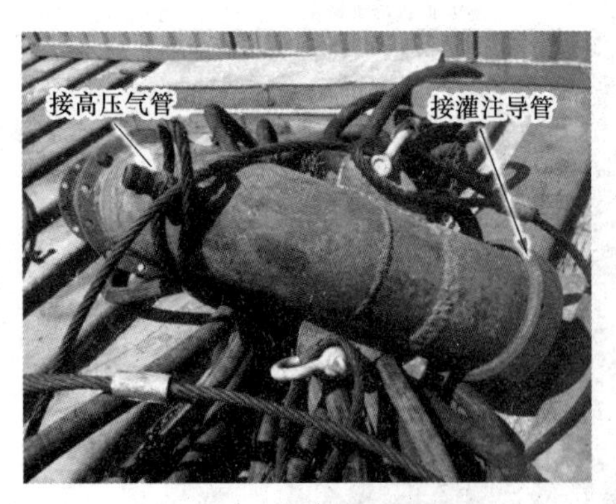

图3.2-57　气举反循环弯管

图3.2-58　高压气管

（3）清孔过程中，钢套管内持续注入清水置换泥浆，直至桩内泥浆全部被清水置换出孔，气举反循环清孔见图3.2-59。

（4）清孔过程中，收集水样以判断清孔是否干净。清孔水样验收见图3.2-60。

图 3.2-59　气举反循环清孔

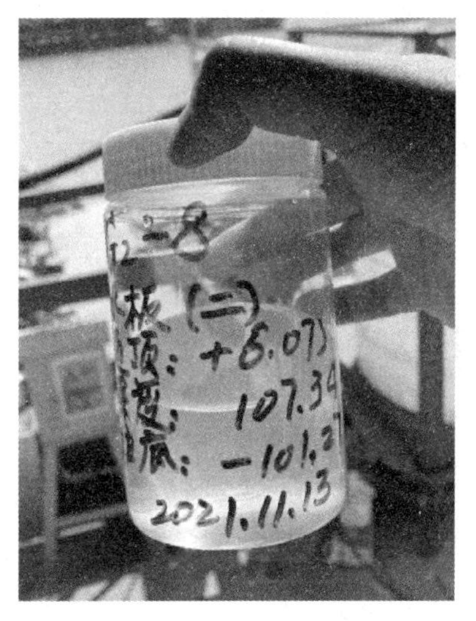

图 3.2-60　清孔水样验收

17. 纯水泥浆开塞

（1）完成清孔后，报监理工程师验收，满足要求后，拆除清孔装置。

（2）采用钢制平台灌注，料斗高度约 4m，容量为 $12m^3$，通过溜槽连接导管顶部 $8m^3$ 料斗，钢制灌注平台见图 3.2-61，导管顶部料斗见图 3.2-62。

（3）水泥浆开塞采用 P·O42.5R 硅酸盐水泥配置，水灰比 0.5。

（4）将灌注平台料斗装入 $6m^3$ 水泥浆后，提起料斗底的盖板，进行纯水泥浆开塞，具体见图 3.2-63。

图 3.2-61　灌注平台

图 3.2-62　料斗

图 3.2-63　水泥浆开塞

18. 超缓凝混凝土初灌

（1）桩身混凝土采用强度等级 C45 超缓凝混凝土，混凝土初凝时间 30h。

（2）采用混凝土运输船＋船泵的方式进行灌注，混凝土运输船船泵见图 3.2-64。混凝土运输船将混凝土输送至船泵内，由船泵输送至钢制灌注平台料斗内，具体见图 3.2-65。

图 3.2-64　混凝土运输船

图 3.2-65　混凝土泵送

(3) 将灌注平台料斗采用止浆盖板封闭，导管顶部料斗装满 $8m^3$ 混凝土后上拔止浆盖板，混凝土沿导管灌入桩孔内，具体见图 3.2-66。

(4) 上拔止浆盖板后，灌注平台料斗及时向孔口料斗内快速补料，完成混凝土初灌，具体见图 3.2-67。

图 3.2-66　上拔止浆盖板

图 3.2-67　桩身混凝土灌注

19. 混凝土灌注成桩

(1) 每灌入一斗混凝土后，即对孔内混凝土面标高进行探测，并测算混凝土面上升高度和导管埋深，保证导管在混凝土中的埋深为 2～6m。

(2) 灌注过程中，保持连续不间断进行。

(3) 混凝土灌注接近桩顶时，准确测量混凝土面标高，超灌高度保持约 1.0m。

3.2.7 机械设备配置

本工艺现场施工所涉及的主要机械设备配置见表3.2-1。

主要机械设备配置表 **表3.2-1**

名　称	型号参数	数量	备　注
全套管全回转钻机	JAR-320H	1台	钢套管下放
旋挖钻机	SWDM50	1台	土层取土
履带式起重机	SCC1500	1台	吊装
气举反循环钻机(RCD)	JRD300	1台	入岩成孔
空压机	141SCY-15B	1台	气举反循环
滚刀钻头	配置6.9t	1个	磨岩钻进
灌注平台	$12m^3$	1个	水泥浆、混凝土灌注
灌注料斗	$8m^3$	1个	高度约4m,容量为$12m^3$
灌注导管	ϕ273mm	110m	水泥浆、混凝土灌注
电焊机	NBC-250A	2台	钢套管焊接
探伤仪	CTS-9006	1台	焊缝质量检测
渣土转运箱	自制	1台	渣土转运
泥浆净化器	自制	1台	泥浆循环、净化泥浆
超声波钻孔检测仪	TS-K100CW	1台	成孔质量检测
注浆泵	BW150,15kW	1台	注浆
全站仪	莱卡TZ05	1台	桩位测放
经纬仪	莱卡TM6100A	2台	垂直度监测

3.2.8 质量控制

1. 全套管全回转钻机成孔

（1）测放桩位点后，以全套管全回转钻机底盘中心对准桩位中心点后，再次测量复核，复核结果满足设计要求后方可进行施工。

（2）全套管全回转钻机施工时，采用自动调节装置调整钻机水平，并采用经纬仪对套管垂直度进行监测及校正，保证成孔垂直度满足设计要求。

（3）全套管全回转钻机成孔时，安排专人做好施工记录，并根据成孔深度及时连接下一节套管，保证套管深度比当前取土深度长不小于2m。

（4）钢套管焊接连接时，在上部连接管底部焊接部位预打坡口，焊缝满足设计规范要求后方可下沉。

（5）套管孔口对接时，为保证上下套管之间连接的同心性，需在下管节上焊接6～10个定位板。

2. RCD钻机入岩

（1）吊装RCD钻机就位，使钻头中心、桩孔位置及孔口平台中心保持一致，采用十字线交叉法校核对中情况，并通过全站仪复核。

（2）严格按RCD钻机规程操作，入岩成孔过程中定期观测钻杆垂直度，发现偏差及时调整。

（3）RCD钻进破岩过程中，及时取样进行岩样鉴定并留样。

（4）接长钻杆时连接牢固，防止钻杆因受较大外力导致松动甚至脱落。

（5）破岩进度慢或累计破岩超过5m时，提起钻头检查滚刀头磨损情况；如有损坏的，及时更换新的滚刀头。

3. 钢筋笼制安及混凝土灌注

（1）混凝土灌注前，采用超声波钻孔检测仪对成孔质量进行检测，检测合格后方可进行钢筋笼吊装。

（2）钢筋笼吊装前进行全场笼体检查，检查内容包括：长度、直径、连接等，完成检查后方可进行吊装。

（3）钢筋笼采用专用环形吊具进行吊装，吊运时防止扭转、弯曲。孔口钢筋笼对接采用专用连接器连接，保证连接紧固。

（4）利用导管灌注桩身混凝土，首次浇筑量需保证导管埋入混凝土量不少于1m。浇筑过程中，导管底部埋入混凝土深度保持在2～6m范围。

（5）混凝土实际灌注标高满足设计超灌要求，确保桩顶混凝土质量。

3.2.9　安全措施

1. 全套管全回转钻机成孔

（1）保证作业平台整体稳固，承载力满足设备作业需求。

（2）钢套管材质、壁厚、平整度等现场检测合格后投入使用。

（3）套管吊装作业时派专人进行指挥。

（4）焊接作业人员按要求佩戴专门的防护用具，并根据相关操作规程进行焊接操作。

（5）六级以上风力时严禁作业。

2. RCD钻机入岩

（1）桩机设备进场后，进行安装调试并验收合格。

（2）施工前，认真检测泥浆管路连接情况，防止施工过程中泥浆管松脱。

（3）钻杆接长时，各连接件需连接牢固，避免施工中钻杆接头损坏。

（4）破岩施工作业时，严禁提升钻杆。

（5）施工过程中实时掌控钻机工作状态，如发现异响等异常情况时停止作业，待排除异常后再进行施工。

3. 钢筋笼制安及混凝土灌注

（1）根据钢筋笼长度计算吊点位置，避免钢筋笼变形、损坏。

（2）孔口接笼时，架立钢筋强度需满足荷载要求，接头连接紧固。

(3) 混凝土经坍落度检测合格后方可使用，避免发生堵管。

(4) 混凝土灌注连续进行，避免中断时间过长导致发生埋管。

(5) 钢筋笼吊装、混凝土灌注过程中应派专人进行指挥。

3.3 深厚填海区大直径硬岩全套管全回转护壁与气举反循环滚刀钻扩成桩技术

3.3.1 引言

钻孔扩底灌注桩底部直径大于桩身直径，其充分利用桩底扩大的持力层，使桩的承载力得到显著提升，具有良好的经济性。灌注桩扩底钻进时，在钻孔达到所要求的持力层深度后，在桩端换用扩底钻头将桩端直径扩大。目前，国内灌注桩扩底钻进主要在强风化、中风化岩层中进行，在大直径微风化岩扩底受岩质强度高，以及普通钻机扭矩、下压力和扩底钻头破岩能力不足的影响，难以满足在微风化岩层中的扩底要求。

澳门黑沙湾新填海P地段C2暂住房建造工程，场地原始地貌单元属滨海滩涂地貌，后经人工填土、吹砂填筑而成，场地上部覆盖层主要包括素填土、填石、冲填土、淤泥、中粗砂、砾质黏土等，下伏基岩为燕山三期花岗岩。项目塔楼基础设计采用钻孔扩底灌注桩，直孔段桩径3m，底部扩大直径4.5m，桩端持力层为微风化花岗岩，岩石饱和单轴抗压强度80MPa。钻孔扩底灌注桩总桩数10根，有效桩长约为50m，桩端进入微风化岩4m，设计永久抗压承载力122581kN（无风/地震作用组合），短暂抗压承载力153226kN（风/地震作用组合）。

针对本项目直径大、桩孔深，且上部填海区分布深厚的素填土、填石、冲填土、淤泥、中粗砂等不良地层，下部嵌入微风化硬岩，并在硬岩中扩底的施工困难，项目组对“深厚填海区大直径硬岩全套管全回转护壁与气举反循环钻机液压滚刀钻扩成桩施工技术”进行了研究，采用全套管全回转钻机下压钢套管对上部易塌孔地层进行护壁，在套管内冲抓斗取石、旋挖取土钻进至中风化岩面，再使用气举反循环液压回转钻机（RCD钻机）与孔口钢套管相连，配置全断面滚刀钻头破岩，完成直孔段设计入岩嵌固深度后，更换带有滚刀液压扩孔钻头磨岩扩底，达到了成孔快捷、扩底高效、质量可靠、成本经济的效果，取得了显著的社会和经济效益。

3.3.2 工艺特点

1. 成孔快捷

本工艺采用全套管全回转钻机下沉深长套管对上部不良地层进行护壁，避免了钻进出现塌孔；在套管内采用冲抓斗抓取块石、旋挖取土钻进，加快了套管安放和深长土层段的钻进速度；硬岩段钻进在套管顶直接与RCD钻机液压连接、配重滚刀钻头破岩、气举反循环清渣，大大提升成孔钻进效率。

2. 扩底高效

本工艺采用SPD300型大扭矩RCD钻机破岩钻进，扩底时配置四翼重型液压滚刀扩底钻头，钻头配备独立全液压系统控制扩底翼向外扩张或向内收缩，安装在扩底翼上的滚刀齿研磨围岩，实现硬岩中高效扩底。

3. 质量可靠

本工艺采用全套管全回转安放深长钢套管护壁，套管和钻孔垂直度满足精度要求；扩底钻头按设计扩底尺寸订制，扩底形状符合扩孔设计要求；RCD钻机配置气举循环清渣、清水置换、三次清孔，确保孔底干净；采用大直径、双密封圈导管灌注混凝土，增强混凝土扩散效果，整体工序得到有效控制，成桩施工质量得到保证。

4. 成本经济

本工艺采用全套管全回转钻机下沉套管，避免填海区上部深厚不良地层塌孔处理，节省施工时间；全套管全回转护壁与气举反循环钻机液压滚刀钻扩成桩配套工艺成孔效率高，加快施工进度，节省大量的管理费用和现场安全措施费，有效缩短施工工期，综合经济效益显著。

3.3.3　适用范围

适用于全套管全回转安放套管长度不大于60m灌注桩；适用于深厚填土、淤泥、砂层等易塌孔地层的灌注桩；适用于直孔段直径3000mm、扩底直径4500mm灌注桩；适用于饱和抗压强度不大于80MPa的硬岩扩底。

3.3.4　工艺原理

本工艺针对深厚填海区深长大直径硬岩扩底灌注桩施工，采用全套管全回转下沉钢套管护壁与气举反循环钻机液压滚刀钻扩成桩工艺，关键技术包括四部分：是桩孔上部土层采用全套管全回转下沉钢套管护壁，冲抓块石、旋挖取土钻进技术；二是采用大扭矩RCD钻机与全套管全回转安放的孔口钢套管配合，全断面成孔、气举反循环排渣破岩技术；三是采用独立液压系统控制的四翼滚刀扩底钻头，由扩底行程控制进行硬岩扩底；四是采用大直径双密封圈导管灌注桩身混凝土，确保扩底端混凝土有效扩散。

1. 填海区上部深厚不良地层全套管全回转护壁成孔原理

（1）超长套管护壁

针对填海区上部深厚不良地层的特点，采用超长钢套管护壁辅助钻进施工。为保证超长套管的垂直度，本工艺采用全套管全回转钻机下沉钢套管，钻机通过动力装置对钢套管施加扭矩和垂直荷载，360°回转并下压钢套管；首节钢套管前端安装合金刀齿切削土层钻进，逐节接长套管，直至钢套管下放至基岩面。通过全套管全回转钻机下沉，钢套管垂直度满足设计要求。

（2）冲抓斗、旋挖钻机与全套管全回转钻机组合配合钻进

针对本项目直径大、桩深长的特点，为提高深长护筒下沉和成孔效率，本工艺钻进时，遇上部填石采用起重机释放冲抓斗落入套管内抓取，土层段则采用旋挖钻机筒钻直接取土钻进。冲抓斗、旋挖钻机与全套管全回转钻机组合配合钻进，有效提升套管下沉和钻进效率，具体见图3.3-1、图3.3-2。

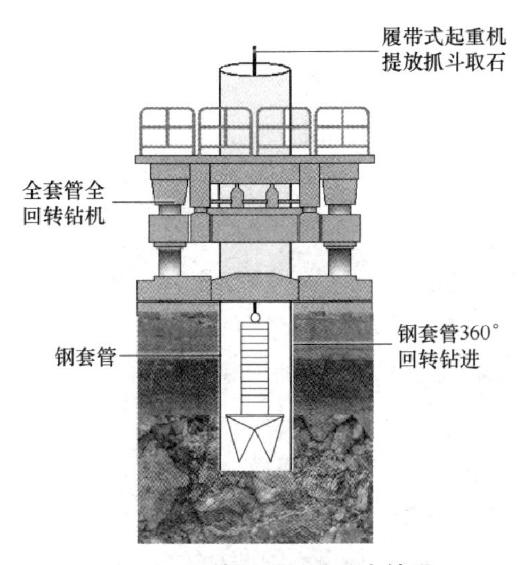

图 3.3-1 块石层抓斗配合钻进

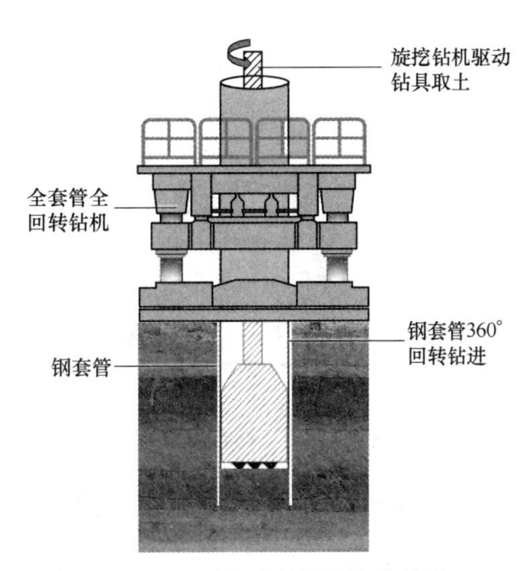

图 3.3-2 土层旋挖配合取土钻进

2. RCD 钻机微风化硬岩钻扩原理

(1) 全断面直孔钻进破岩

对于直径 3m 的大断面硬岩钻进，本工艺采用液压反循环钻机（RCD）滚刀钻头一次性全断面凿岩钻进。RCD 钻机通过液压系统安装于钢套管顶部，RCD 钻机液压加压旋转大功率动力头提供扭矩及竖向压力，通过高强合金钻杆传递至带有配重块的滚刀钻头，钻头直径为桩孔设计直径，钻头端部安装金刚石滚刀球齿，钻头在钻孔内回转时，在 RCD 钻机对钻杆的扭矩、液压加压及配重钻头的重力共同作用下，对硬岩面产生研磨、剪切破坏，将硬岩剥离母岩形成岩渣，在钻头的搅动下分散至桩孔内浆液中，通过浆液循环排出桩孔，完成直孔钻进。RCD 全断面破岩见图 3.3-3。

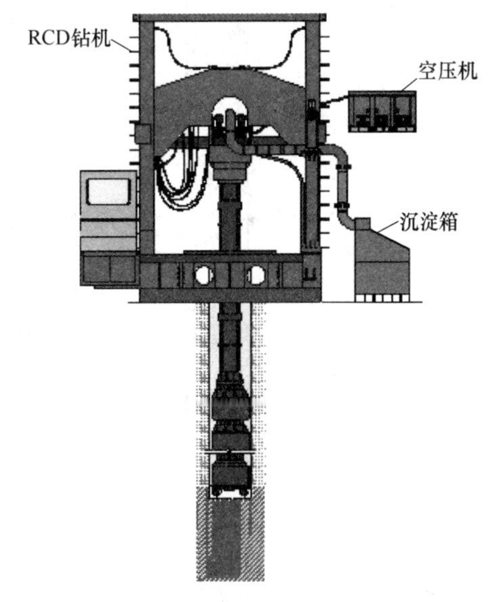

图 3.3-3 RCD 全断面破岩示意图

(2) 硬岩液压配重滚刀钻头扩孔

对于本项目超大断面硬岩扩底，本工艺采用液压配重滚刀扩底钻头扩底，扩底钻头对称安装 4 个扩底翼，配备独立液压系统控制的扩底翼扩张或收缩，每个扩底翼侧安装 4 个滚刀齿，钻头上 4 个扩底翼上的滚刀齿相互咬合搭接布置，钻头回转时实现扩底侧翼全断面钻进。为确保钻扩效果，对钻头和钻杆配置加重块。滚刀扩底钻头及滚刀齿布置见图 3.3-4、图 3.3-5。

扩底时，钻头配备独立液压系统进行加压，使扩底钻头翼肢张开，钻头在钻杆扭矩作用下，滚刀齿均匀研磨桩孔壁及孔底，把硬岩剥离母岩形成岩渣，岩渣随钻头的搅动分散至桩孔内浆液中，通过浆液循环排出桩孔。

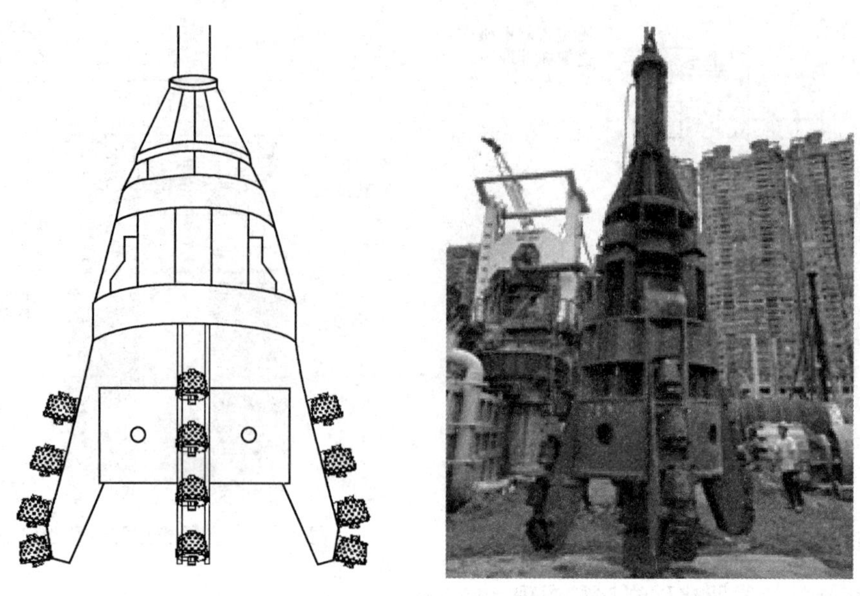

图 3.3-4　四翼扩底钻头

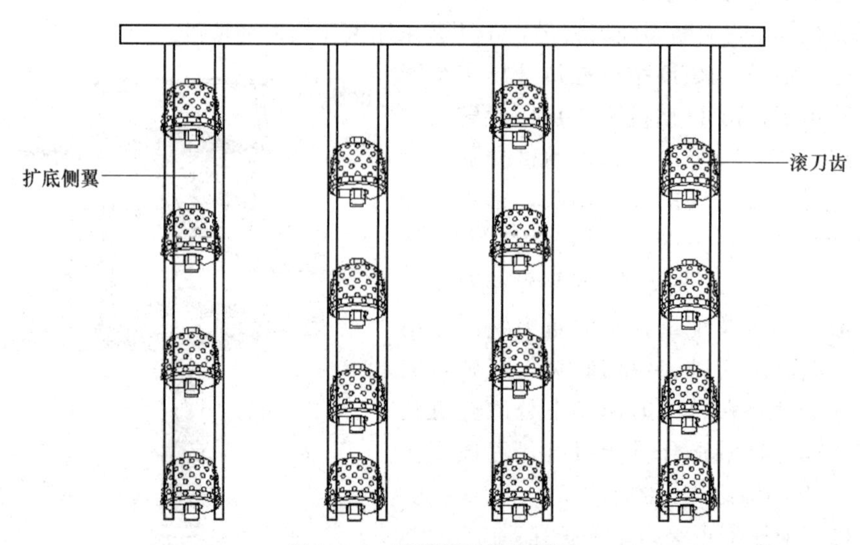

图 3.3-5　四翼滚刀齿布置图

桩孔的扩底直径由钻机施工时扩底钻进的行程控制，扩底行程为钻头垂直放置时其扩底翼完全收拢与扩底翼张开至设计扩底直径的扩底钻头的高度差。扩底施工时，钻杆下钻达到相应的行程即满足设计扩底直径。扩底达到设计要求时，逐渐减小油压，上提钻机逐渐收拢扩底翼。

（3）气举反循环排渣

RCD 钻机在钻进过程中，空压机产生的高风压通过 RCD 钻机顶部连接口沿通风管输送至孔内设定位置，空气与孔底泥浆混合导致液体密度变小，此时钻杆内压力小于外部压力形成压差，泥浆、空气、岩屑碎渣组成的三相流体经钻头底部排渣孔进入钻杆内腔发生向上流动，并排出桩孔，再通过软管引流至沉淀箱，经沉淀箱分离后集中收集堆放，泥浆则通过泥浆管流入孔内形成气举反循环，完成孔内沉渣清理。RCD钻机气举反循环排渣、泥浆循环见图3.3-6。

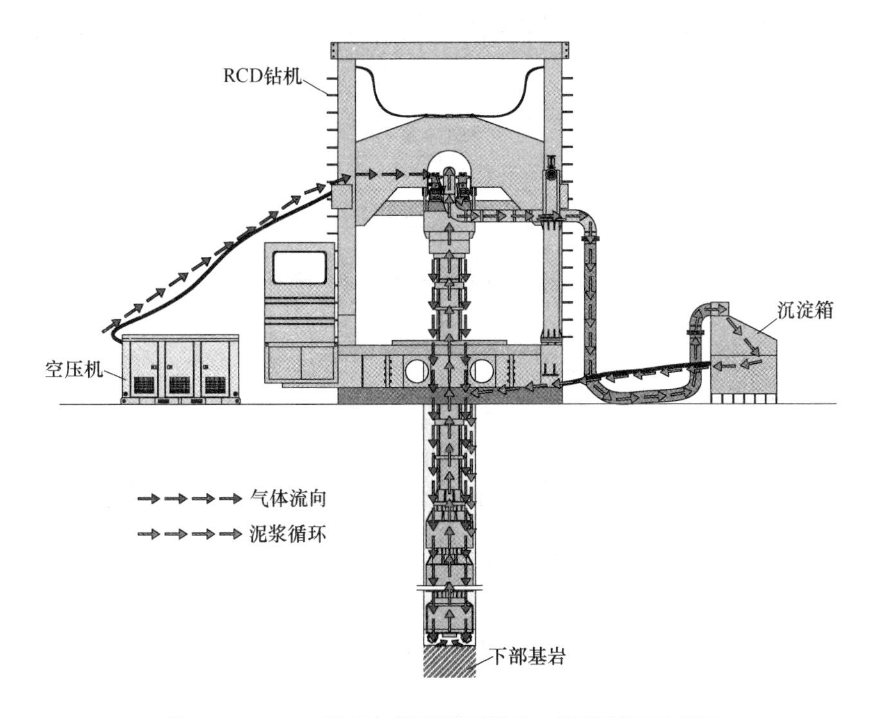

图3.3-6 RCD钻机气举反循环排渣、泥浆循环示意图

3. 大直径、双密封圈导管灌注原理

针对本项目扩底直径4500mm的超大断面灌注桩，为确保扩底段灌注混凝土的扩散效果，灌注时采用内径为400mm的灌注导管，与常规使用的直径300mm导管相比，其混凝土灌注下冲速度更快，同时增大混凝土在孔底端的扩散速度，确保扩底混凝土灌注质量；另外，为确保大直径导管的密封性，采用导管双密封圈止水，确保超深混凝土灌注时不发生导管渗漏。大直径混凝土灌注导管见图3.3-7。

图3.3-7 大直径混凝土灌注导管

3.3.5　施工工艺流程

填海区大直径硬岩全套管全回转护壁与气举反循环钻机液压滚刀钻扩成桩施工工艺流见图 3.3-8。

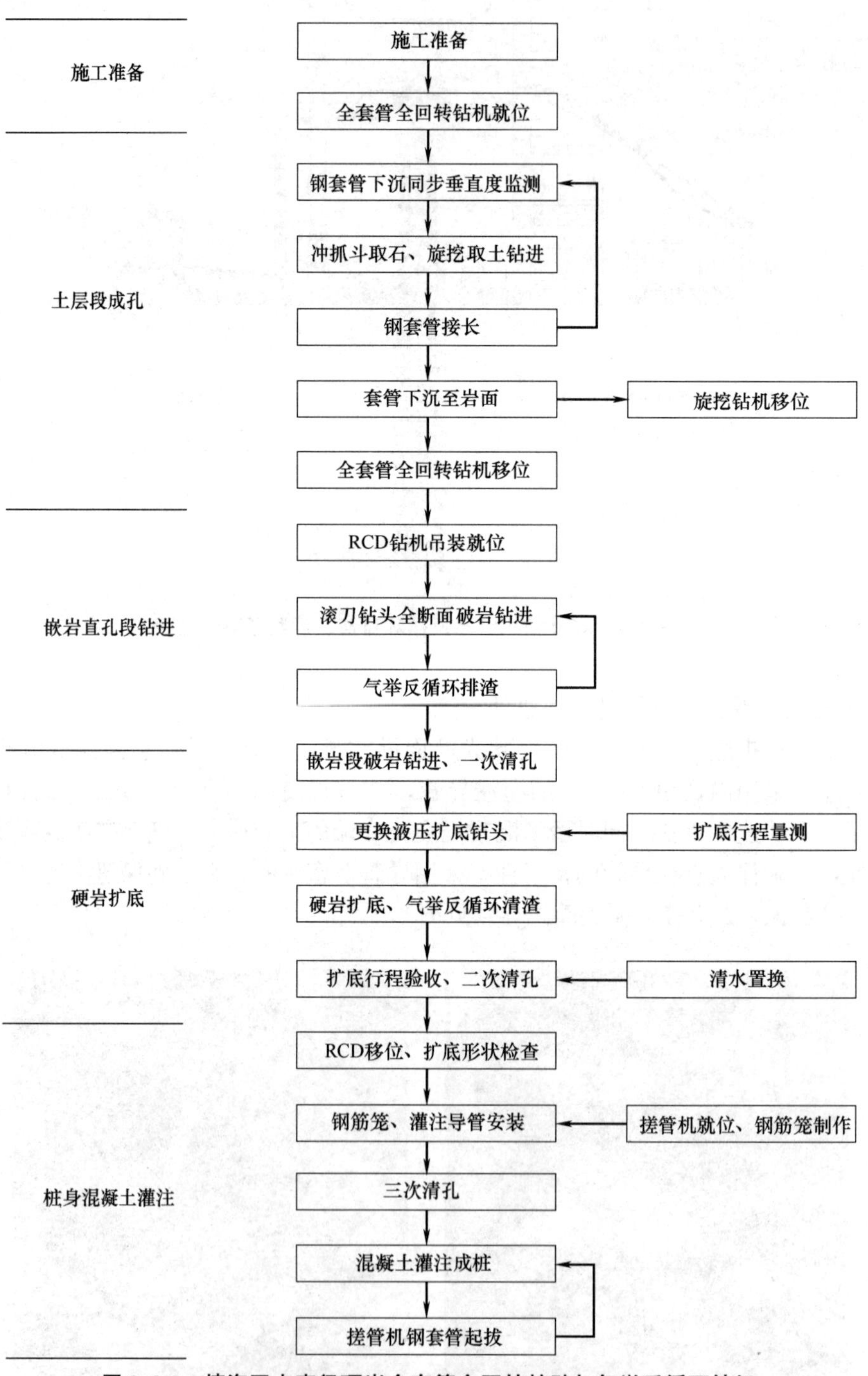

图 3.3-8　填海区大直径硬岩全套管全回转护壁与气举反循环钻机液压滚刀钻扩成桩施工工艺流程图

3.3.6 工序操作要点

以澳门黑沙湾新填海 P 地段 C2 暂住房建造工程扩底钻孔灌注桩施工为例。

1. 施工准备

（1）收集设计图纸、勘察报告、测量控制点等技术资料，编制施工方案，并按要求进行技术交底。

（2）修筑临时道路，保证施工区域内起重机、混凝土运输车等重型设备行走安全。

（3）桩中心控制点采用全站仪测量放样，拉十字交叉线对桩位进行保护。

（4）检查施工机械状态，备足钻头、钻杆、钻齿、滚刀等。

2. 全套管全回转钻机就位

（1）钻机基板安放在铺好的钢板上，以增加地基承载力，防止施工过程中钻机倾斜。安放基板时，在基板上根据十字交叉原理找出中心点位置，吊装时保证全套管全回转钻机基板中心线和桩位重合；基板就位后，进行水平度检测，保证基板处于水平状态，具体见图 3.3-9。

图 3.3-9 安装全套管全回转钻机基板

（2）将全套管全回转钻机吊放在基板，油缸支腿对准基板上限位圆弧，具体见图 3.3-10、图 3.3-11；钻机吊放就位后，复核钻机中心、基板中心及桩位中心，确保“三点一线”。

图 3.3-10 基板限位圆弧

图 3.3-11 全套管全回转钻机安装

3. 钢套管下沉同步垂直度监测

（1）首节钢套管长度为 6m，套管底部加焊合金刃脚，其余钢套管节长 6m 或 8m，套管之间用销栓连接。

（2）全套管全回转钻机就位后，起吊首节钢套管，对准桩中心放入钻机内，钻机夹紧固定钢套管。首节钢套管固定后，进行平面位置及垂直度复测和精调工作，确保套管对位准确、管身垂直。首节钢套管下沉见图 3.3-12。

（3）全套管全回转钻机回转油缸的反复推动使套管转动，并加压使钢套管一边旋转切割土体一边向下沉入。

图 3.3-12　首节钢套管下沉

（4）首节套管下压过程中，从两个互相垂直的方向，利用测锤配合全站仪检测首节套管垂直度，如若出现轻微偏斜现象，则通过调整全套管全回转钻机支腿油缸确保套管垂直；当偏斜超标时，则将套管拔出，进行桩孔回填后重新下沉。

4. 冲抓斗取石、旋挖取土作业

（1）套管下沉过程中，遇填海区表层填土内混夹的块石，采用起重机配合冲抓斗抓取套管内土石，操作时通过起重机快速下放抓斗，利用抓斗的自重和冲力贯入冲击破碎并抓取块石。套管内抓斗取石作业见图 3.3-13。

图 3.3-13　套管内冲抓斗取石作业

（2）穿过填石层后，在土层内采用旋挖钻机取土。作业时将筒状钻斗提升至钢套管顶部，对准套管中心下放至土层面后，再加压旋转下切土层，装土约 70%钻斗容量后提出套管，卸渣至渣土箱内。套管内旋挖取土作业见图 3.3-14。

（3）冲抓斗、旋挖钻机取石、取土过程中，与全套管全回转钻机密切配合，在填石段采用超前取石，以便套管沉入；在土层段，则采用套管超前，超前控制在 1.5m 左右。

（4）旋挖钻机取土时，配置专门的渣土集纳箱，将钻渣卸入箱内，集中外运。

图 3.3-14 套管内旋挖取土作业

5. 钢套管接长

（1）当一节钢套管下沉至全套管全回转操作平台之上 0.5m 左右时，及时接长钢套管。

（2）钢套管采用销轴连接，对接时将销轴插入套管上开设的锥形环内，使用六角扳手将其紧固，锁紧上下两节套管；对接完成后，复测套管垂直度，确保管身垂直。套管吊装及孔口接长具体见图 3.3-15。

图 3.3-15 上一节套管吊装及孔口接长

（3）套管压入过程中，每压入 3m 采用全站仪对准套管外侧进行垂直度检测，当发生套管倾斜时，则立即停止作业，及时调整纠偏。

6. 旋挖钻机、全套管全回转钻机移位

（1）当套管钻进至基岩岩面时，将旋挖钻机驶离桩位作业区，移机至下一桩位，同时将渣土箱吊离至下一作业区。

（2）用履带式起重机将全套管全回转钻机吊移，露出孔口安放的钢套管，以便安装 RCD 钻机，具体见图 3.3-16。

7. RCD 钻机吊装就位

（1）本工艺硬岩钻进采用韩国三宝 SPD300 型气举反循环液压钻机（RCD 钻机），该钻机最大成孔直径 3.0m，最大成孔深度 135m，额定功率 447kW，动力头扭矩 360kN·m，完全满足施工要求。

（2）RCD钻机机架采用履带式起重机吊放至钢套管顶部，吊放过程中钻机两侧用牵引绳辅助起重机吊放。吊放完成后，接好液压油管，液压加压将钻机底部的液压夹与钢套管紧固。RCD钻机安装见图3.3-17。

图3.3-16　全套管全回转钻机移位

图3.3-17　RCD钻机安装

（3）钻机吊装就位后，安装扶梯，形成钻机高位平台上下通道；配置泥浆净化循环箱、泥浆泵等辅助设施，形成循环管路，具体见图3.3-18。

图3.3-18　安装扶梯、泥浆循环箱

8. 滚刀钻头全断面破岩钻进

（1）RCD钻机配备专用滚刀钻头，钻头底部均匀布置十多个球齿滚刀，以使滚刀对桩孔岩面实施全断面钻进；为提高钻头破岩效率，在钻头上部设置2～3块圆柱体配重块，每个配重块约2.5t，配重为钻头提供竖向压力，加强研磨破岩效果，同时起到导向作用，有利于垂直度控制。配重块及破岩钻头见图 3.3-19。

图 3.3-19　配重块及破岩钻头

（2）启动空压机，在钻头中通入压缩空气；开动钻机，钻机利用动力头提供的液压动力带动钻杆和钻头旋转全断面研磨岩石，岩渣从基岩中分离后进入桩孔内，形成泥水、岩渣混合物，压缩空气携带泥水混合物及破碎岩渣，经由中空钻杆被举携至沉淀箱，分离出粗粒岩渣后流回至钻孔中，实现气举反循环排渣，RCD 钻机全断面破岩钻进见图 3.3-20。

图 3.3-20　RCD 钻机全断面破岩钻进

（3）破岩过程中，随着孔深增加，在平台上接长钻杆。接长钻杆时，先停止钻进，将钻具提离孔底 15～20cm，维持气举反循环排渣 10min 以上，以完全清除孔底钻渣并将管道内泥浆携带的岩屑排净；停机后，倾斜钻机门架，让出孔口位置。钻杆接长采用螺栓连接（图 3.3-21），连接时将螺栓拧紧，以防止钻杆接头漏水、漏气。钻杆接长时，每 12m 增加一个配重块，以利钻机垂直度控制及增加破岩效果；每次钻杆接长时，详细记录钻杆长度。钻杆接长见图 3.3-22。

图 3.3-21　螺栓连接钻杆

图 3.3-22　RCD 钻机钻杆接长

（4）破岩钻进过程中，派专人观察进尺和排渣情况，钻孔深度通过钻杆进尺长度进行测算。基岩钻进时，每钻进 30cm，采用特制滤网袋在 RCD 钻机作业平面台上捞取渣样。捞取时，在高位平台用麻绳和定位环与低位出浆口建立联系，通过拉绳将滤网袋送至出浆口取样，利用滤网袋过滤泥浆，袋中留下岩渣；取样完成后，反向拉动绳子将滤网袋收回，操作人员不用离开高位平台即可实现快速捞渣取样。RCD 钻机高位与地面沉浆箱低位自动拉绳取样过程见图 3.3-23。

(a) 特制取样滤网袋

(b) 麻绳连接滤网袋与出浆口

(c) 滤网袋出浆口处取样

(d) 收回滤网袋

图 3.3-23　RCD 钻机高位与地面沉浆箱低位自动拉绳取样过程

（5）通过捞取的岩渣判断岩性，并与各方共同进行确认，并留存岩渣，填写取样记录表。渣样检查见图 3.3-24。

图 3.3-24 渣样检查

9. 完成嵌岩段深度钻进、一次清孔

（1）桩端持力层面确定后，按设计规定的入持力层深度继续钻进，钻进至设计嵌固深度后，捞取渣样，量测桩孔深度，报监理工程师检验，确定渣样及孔深符合设计要求后终孔，并进行一次清孔。

（2）一次清孔时，维持气举反循环，利用 RCD 钻机钻杆空腔排净滚刀钻头入岩钻进的岩渣。

（3）一次清孔尽可能将孔底沉渣清除，以确保扩底钻头底部完全着底。

（4）清孔完成后，用测锤复测孔深，因钻孔直径较大，孔深复测对称量测孔底不少于 4 个点，其测量底标高相差控制在 2cm 之内。

10. 扩底行程量测、更换扩底钻头

（1）扩底钻头配备独立液压系统，液压加压控制扩大翼张开，最大可扩孔至直径 5200mm。现场扩底钻头见图 3.3-25。

图 3.3-25 液压扩底钻头

（2）起吊钻头，收缩钻头扩底翼，当钻头垂直放置时，量测钻头高度。将钻头的 4 个扩底翼均匀张开，达到扩底翼对角长度至设计扩底直径时，再次量测钻头高度，前后两个高度之差即为扩底行程，具体见图 3.3-26。

（3）扩底行程量测在监理工程师见证下标牌验收，具体见图 3.3-27。

（4）提出钻杆，拆卸全断面磨岩钻头，更换为四翼扩底钻头，逐节接长钻杆，直至扩底钻头下放至桩孔底部，接好扩底钻头独立液压油路，具体见图 3.3-28、图 3.3-29。

图 3. 3-26　量测扩底行程

图 3. 3-27　扩底行程标牌验收

图 3. 3-28　更换扩孔钻头

图 3. 3-29　连接独立液压油路

（5）以钻机平台为基准，将扩底行程标记在钻杆上，钻杆在钻机下压力及扭矩的作用下，下行至该位置时，即达到设计扩底直径要求，行程标记在监理工程师的见证下确认，具体见图3.3-30。

图3.3-30 钻杆上标记扩底4500mm行程

11. 硬岩扩底

（1）启动空压机，在钻头中输送压缩空气。

（2）开动钻机，启动扩底钻头独立液压系统，缓慢加压，扩张钻头扩底翼，同时利用钻机动力头提供的液压动力扭动钻杆并带动钻头旋转，依靠扩底翼上安装的球齿合金滚刀与岩石接触摩擦，全断面破岩扩底。

12. 扩底行程验收、二次清孔

（1）当RCD钻机扩底达到预设扩底行程后，启动空压机，进行二次清孔，期间向孔内注入清水，清孔过程中扩底钻头常压回转，确保清除孔底沉渣，直至桩底残留沉渣全部被携带出孔，清水将孔内混合液全部置换。

（2）由监理工程师对孔深进行检查确认，并采取水样，确认清孔质量，具体见图3.3-31；当清孔达到要求后，即卸压起钻，提钻时轻提、慢提，使扩底钻头慢慢收拢；如

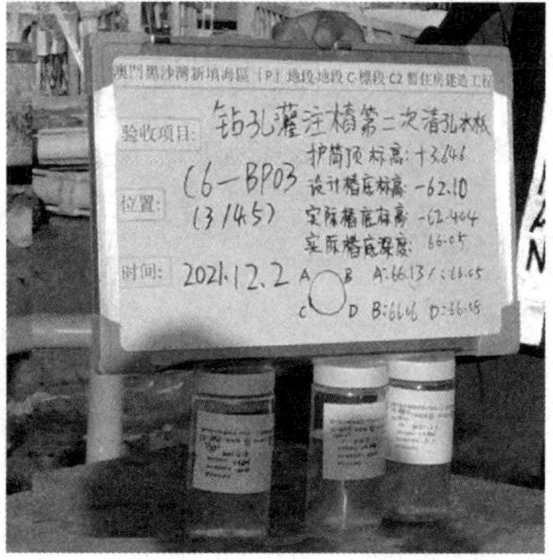

图3.3-31 二次清孔及水样验收

发现提钻受阻时，不能强提、猛拉，轻轻旋转，使之慢慢收拢；收拢后提出钻头，拆卸钻杆。

13. RCD钻机移位、扩底形状检查

(1) 各终孔检验指标满足设计要求后，拆除RCD钻机组件，采用履带式起重机将RCD钻机吊离桩位。

(2) 在监理工程师见证下，采用KODEN超声波检测扩底形状，其扩底轮廓应满足设计要求，KODEN超声波检测扩底形状见图3.3-32。确认扩底满足要求后，进入下一道工序施工。

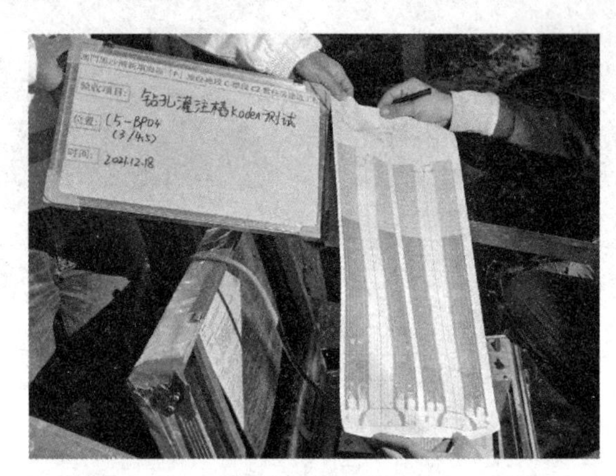

图3.3-32　KODEN超声波检测扩底形状

14. 搓管机就位、钢筋笼及灌注导管安装

(1) 搓管机就位，钳口张开置于套管最下端，夹紧并固定套管，防止后续钢筋笼、灌注导管安装及混凝土灌注作业套管变位，具体见图3.3-33。

(2) 钢筋笼根据设计要求进行加工，钢筋笼做好保护层措施和声测管、界面管的安装。

(3) 在钢套管上安装八角形灌注作业平台，作业人员在灌注作业平台上进行钢筋笼接长、灌注导管安装、混凝土灌注等作业，具体见图3.3-34。

图3.3-33　搓管机护筒口就位

图3.3-34　灌注作业平台

(4) 采用起重机吊运钢筋笼至钢套管上端，钢筋笼入钢套管后，观察笼体竖直度，将其扶正徐徐下放，下放过程中严禁笼体歪斜碰撞孔壁，具体见图3.3-35。

（5）灌注时，采用内径为400mm大直径、壁厚为10mm的双密封圈导管；安装灌注导管前，对灌注导管进行水密试验，下放导管前检查管体是否干净、畅通、有无小孔眼以及止水型密封圈的完好性。

图3.3-35　钢筋笼吊装

15. 三次清孔

（1）导管安装后，进行气举反循环三次清孔，目的在于清除下放钢筋笼及导管时可能产生的刮碰套管内壁掉落泥皮和停钻后套管内水中直径较大的颗粒下沉形成的沉渣，以达到灌注水下混凝土的要求。

（2）三次清孔采用气举反循环法，出水管为混凝土灌注导管，导管顶部安装专门的清孔导管接头，导管接头连接高压风管和出浆管。

（3）从灌注导管管内下入高压风管进行清孔，清孔过程中及时向孔内补充清水，维持孔内水头高度。

（4）三次清孔完成后，立即报监理工程师检验复测，提取水样确认清孔质量、沉渣厚度达到要求后，随即拆除清孔接头和高压风管，准备进行桩身混凝土灌注作业。三次清孔现场验收见图3.3-36。

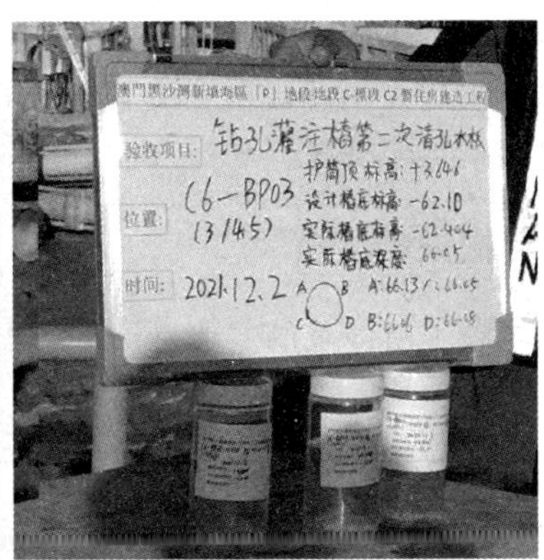

图3.3-36　三次清孔验收

16. 混凝土灌注成桩

（1）完成清孔后，安装灌注漏斗，进行桩身混凝土灌注。

（2）灌注混凝土，采用缓凝混凝土，混凝土初凝时间调整至12h。

（3）灌注混凝土车在专用平台上将混凝土放入特制料斗中，料斗容量为20～25m^3，初次灌注时，计算含扩大端在内的初灌方量，采用履带式起重机吊住料斗灌注，灌注桩身混凝土见图3.3-37。

（4）灌注过程中，每灌入一斗混凝土后即时测量孔深，测算混凝土高度和导管埋深，保证导管在混凝土中的埋置深度为2～6m。

17. 搓管机钢套管起拔

（1）当灌注深度达到14m时，开始起拔套管。履带式起重机吊离灌注料斗，搓管机进行起拔套管作业。

(2) 作业时，搓管机钳口张开置于套管最下端，夹紧套管，先开动搓管往复推动，再开启举升机构，将套管向上顶起，直至套管连接部位高出操作平台1m后，暂停举升，拆卸套管吊走，期间钳口夹紧套管，不得放松。搓管机现场起拔钢套管见图3.3-38。

图3.3-37　灌注桩身混凝土

图3.3-38　搓管机现场起拔钢套管

(3) 边灌注边起拔套管，每灌注上升8m，起拔套管一次，直到完成整个灌注和起拔作业，并及时回填封闭桩孔。

3.3.7　机械设备配置

本工艺现场施工所涉及的主要机械设备配置见表3.3-1。

主要机械设备配置表　　**表3.3-1**

名　称	型　号	备　注
全套管全回转钻机	JAR-320H	套管下沉
旋挖钻机	SWDM50	套管内取土
液压反循环钻机(RCD)	SPD300	硬岩钻进与扩底成孔
抓斗	容量1.5m^3	套管内填石层抓取
搓管机	SCO-300	灌注桩身混凝土后起拔套管
履带式起重机	SCC1500	起吊套管、钻头、钻机等
电焊机	NBC-250A	焊接
渣土集纳箱	自制	渣土转运
泥浆净化循环箱	自制	泥浆循环、净化泥浆
KODEN超声波检测仪	DM-602RR	成孔形状检测
全站仪	莱卡TZ05	桩位测放
经纬仪	莱卡TM6100A	垂直度监测

3.3.8 质量控制

1. 全套管全回转钻机就位

（1）钻机基板安放前，平整场地，铺好钢板，钢板四角高差不大于 10mm。

（2）全套管全回转钻机基板平放在已铺好钢板上，防止钻进过程中发生不均匀沉降而造成钻机偏斜。

（3）安放基板时，在基板上根据十字交叉原理找出中心点位置，吊装时保证全套管全回转钻机基板中心线和桩位重合。

（4）基板就位后，进行水平度检测，保证基板处于水平状态。

2. 全套管全回转钻进成孔

（1）首节套管下压过程中，从两个互相垂直的方向，利用测锤配合全站仪检测首节套管垂直度。

（2）全套管全回转钻机正常施工时，每钻进 3m 在钻机旁采用两个相互垂直的方向吊铅垂线，或采用全站仪定期进行护壁套管垂直度监测，发现偏差及时纠偏，保证成孔垂直度满足设计及相关规范要求。

（3）在填石段采用超前取石，以便套管沉入；在土层段，则采用套管超前，超前控制在 1.5m 左右。

（4）钢套管接长采用销栓连接，连接采用初拧、复拧两种方式，保证连接牢固；对接完成后，复测套管垂直度，确保管身垂直。

3. RCD 入岩钻进成孔

（1）吊装 RCD 钻机就位，确保钻头中心、桩孔位置及孔口平台中心保持一致。

（2）严格按照 RCD 钻机操作规程进行灌注桩破岩钻进，成孔过程始终输入优质泥浆循环排出孔底破碎岩屑，钻进过程中保证管路持续畅通。

（3）破岩钻进过程中，派专人观察进尺和排渣情况，钻孔深度通过钻杆进尺长度进行测算；每钻进 30cm，捞取渣样一次。

（4）终孔后，一次清孔尽可能将孔底沉渣清除，以确保扩底钻头底部完全着底；清孔完成后，用测锤对称复测孔深，测点不少于 4 个，其测量底标高相差在 2cm 之内。

4. 硬岩扩底

（1）液压扩底钻头的扩底行程量测及在钻杆上标注过程，在监理工程师见证下进行。

（2）扩底达到预设行程时，由监理工程师检查确认。

（3）扩底至设计直径后，进行二次清孔，排出扩底段钻渣。

（4）在监理工程师见证下，采用 KODEN 超声波检测扩底形状，并打印检测结果，经确认满足要求后完成扩底施工。

3.3.9 安全措施

1. 全套管全回转钻进成孔

（1）当旋挖钻机、履带式起重机等大型机械移位时，施工作业面保持平整，设专人现场统一指挥，无关人员撤离现场作业区域。

（2）冲抓斗在指定地点卸土时做好警示隔离，无关人员禁止进入。

(3) 旋挖取土作业时，将钻斗完全提离套管时方可回转卸渣。

(4) 在全套管全回转钻机上作业时，钻机平台四周设置安全防护栏，无关人员严禁登机。

(5) 对已完成钻进施工的桩孔采取孔口覆盖防护措施，并放置安全标识。

2. RCD入岩钻进及扩孔

(1) 设置专门司索信号工指挥吊装RCD钻机，作业过程中无关人员撤离影响半径范围，吊装区域设置安全隔离带。

(2) RCD钻机施工前，检查其与沉淀箱之间的泥浆管的连接情况，防止破岩钻进泥浆循环时产生的超大压力导致泥浆管松脱伤人。

(3) 作业人员在RCD钻机平台上进行钻杆接长操作时做好安全防护措施，防止人员高坠事故发生。

(4) 检查孔底沉渣厚度时暂停清孔作业，严禁边清孔边检查。

(5) RCD钻机安装于孔口套管上，设置专门的登高作业爬梯。

第4章 基坑支护施工新技术

4.1 复杂地层条件下基坑支护锚索控制性与预防性堵漏技术

4.1.1 引言

桩锚支护是目前深基坑支护方法中常用的一种支护形式，其主要由一系列排桩和多排预应力锚索组成。在复杂地层及环境条件下，随着基坑不断向下开挖，时常发生预应力锚索在张拉锁定后，在锚索锚头或冠（腰）梁处出现不同程度的渗漏水现象，具体见图4.1-1、图4.1-2。锚索长时间的渗漏水会引起基坑周边环境地下水位不同程度的下降，严重的导致周边管线、建（构）筑物产生沉降，存在一定的安全隐患。

图4.1-1 预应力锚头渗漏

图4.1-2 锚索腰梁处渗漏

预应力锚索出现渗漏主要受复杂地层影响，有的基坑支护锚索孔口段分布地下水丰富的含水层，或有的锚索在成孔时钻穿下部承压含水层，造成锚索孔内外水压差大，致使在锚索注浆时孔口段锚固浆体难以完全凝固，地下水沿着非锚固段锚索孔通道从锚头渗出。此外，在锚索制作、下锚时，非锚固段锚索波纹管受损，造成地下水进入锚索波纹管形成渗水通道，渗流的地下水沿锚索从锚头处渗出。根据上述原因分析，锚索出现渗漏水的主要原因是由于锚固体内存在与地下水贯通的渗水通道，在锚头或冠（腰）梁下渗出。因此，只要对该渗水通道进行封堵，便可有效解决预应力锚索渗漏水问题。

为解决预应力锚索渗漏水问题，项目组开展了“基坑支护预应力锚索堵漏施工技术”研究，当预应力锚索锚头处出现漏水时，采用高压化学灌浆堵漏工艺对锚头进行处理，即在锚头钢垫板附近钻凿注浆孔，然后采用高压注浆机注入环氧树脂，对锚头处的渗漏通道进行封堵。而有的锚索往往在锚头渗漏点被封堵后，会在冠（腰）梁与支护桩交界处发生绕渗，此时针对性采用双液封闭注浆堵漏工艺，即在冠（腰）梁与支护桩交界处沿锚索的角度方向钻斜孔，实施“水泥浆＋水玻璃”的双液快速固结注浆堵漏。通过以上两种堵漏技术能够有效解决锚索渗漏问题，但这两种堵漏均为事后控制性技术手段，有时需要搭设脚手架才能进行处理，一定程度上延误基坑开挖施工进度。

为进一步有效解决复杂地层及环境条件下基坑预应力锚索渗漏水问题，避免锚索渗漏水处理给现场施工带来影响，项目组在综合总结多年来锚索堵漏的实践经验基础上，对“复杂地层及环境条件下基坑支护预应力锚索控制性与预防性堵漏技术”进行研究，首次提出控制性与预防性堵漏相结合理念和处理方法，即当锚索施工开始出现一定数量的渗漏，采取锚头高压注浆、双液封闭注浆进行处理的情况下，现场对后续锚索启动实施预埋注浆管堵漏方法进行预防性堵漏，一旦锚索再次发生渗漏时，采用向预埋注浆管内人工直接灌入环氧树脂的方法，实现简易、快速、便捷封堵。

本工艺采用控制性与预防性相结合的堵漏技术，既能解决锚索施工完成后出现渗漏的问题，又能对正在施工中的锚索进行渗漏预防和有效处理。经数个项目基坑支护锚索堵漏应用，达到了堵漏快捷、成本经济的效果，取得了显著的社会效益和经济效益。

4.1.2　工艺特点

1. 控制与预防性处理相结合

本工艺首次提出控制性与预防性堵漏相结合理念，并总结出相应有效的处理技术，即当有预应力锚索出现渗漏，在采用控制性堵漏技术处理的情况下，现场立即对后续锚索施工启动实施预防性堵漏技术，一旦锚索再次发生渗漏时，即可实现快速封堵，达到了控制与预防的双重效果。

2. 堵漏效果显著

本工艺针对预应力锚索出现的不同渗漏类型和原因，分别采用对应的锚头高压化学灌浆堵漏、非锚固段通道双液封闭注浆堵漏、预埋管注浆堵漏方法，每种处理方式针对性强，能快速有效地对渗漏实施封堵，达到立竿见影的效果。

3. 综合成本经济

本工艺在锚索采用简易的锚头注浆处理后，即启动预防性处理措施，预防性处理措施在锚索正常施工工序中插入进行，现场作业简便，所使用的材料和耗费的人工低廉，从而避免了后续采用双液封闭注浆堵漏处理的复杂操作和高额费用支出，总体综合成本低。

4.1.3　适用范围

适用于砂性土层、承压水层段基坑支护预应力锚索控制性与预防性堵漏；适用于基坑支护冠梁和腰梁处预应力锚索堵漏。

4.1.4　工艺原理

本工艺根据基坑所处的复杂地层情况，当预应力锚索发生渗漏时，有针对性地分别采用锚索高压化学灌浆堵漏和双液封闭注浆堵漏的控制性堵漏技术，并启动在锚索预先埋置注浆管的预防性堵漏技术，达到了显著的堵漏效果。

1. 控制性堵漏原理

（1）锚索高压化学灌浆堵漏

当预应力锚索的锚头出现少量渗漏水现象时（图 4.1-1），在沿着锚垫板或锚索漏水量大的部位钻孔，安放具有单向流通性的止水针头后，将高压堵漏灌注机的牛油头与止水针头连接，然后采用高压堵漏灌注机提供的动力，将环氧树脂通过止水针头快速压入漏水的锚索非锚固段 PVC 保护套管内。当灌入的环氧树脂遇到 PVC 保护套管内的渗漏水时，会膨胀生成一种发泡体；同时产生 CO_2 气体推动环氧树脂向裂缝深处扩散，最终形成具有一定强度的发泡固结体将渗水通道完全填充，达到止水堵漏的目的。预应力锚索高压化学灌浆堵漏原理示意见图 4.1-3。

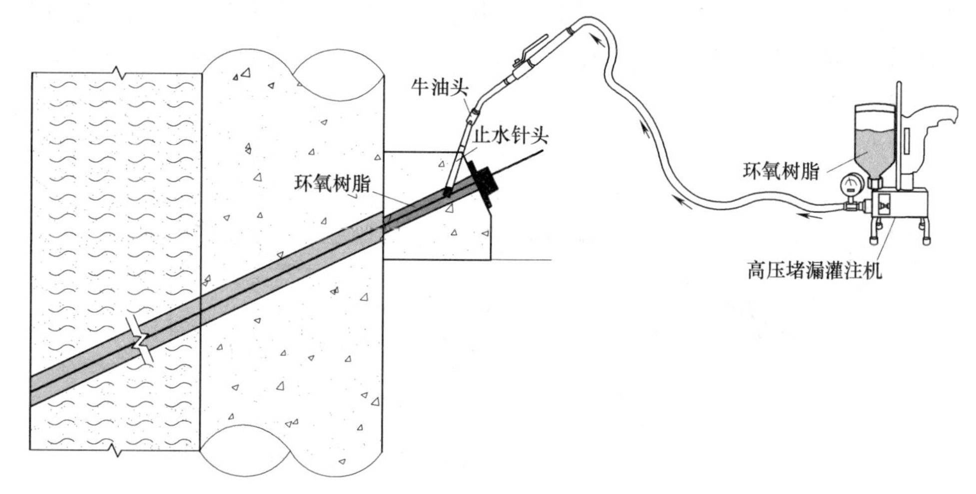

图 4.1-3　预应力锚索高压化学灌浆堵漏原理示意图

（2）双液封闭注浆堵漏

当锚索锚头渗漏被封堵后，有的会在冠（腰）梁与支护桩交界处出现绕渗（图 4.1-2），此种情况则采用双液封闭注浆堵漏工艺。现场处理时，在冠（腰）梁与支护桩交界处，沿与锚索交叉方向钻孔并埋设注浆管以及连接三通接头，利用双液注浆泵将水泥浆、水玻璃通过三通接头混合后，快速注入锚索自由段孔道内，通过水泥与水玻璃间的化学胶凝作用，将渗漏水通道完全封闭，迅速达到堵漏的效果。预应力锚索双液封闭注浆堵漏原理示意见图 4.1-4。

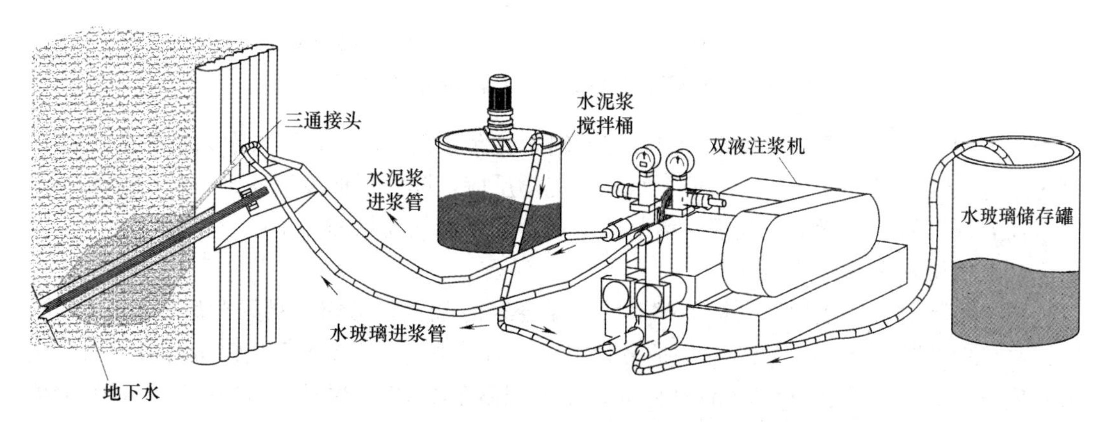

图 4.1-4　预应力锚索双液封闭注浆堵漏原理示意图

2. 预防性堵漏原理

当现场连续发生预应力锚索渗漏时，除了对已经发生渗漏的锚索进行以上控制性堵漏外，现场立即启动预埋管堵漏。预埋管根据渗漏点所处位置，分为冠梁预埋管堵漏和腰梁预埋管堵漏。

（1）冠梁锚索预埋管堵漏

冠梁开挖时，冠梁背后通常会超挖一定空间以便支模。在冠梁钢筋绑扎完成后，模板未封闭前，将一根长约 2m、ϕ25mm 的 PE 注浆管，从冠梁钢筋后方插入至锚索 PVC 保护套管内，插入长度 30～50cm，然后用水泥砂浆将锚索 PVC 保护套管与锚孔间的空隙封堵密实。PE 注浆管另一端竖直露出在冠梁外，作为注浆口。冠梁预应力锚索 PE 注浆管预埋过程示意见图 4.1-5。

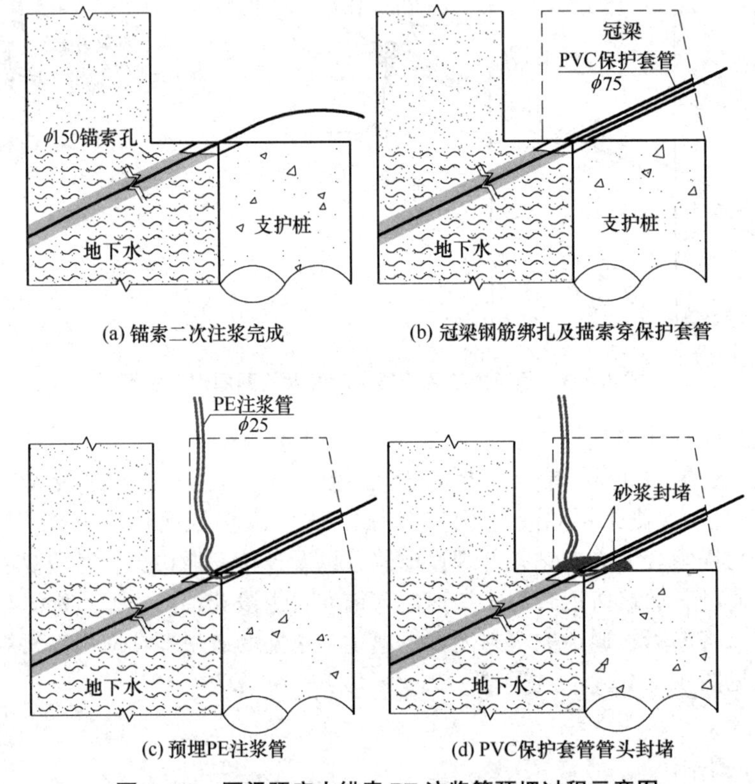

(a) 锚索二次注浆完成　(b) 冠梁钢筋绑扎及描索穿保护套管

(c) 预埋PE注浆管　(d) PVC保护套管管头封堵

图 4.1-5　冠梁预应力锚索 PE 注浆管预埋过程示意图

当冠梁预应力锚索张拉锁定后出现渗漏时，往预留的 PE 注浆管口灌入环氧树脂，环氧树脂进入锚索渗水通道后，与地下水发生化学反应，膨胀形成发泡固结体，将渗水通道阻塞而实现堵漏。冠梁锚索预埋管堵漏原理示意及局部放大见图 4.1-6。

（2）腰梁锚索预埋管堵漏

腰梁施工通常将腰梁处支护桩凿毛后直接浇筑混凝土，考虑到腰梁背后无操作空间，难以将 PE 注浆管插入锚索 PVC 保护套管中，此时采取将 PE 注浆管从锚索孔口插入，插入长度 30～50cm。注浆管插入锚孔内后，用水泥砂浆将 PVC 保护套与锚孔间的间隙全部封堵密实。腰梁预应力锚索 PE 注浆管预埋过程示意见图 4.1-7。

当腰梁预应力锚索张拉锁定后出现渗漏时，往预留的 PE 注浆管口灌入环氧树脂，环

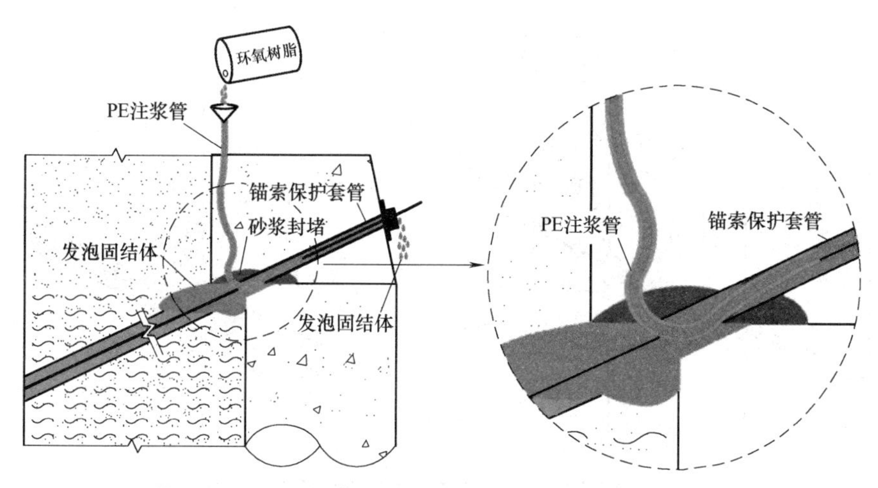

图 4.1-6 冠梁锚索预埋管堵漏原理示意图及局部放大图

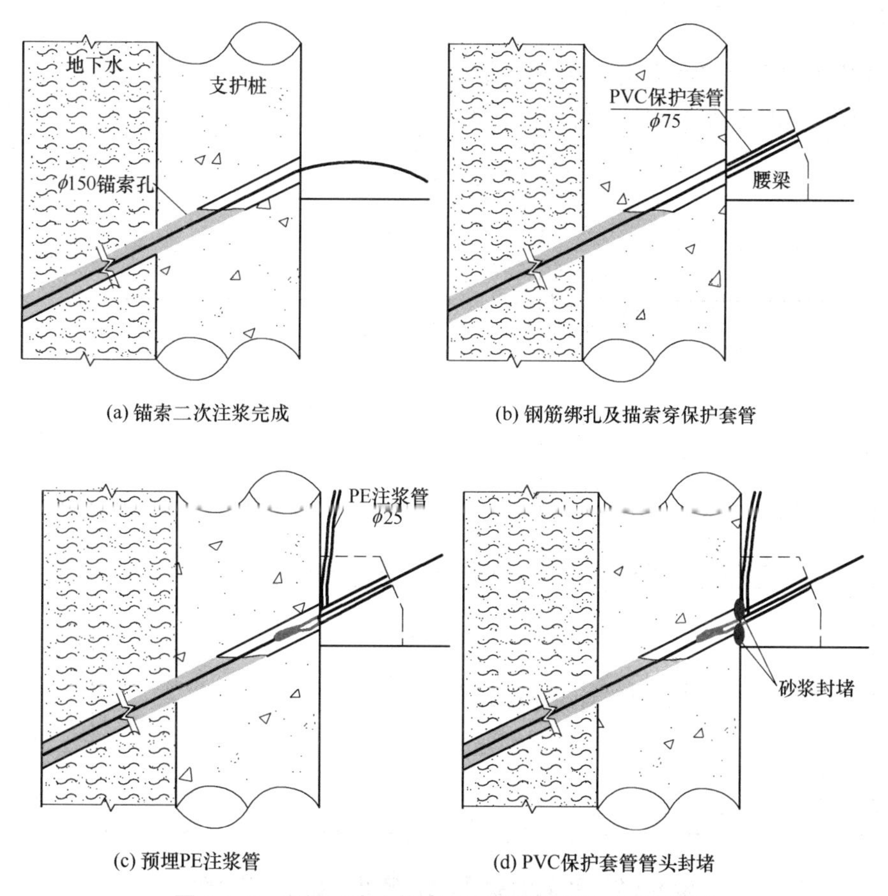

图 4.1-7 腰梁预应力锚索 PE 注浆管预埋过程示意图

氧树脂发生化学反应，膨胀形成发泡固结体，将渗水通道阻塞。腰梁锚索预埋管堵漏原理示意及局部放大见图 4.1-8。

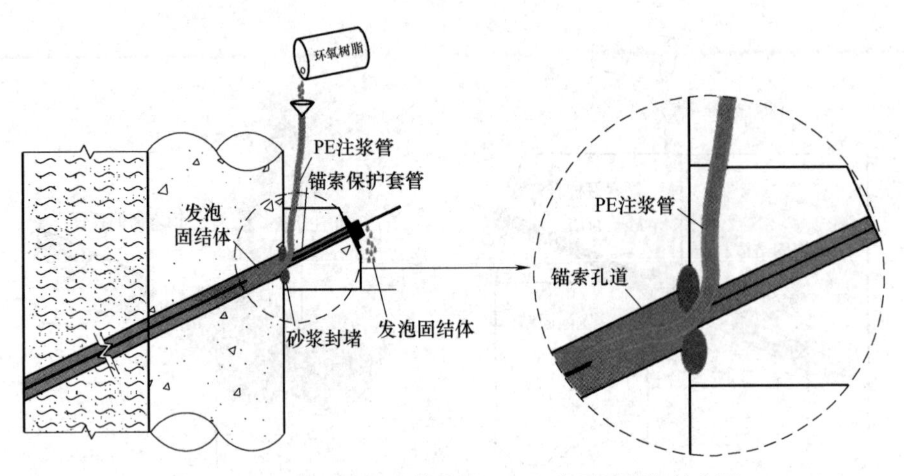

图 4.1-8 腰梁锚索预埋管堵漏原理示意图及局部放大图

4.1.5 施工工艺流程

1. 预应力锚索预防性堵漏工艺启动流程

预应力锚索预防性堵漏工艺启动流程见图 4.1-9。

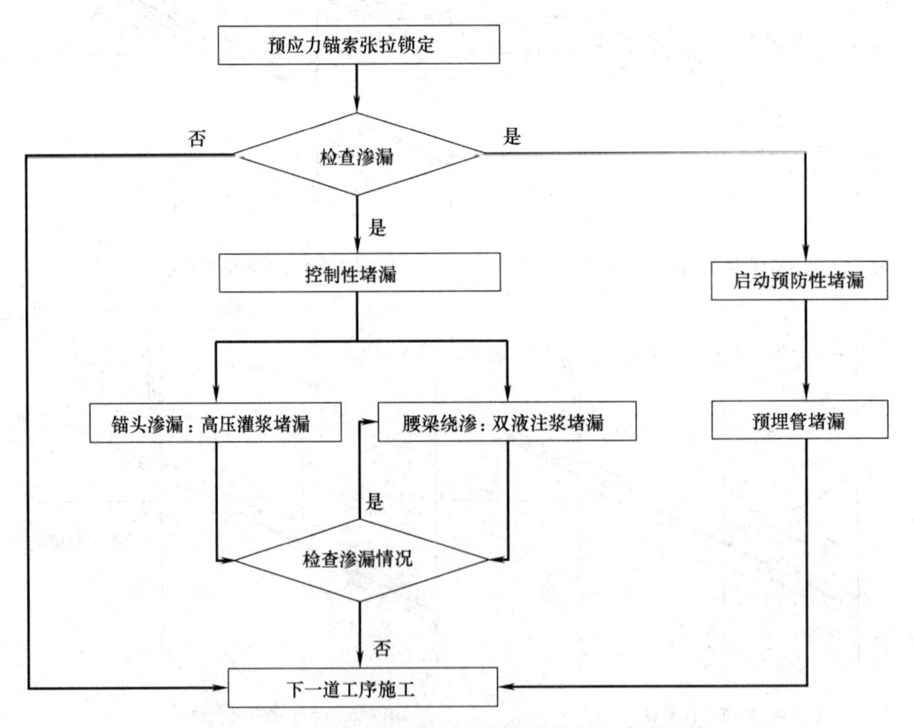

图 4.1-9 预应力锚索预防性堵漏工艺启动流程图

2. 预应力锚索控制性与预防性堵漏施工工艺流程

复杂地层及环境条件下基坑支护预应力锚索控制性与预防性堵漏施工工艺流程见图 4.1-10。

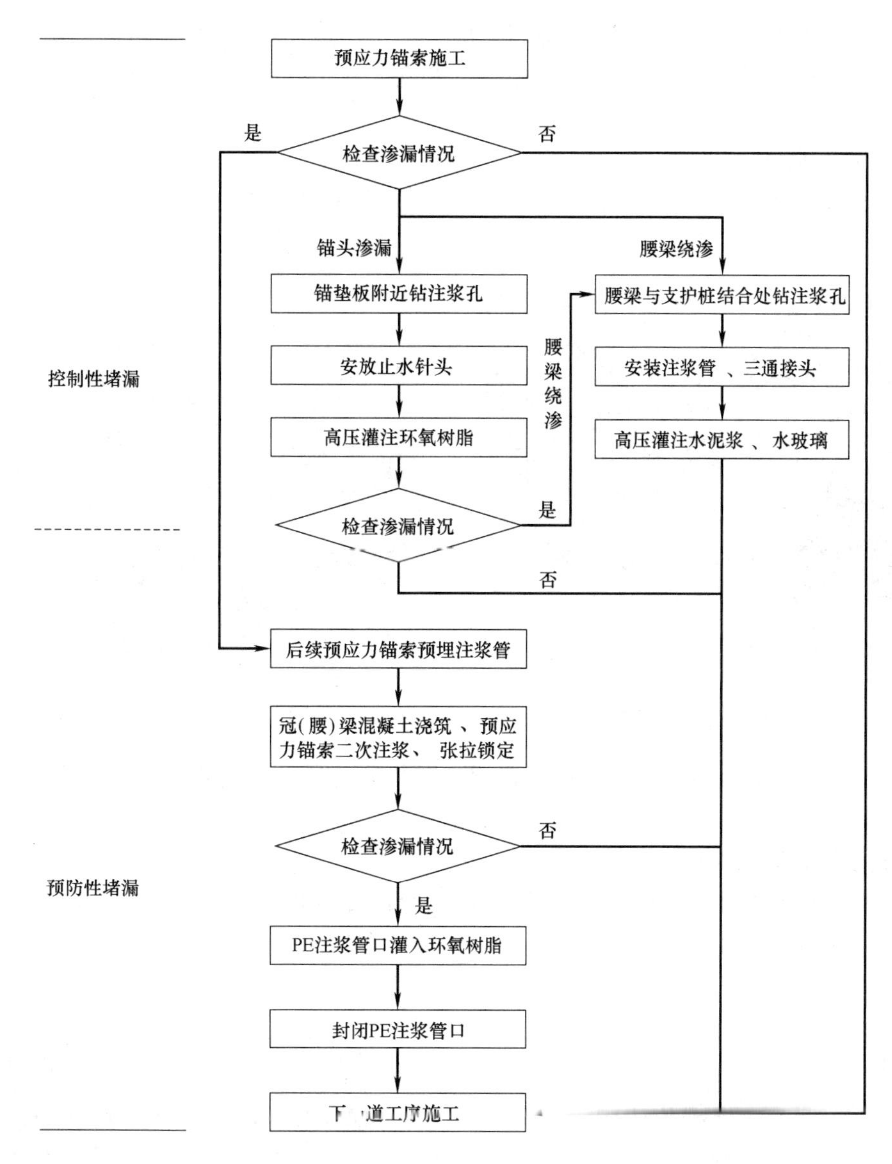

图 4.1-10 复杂地层及环境条件下基坑支护预应力锚索控制性与预防性堵漏施工工艺流程图

4.1.6 工序操作要点

1. 预应力锚索施工

（1）钻取符合设计要求直径、深度的锚孔；制作锚索完成后，安放至锚索孔道内；进行一次注浆、二次注浆，养护至锚索锚固体强度达到设计强度 80%后进行张拉锁定。

（2）锚索张拉按设计要求进行，张拉荷载为锚索所受拉力值的 1.05～1.1 倍，并在稳定 5～10min 后退至锁定荷载进行锁定。

2. 锚垫板附近钻注浆孔

（1）当锚头处发现漏水后，在沿着锚垫板或锚索漏水量大的部位布孔，一般布设 1～2 个钻孔。

（2）钻孔采用机械钻孔，使用Z1C-FF03-26型手电钻；止水针头直径为13mm，故选用直径为14mm的钻头。钻孔角度控制在与垂直方向夹角30°左右，钻孔深度约13cm。锚垫板处钻孔见图4.1-11。

3. 安放止水针头

（1）止水针头采用具有单向流通性的A-10六角止水针头，针头长10cm，直径13mm，上方圆头为灌浆嘴。止水针头实物见图4.1-12。

图4.1-11 锚垫板处钻孔

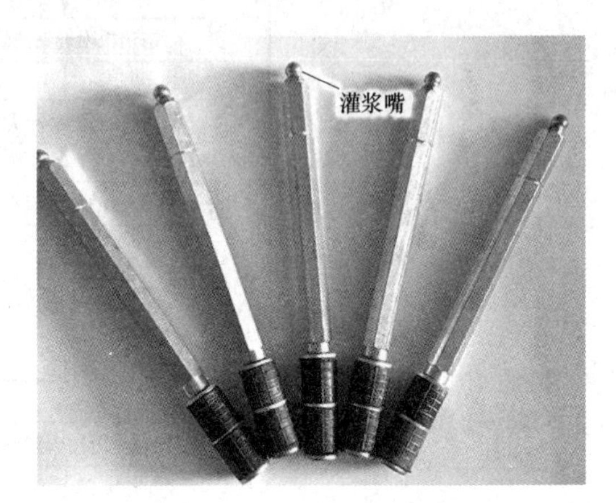

图4.1-12 止水针头实物

（2）在钻好的钻孔内安放止水针头，用六角扳手拧紧，使止水针头尽量埋入钻孔内，灌浆嘴外露。

4. 高压灌注环氧树脂

（1）高压堵漏灌注机采用EC 999型，高压堵漏灌注机由驱动电钻、料杯、灌注开关阀、牛油嘴等部件组成，具体见图4.1-13。环氧树脂为铁桶盛装，每桶10kg（5L），环氧树脂见图4.1-14。

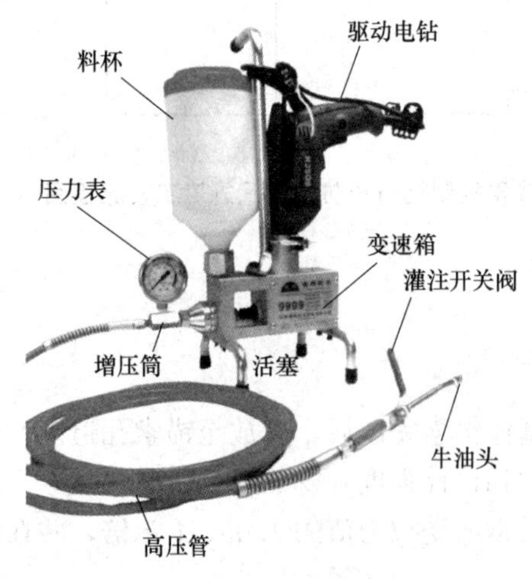

图4.1-13 高压堵漏灌注机

图4.1-14 环氧树脂

（2）将高压堵漏灌注机的牛油头对准止水针头灌浆嘴插紧扶正，向高压堵漏灌浆机料杯内倒入适量的环氧树脂，先打开灌注开关阀，再启动电源开关，利用高压堵漏灌注机将环氧树脂持续高压注入钻孔内。

（3）当环氧树脂顺着锚垫板或者锚头溢出时，暂停注浆，先关闭电源开关，再关闭灌注开关阀，间歇 2～3min 后，环氧树脂遇水迅速反应、膨胀；观察锚头漏水情况，如仍有水渗出，则继续往孔内注入少量环氧树脂，稳压 2～3min，随后停止灌浆，每根锚索灌浆约 0.8 桶。高压灌注机灌浆见图 4.1-15。

（4）灌浆完成后，确认不漏水即可拔出牛油头。高压灌浆后效果见图 4.1-16。

图 4.1-15　高压灌注机灌浆

图 4.1-16　高压灌浆后效果

5. 腰梁与支护桩结合处钻注浆孔

（1）当发生腰梁绕渗时，将钻孔布置在腰梁与支护结构交接处，具体位置根据锚索孔位、角度方向确定，钻孔的角度比锚索的角度稍大 5°左右，以确保钻孔与锚体非锚固段交叉靠近。

（2）钻孔同样采用 Z1C-FF03-26 型手动电钻，使用长螺旋钻头，钻头直径 25mm，钻杆长度 1.2m；钻孔时，注意控制钻孔的角度和速度，在钻孔范围内防止钻头触碰锚索。

6. 安装注浆管、三通接头

（1）钻孔完成后，及时埋设注浆管。注浆管采用 DN25mm×2.0mm 的单向直通 PVC 管，长度约 2m。

（2）PVC 注浆管底部 60cm 范围内以梅花状 15cm×15cm 钻注浆孔，并采用防水胶带封闭，以防在下管时堵孔，注浆管底部注浆孔见图 4.1-17；注浆管底部采用加盖封底，确保在高压注浆时形成封闭空间，增大注浆压力，使浆液形成高压喷射渗透。注浆管防水胶带封闭及封底见图 4.1-18。

（3）将制作好的注浆管插入钻孔中，直至注浆管口外露约 30cm；外露的注浆管口接上丝扣接头，以便与双液注浆三通管连接。注浆管就位后，采用水泥砂浆固管，以防止双液高压注浆时将注浆管移位或被冲出，注浆管孔口水泥固管见图 4.1-19。

图 4.1-17　注浆管底部注浆孔

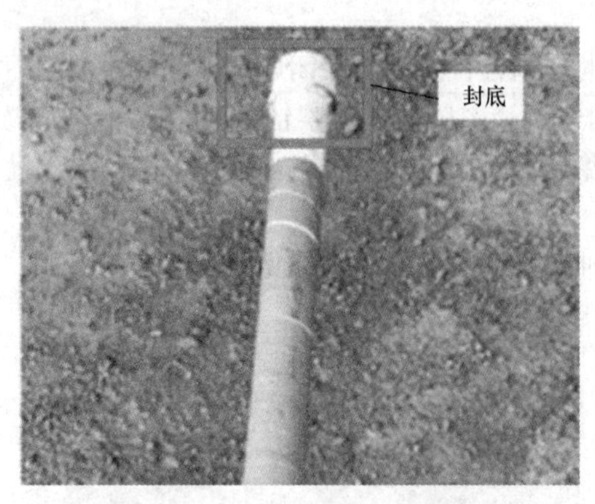

图 4.1-18　注浆孔胶带封闭并封底

图 4.1-19　注浆管水泥固管

（4）注浆采用专门设计的三通接头管注浆，分别为水泥浆、水玻璃的注入管，以及水泥浆、水玻璃混合双液输出管，三通接头实物见图 4.1-20。

（5）安装时，先将三通接头底部端口与注浆管连接，再将另外两端分别与水泥浆、水玻璃的管道连接。现场安装见图 4.1-21、图 4.1-22。

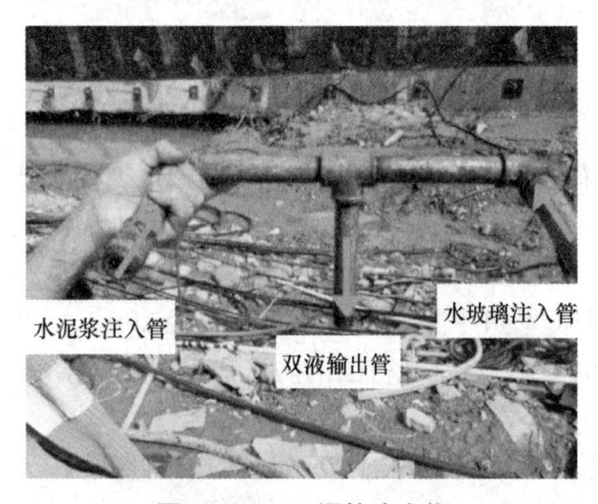

图 4.1-20　三通接头实物

图 4.1-21　三通接头与注浆管连接

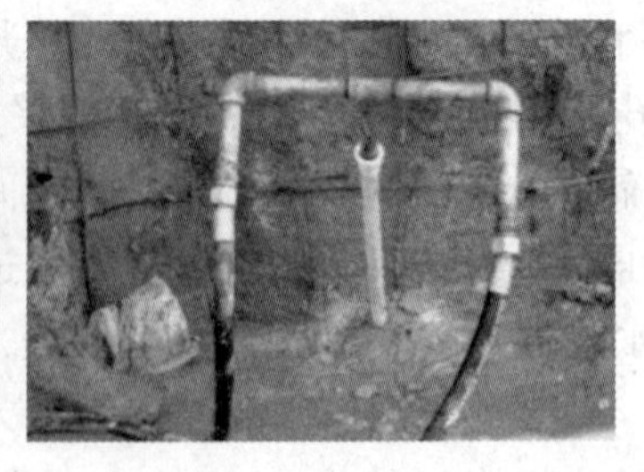

图 4.1-22　三通接头分别与水泥浆和水玻璃管道连接

7. 高压灌注水泥浆、水玻璃

（1）注浆机采用 SYB-3.6/5 型双液高压注浆泵，进浆管分别与水泥浆、水玻璃存储桶连接，出浆管与三通接头连接，经三通接头混合后由注浆管注入，双液与注浆泵连接进出管道见图 4.1-23。

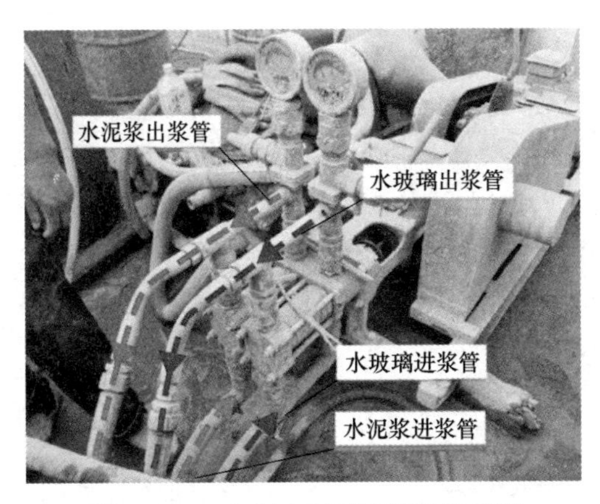

图 4.1-23　水泥水玻璃双液进出管道

（2）注浆管道与注浆泵连接后，开始注浆；水泥浆和水玻璃浆液以高压注入，本工艺设定凝结时间为 15s，双液高压注入后即在预应力锚索锚体周围生成胶凝体，快速对锚索通道实施封闭堵漏。

（3）漏水部位逐渐变小或止漏时，终止注浆。

8. 预应力锚索预埋注浆管

1）当现场连续发生预应力锚索渗漏时，对后续预应力锚索实施冠（腰）梁预埋注浆管堵漏技术。

2）冠梁预埋注浆管

（1）在冠梁钢筋绑扎完成后，锚索穿 PVC 保护套管时，同时进行直径 25mm 的 PE 注浆管预埋。

（2）工人在冠梁钢筋骨架背后，将 PE 注浆管从锚索 PVC 保护套管根部插入，插入套管的长度控制在 30～50cm，PE 注浆管插入锚索套管过程见图 4.1-24～图 4.1-26。

图 4.1-24　注浆管准备插入

图 4.1-25　注浆管插入套管

（3）PE 注浆管一端插入 PVC 保护套管后，调整另一端的角度，使其尽可能竖直朝上，并使用扎丝将其位置固定；伸出冠梁混凝土顶面以上长度保证不少于 20cm。PE 注浆管固定见图 4.1-27。

图 4.1-26 注浆管完成插入

图 4.1-27 PE 注浆管固定

(4) PE 注浆管完成预埋后，使用砂浆将锚索 PVC 保护套管与 PE 注浆管之间的空隙封堵严实。操作时，人工将砂浆封堵在冠梁锚索 PVC 保护套管管头与地面的空隙处，并手压密实形成土包状。冠梁 PVC 套管头封堵见图 4.1-28，注浆管预埋完成见图 4.1-29。

图 4.1-28 PVC 套管头封堵

图 4.1-29 注浆管预埋完成

3) 腰梁预埋注浆管

(1) 腰梁钢筋绑扎完成后，开始预埋 PE 注浆管；将 PE 注浆管从腰梁钢筋前方插入预应力锚索孔内，插入长度控制在 30～50cm。腰梁 PE 注浆管预埋见图 4.1-30。

(2) PE 注浆管一端插入预应力锚索孔口后，调整另一端的角度，并固定其位置，使其竖直朝上伸出腰梁混凝土顶面长度不少于 20cm。

(3) 使用干硬性水泥砂浆封堵锚索孔口。人工将砂浆封堵在腰梁锚索孔口，及 PVC 保护套管、注浆管之间的空隙处，并压密实。腰梁锚索孔口封堵见图 4.1-31。

图 4.1-30 腰梁 PE 注浆管预埋

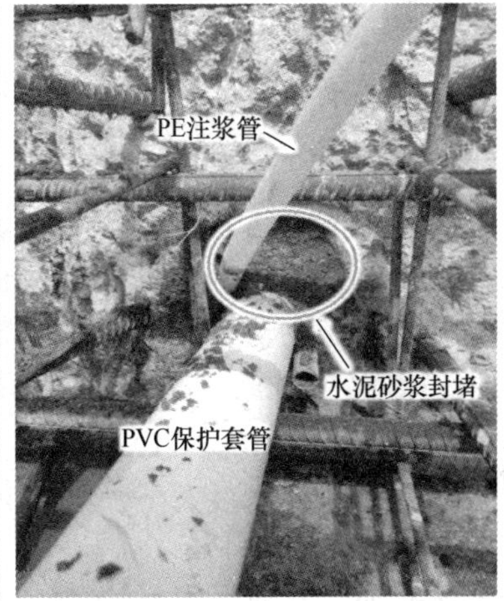

图 4.1-31 腰梁锚索孔口封堵

9. 冠（腰）梁混凝土浇筑、预应力锚索二次注浆、张拉锁定

（1）冠梁 PVC 保护套管（腰梁锚索孔口）封堵完成，安装冠（腰）梁模板，开始浇筑冠（腰）梁混凝土。

（2）浇筑混凝土时，同步振捣密实，特别是锚索 PVC 保护套管周边。混凝土采用泵送混凝土，强度等级按设计要求配置。混凝土浇筑完成后的注浆管见图 4.1-32。

（3）预应力锚索注浆为两次注浆，第一次注浆为常压置换注浆，待孔口溢浆即可停止；第二次为高压注浆，注浆压力不宜小于 2.0MPa，预应力锚索灌注采用纯水泥浆。

图 4.1-32 混凝土浇筑完成后的注浆管

（4）张拉锁定操作与第4.1.6节第1项相同。

10. PE注浆管口灌入环氧树脂

（1）准备一个塑料矿泉水瓶，将底部裁剪掉，形成漏斗状并插入PE注浆管头，见图4.1-33。一名工人扶稳PE注浆管，另一工人缓慢向矿泉水瓶漏斗内灌入环氧树脂，具体操作见图4.1-34。

图4.1-33　插入矿泉水瓶漏斗

图4.1-34　灌入环氧树脂

（2）边灌入环氧树脂，边观察锚头渗水情况；灌入后2～3min，锚头渗水量开始增大，环氧树脂在锚索通道内遇水发生反应，产生CO_2气体，同时环氧树脂浆液体积膨胀，渗水沿锚索渗漏通道快速挤出。

（3）持续在PE注浆管内灌入环氧树脂，直至锚头渗出黄色环氧树脂与地下水的混合液后停止灌入。根据锚头渗水量大小，环氧树脂灌入量为1/3～1/2桶（约2000mL）。环氧树脂混合液渗出见图4.1-35。

（4）环氧树脂混合液从锚头渗出后，随着反应时间加长，发泡体在锚头凝固，阻碍通道水渗出，通道水渗出减少，开始转从上方PE注浆管口冒出，具体见图4.1-36。

图4.1-35　锚头渗出混合液

图4.1-36　PE注浆管口排出通道水

（5）通道水从 PE 注浆管口排出 1～2min 后，环氧树脂混合液及发泡体开始从注浆管口排出，随后排出部分环氧树脂发泡体。通道水及环氧树脂发泡体从注浆管口排出见图 4.1-37。

11. 封闭 PE 注浆管口

（1）当锚头与 PE 注浆管持续排出环氧树脂发泡体时，及时将 PE 注浆管口封闭。

（2）封闭 PE 注浆管时将注浆管对折，并用铁丝绑牢，封闭 PE 注浆管口见图 4.1-38。

图 4.1-37 排出发泡体

图 4.1-38 封闭 PE 注浆管口

12. 完成堵漏

（1）PE 注浆管口封闭，锚索通道内的水排出后，环氧树脂在渗水通道内充分反应、膨胀，锚头持续渗出环氧树脂反应膨胀后的发泡体。

（2）静置约 3min，环氧树脂发泡体渗出量开始减缓，并逐渐形成具有一定弹性的固结体。

（3）发泡体充分反应成固结体后，停止从锚头渗出，完成封堵。完成一根锚索堵漏约消耗 2000mL 环氧树脂，耗时约 8min。锚头排出发泡固结体见图 4.1-39。

图 4.1-39 锚头排出发泡固结体

4.1.7 机械设备配置

本工艺现场施工所涉及的主要机械设备配置见表 4.1-1。

主要机械设备配置表　　表4.1-1

序　号	名　称	型　号	备　注
1	手电钻	Z1C-FF03-26	钻高压注浆孔、双液注浆孔
2	高压堵漏灌注机	EC-999	高压灌注环氧树脂
3	双液高压注浆泵	SYB-3.6/5	双缸双液注浆；灌注水泥浆、水玻璃
4	水泥搅浆机	1.5m^3	制水泥浆

4.1.8　质量控制

1. 控制性灌浆堵漏

(1) 在锚垫板附近及冠（腰）梁与支护桩结合处钻孔布设时，注意避开冠（腰）梁钢筋，钻头钻入后，注意避免损伤预应力锚索，每渗漏点钻1～2个孔。

(2) 分别选用与止水针头和单向直通PVC管配套的钻头，安放止水针头后注意检查针头与钻孔的严密性，用土工布封堵钻孔缝隙，以避免或减少漏浆情况。

(3) 双液注浆液选用水泥浆和水玻璃混合液，水泥为P·O42.5的普通硅酸盐，水灰比为0.5；水玻璃浓度Be′=20～35，模数$M=2.4～3.2$；水泥浆与水玻璃体积比为3∶2。水玻璃采用专门的密封桶储存，现用的水玻璃溶液则另外放入一个开口式的储存桶内，以方便与注浆机连接。

(4) 制浆材料按规定的浆液配比计算，炎热季节施工采取防晒和降温措施，浆液温度保持在5～40℃之间。水泥浆的搅拌时间大于3min，浆液在使用前过滤，浆液自制备至用完的时间不超过其初凝时间。

(5) 锚索高压化学灌浆堵漏完毕后，即用专用清洗剂（丙酮等）反复清洗高压灌浆机及注浆管，直至无环氧树脂残留；双液封闭注浆堵漏完成后，用清水清洗双浆注浆机及注浆管，反复多次循环清洗，清理掉管内残余水泥浆。

2. 预防性预埋管注浆堵漏

(1) PE注浆管预埋伸入冠梁锚索PVC保护套管或腰梁锚索孔的长度控制在30～50cm。

(2) PE注浆管准备过程与预埋过程中注意成品保护，若发生PE注浆管弯折、压扁、刺穿等情况时，则更换PE注浆管，避免后期注浆时浆液无法通过。

(3) 预埋完成后，调整PE注浆管角度，使其尽可能竖直伸出混凝土面，并使用胶带将注浆口包封，避免浇筑混凝土时混凝土进入管内造成堵塞。

(4) 缓慢灌入环氧树脂，避免一次灌入较多，从注浆口溢出。灌入环氧树脂过程中，仔细观察锚头渗水情况，锚头渗出黄色环氧树脂与地下水的混合液后停止灌入。

(5) 通道水开始从上方PE注浆管口冒出时，先让通道水充分排出，直至环氧树脂发泡体持续从PE注浆管头冒出时，再及时将PE注浆管口对折，封闭PE注浆管口，并用铁丝绑牢。

4.1.9　安全措施

1. 控制性灌浆堵漏

(1) 双液封闭注浆搭设脚手架时，由专业的架子工现场搭设，脚手架经验收后使用，高处作业人员按要求佩戴使用安全带等防护用品。

（2）采用手动电钻钻孔时，保持用力适当，钻进过程中并不停上下抽动钻头；当遇到钢筋时，适当调整钻孔位置和角度。

（3）锚索渗漏高压化学灌浆前，检查止水针头安放是否严密，防止止水针头因高压喷出。

（4）安放直通 PVC 管后，注意检查封口的封闭性，并在封口水泥浆产生强度后再进行注浆，以避免高压注浆产生推力使注浆管从封口脱离造成伤人事故。

（5）检查各注浆管与注浆机械设备是否连接牢固，防止管道在高压状态下松动伤人；机械设备使用前进行试运行，确保机械设备运行正常后再使用。

2. 预防性预埋管注浆堵漏

（1）切割 PVC 套管、PE 注浆管的切割机安装防护罩，操作人员佩戴护目镜，防止碎屑飞入眼中造成伤害。

（2）预埋 PE 注浆管时，操作人员佩戴防护手套，避免被钢筋头、PVC 管口划伤。

（3）环氧树脂密封储存在室内阴凉通风处，避免太阳直接照射，并远离明火。

（4）灌入环氧树脂时，操作人员按要求正确佩戴和使用劳保护具，避免皮肤直接接触液体。如发生沾染立即使用大量清水冲洗；如眼睛误触环氧树脂液体，立即送医治疗。

4.2　复杂条件下基坑桩墙一体化支护施工技术

4.2.1　引言

地下连续墙以其刚度大、整体性好、支护结构变形小、墙身抗渗性能好、适用性强等优点，在高层建筑地下室、地铁车站等领域的深基坑中应用越来越广泛。随着深基坑工程的进一步加深，地下连续墙围护结构需嵌入较深岩层，这给成槽工艺、施工质量和施工进度带来了巨大的挑战。“穗莞深城际前海至皇岗口岸段工程-皇岗口岸站车站框架逆作段主体围护结构”项目中，其车站大里程端明挖段主体结构基坑外包长度约 349.50m、宽度约 51.4m，平均开挖深度达 39m，为邻近建（构）筑物、地铁运营范围内的超大型基坑。基坑所在场地地层由上至下分布人工填土、淤泥质黏土、粉质黏土、细砂、中粗砂、砂质黏土，下伏基岩为全风化、强风化、中风化、微风化花岗岩，中风化、微风化岩饱和抗压强度最大分别为 21.0MPa、58.6MPa，RQD 分别为 65%、80%。场地地下水位埋深约 4.25m，中风化岩面埋深约 25m，微风化岩面埋深约 30m，基坑开挖入岩约 14m，坑底主要位于微风化花岗岩地层。对于这种上部软土下部硬岩、地下水位高、基坑深度大、支护入岩率高，且邻近建（构）筑物和地铁运营范围内等复杂地质和环境条件下的基坑支护，地下连续墙支护技术有很大优势。

然而，采用地下连续墙支护至少进入坑底约 3m，墙体入岩深度达 17m，具体见图 4.2-1。入岩深度大，将导致成槽持续时间长，对上部软弱土层长时间扰动，易造成塌孔和引起周边沉降，不仅不利于施工顺利进行，还对邻近建（构）筑物和地铁运行构成严重的安全隐患。同时，硬岩饱和抗压强度大，对成槽设备、工艺要求高，设备损耗大，将导致成槽效率低下、成本增高，极大影响项目进程。

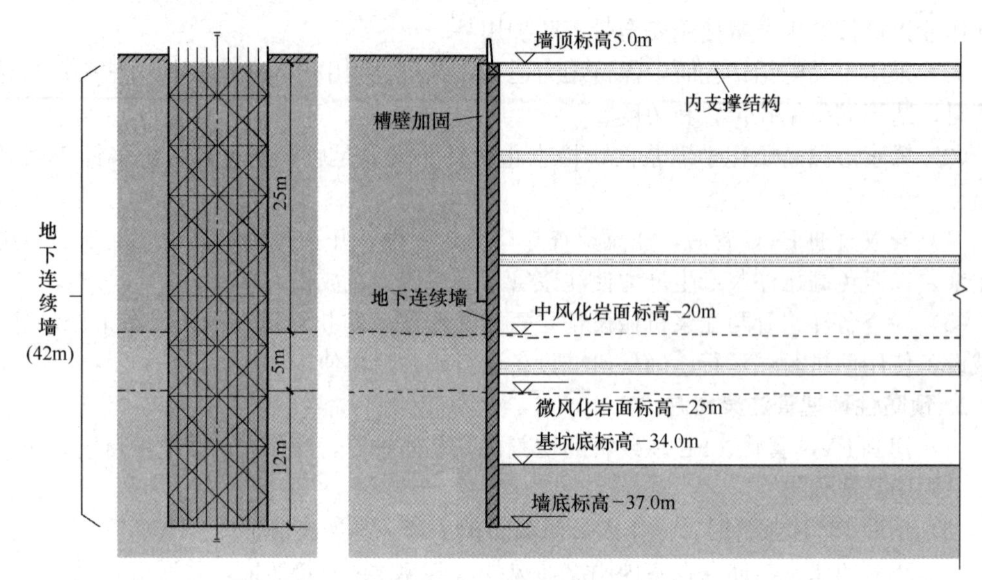

图4.2-1 地下连续墙基坑支护示意图

针对上述问题，结合现场条件及工程特点，针对复杂地质和周边环境条件下，开挖深度大、入岩率高、邻近建（构）筑物和地铁线的基坑支护形式，采用了基坑桩墙一体化支护施工技术，即采用墙下灌注桩替代嵌入微风化岩层这部分深度地下连续墙的施工技术，在液压抓斗上部土层抓槽后，由旋挖钻机在中风化岩面钻两个孔径与墙厚一致的二合一导（桩）孔至基坑底部以下，微风化岩面以上深度的孔作为辅助双轮铣铣槽的导孔，微风化岩面以下深度的孔作为灌注桩孔，双轮铣顺导孔凿岩成槽至微风化岩面处的墙底标高而完成墙体成槽，然后下放桩墙一体钢筋笼入槽孔，最后灌注桩墙混凝土形成桩墙一体的钢筋混凝土支护结构，大大减小了硬岩地层成槽施工难度和工作量。

以“穗莞深城际前海至皇岗口岸段工程-皇岗口岸站车站框架逆作段主体围护结构”项目为例，该项目基坑支护采用桩墙一体化支护，其中上部为30m深的地下连续墙，下部为12m长的灌注桩，其支护结构具体见图4.2-2。桩墙一体化支护结构与基坑内支撑结构配合支护保证了基坑安全性，提高了施工效率，减少了施工成本，为复杂地质和周边环境条件下深度大、入岩率高的基坑支护提供了一种创新、实用技术。

4.2.2 工艺特点

1. 支护安全可靠

本工艺中桩墙一体化基坑支护技术与单一地下连续墙支护技术相比，地下连续墙成槽深度相对减小，对上部软土层扰动减小，可防止邻近地铁隧道周边出现变形，减少对地铁运营的影响；同时，桩墙一体化支护结构上部的地下连续墙位于软土和强风化地层，防渗效果好，下部的灌注桩可嵌入微风化硬岩内，桩墙通过与基坑内支撑结构配合，支挡受力更加稳定，支护结构安全可靠。

2. 施工工效提升

本工艺墙下灌注桩结构利用旋挖钻机在中风化岩面钻两个二合一导（桩）孔至桩底标高，微风化岩面以上深度的孔作为辅助双轮铣铣槽的导孔，微风化岩面以下深度的孔作为

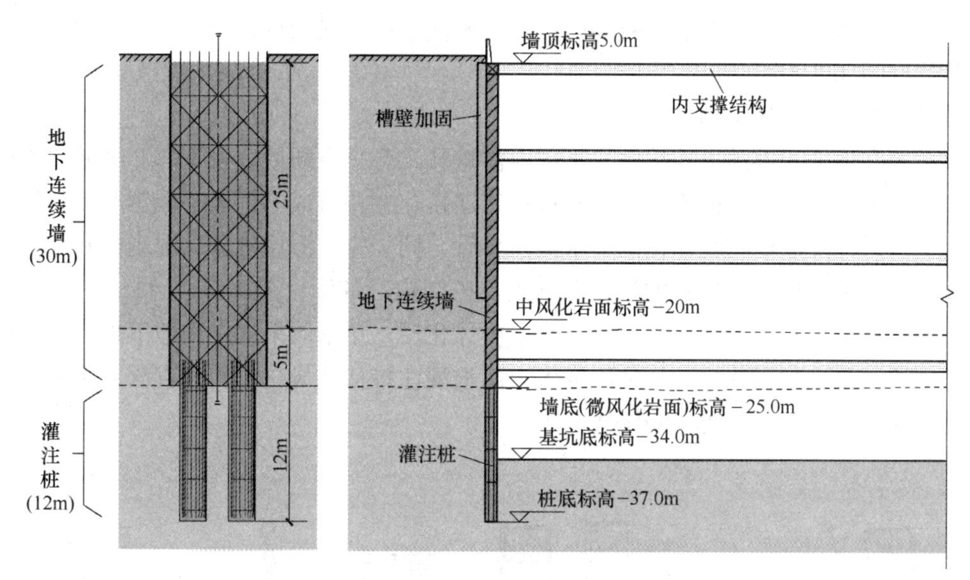

图 4.2-2 桩墙一体化基坑支护示意图

灌注桩孔，导孔和桩孔二合一钻进，有效提高施工效率；同时，本工艺微风化岩面以上采用地下连续墙，微风化岩面以下采用灌注桩，形成桩墙一体支护结构，减小了成槽入岩的施工难度和工作量，加快了项目进程。

3. 综合成本经济

本工艺中桩墙一体化支护结构的底部灌注桩成孔时，利用了单一地下连续墙入岩时钻铣的导向孔，一孔二用，简化了施工工序，节约了钻孔成本；同时，相较于成槽至微风化岩层、入岩深度大的单一整体型地下连续墙支护，本工艺采用墙下灌注桩替代嵌入微风化岩层部分深度地下连续墙，减小了硬岩成槽的工作难度和工作量，从而节省了成槽施工配套作业时间，以及机械设备、钢筋、护壁泥浆、混凝土等的成本费用。

4.2.3 适用范围

适用于复杂地层和周边环境条件下的基坑支护项目；适用于基坑开挖深度大、支护结构入岩深的地下连续墙基坑支护项目。

4.2.4 工艺原理

“穗莞深城际前海至皇岗口岸段工程-皇岗口岸站车站框架逆作段主体围护结构”项目地下连续墙单幅幅长 5.5m、墙厚 1.2m、墙深 30m，灌注桩直径 1.2m、有效桩长 12m。本项目采用桩墙一体化支护结构，有效解决了复杂条件下基坑深度大、入岩率高的基坑支护存在的施工问题，关键技术包括桩墙一体化支护形式、桩墙一体化施工等。

1. 桩墙一体化支护形式

（1）桩墙一体化支护空间

桩墙一体化支护形式是将单一地下连续墙支护优化为上部地下连续墙和下部 2 根灌注桩组成的二合一的一体化支护结构，施工时在土层抓斗成槽后，钻进导向孔和灌注桩孔，再采用双轮铣凿岩成槽，形成1幅槽体与2根灌注桩孔连通的桩墙“1+2”一体的支护空间，具体见图4.2-3。

（2）桩墙一体支护结构

本工艺在形成上部地下连续墙、下部灌注桩孔二合一空间后，将下部2根灌注桩的钢筋笼与上部地下连续墙的钢筋网片在槽口焊接连接，并将形成的桩墙一体钢筋笼整体吊装下放就位，采用在灌注桩孔内插入2根灌注导管，同步完成灌注桩桩身混凝土和地下连续墙混凝土，而形成桩墙一体化的钢筋混凝土支护结构，具体见图4.2-4。桩墙一体支护结构中，地下连续墙穿过软土地层和全、强、中风化层，止水效果好；在地下连续墙与灌注桩连接部位，采用加强连接，整体刚度大；两根灌注桩从微风化岩面竖直深入至基坑底部以下硬岩地层，确保支挡受力稳定。

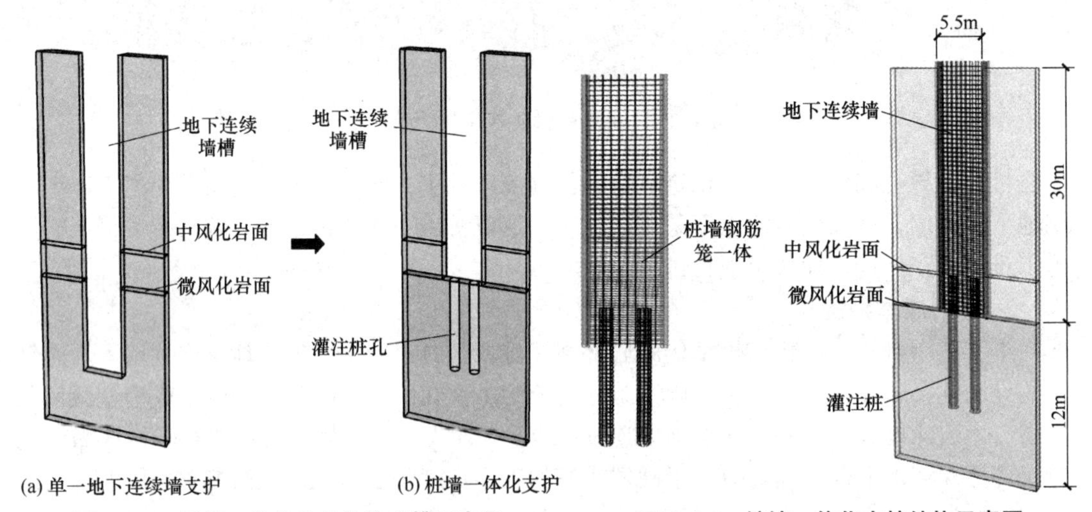

图4.2-3　桩墙一体化支护结构成槽示意图

图4.2-4　桩墙一体化支护结构示意图

2. 桩墙一体化施工

1）槽段开挖

本工艺在土层液压抓斗分序抓槽后，利用旋挖钻机在中风化岩面钻两个二合一导（桩）孔至桩底标高，微风化岩面以上的孔作为辅助双轮铣铣槽的导向孔，微风化岩面以下的孔作为灌注桩孔，即采用整体单一地下连续墙入岩时钻凿的导向孔作为下部灌注桩孔。首开幅槽段两端的岩面再施工副孔至墙底标高，双轮铣顺导向孔凿岩成槽至微风化岩面处的墙底标高而完成墙体成槽，地下连续墙成槽深度相对减小，槽段开挖流程示意见图4.2-5。

2）桩墙一体施工

槽段地下连续墙成槽、灌注桩钻孔完成后，将桩钢筋笼和墙钢筋网组装成一体安放，再经灌注形成桩墙连续一体结构，施工过程主要包括：

（1）首先将2个灌注桩钢筋笼分别吊放入桩孔底，再垂直起吊至槽口位置固定，并在地面标记此时桩钢筋笼中心位置（实际桩孔中心），具体见图4.2-6（a）、图4.2-6（b）；

（2）接着将墙钢筋网片竖直吊运至槽口上方，并下放与灌注桩钢筋笼主筋锚入墙钢筋

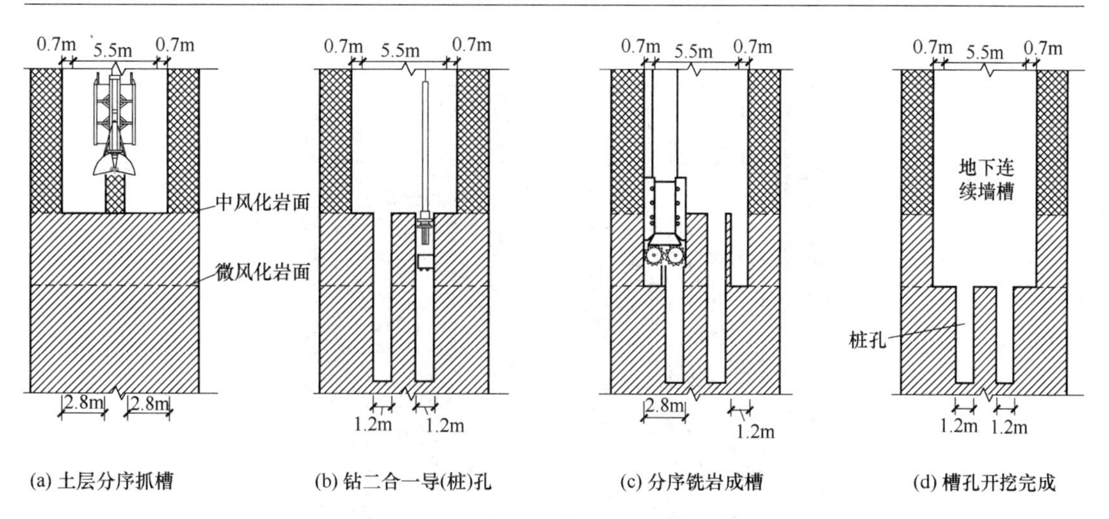

(a) 土层分序抓槽　(b) 钻二合一导(桩)孔　(c) 分序铣岩成槽　(d) 槽孔开挖完成

图 4.2-5　地下连续墙槽段开挖流程示意图

网长度 1.5m 位置，并将上部墙钢筋网与下部桩钢筋笼焊接成一体，具体见图 4.2-6（c）；

（3）随后利用起重机起吊桩墙钢筋笼，调校对准标记的桩钢筋笼中心位置后，整体下放至桩底标高，具体见图 4.2-6（d）；

（4）最后采用 2 根导管同步灌注桩身混凝土、地下连续墙混凝土，形成桩墙连续一体的钢筋混凝土支护结构，具体见图 4.2-6（e）。

4.2.5　施工工艺流程

复杂条件下基坑桩墙一体化支护施工工艺流程见图 4.2-7。

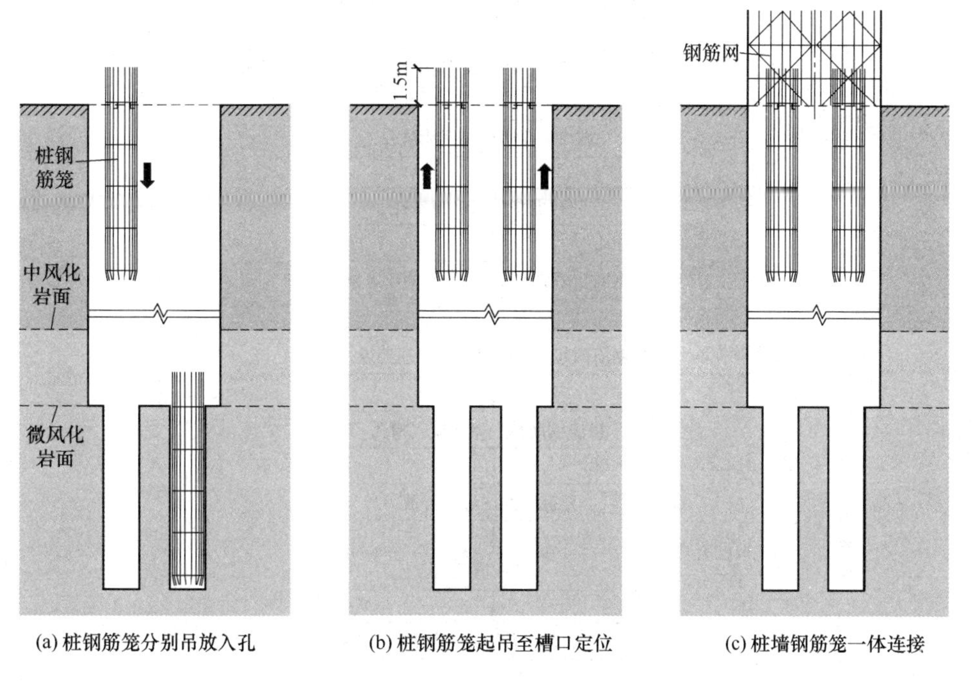

(a) 桩钢筋笼分别吊放入孔　(b) 桩钢筋笼起吊至槽口定位　(c) 桩墙钢筋笼一体连接

图 4.2-6　桩墙一体化施工过程示意图（一）

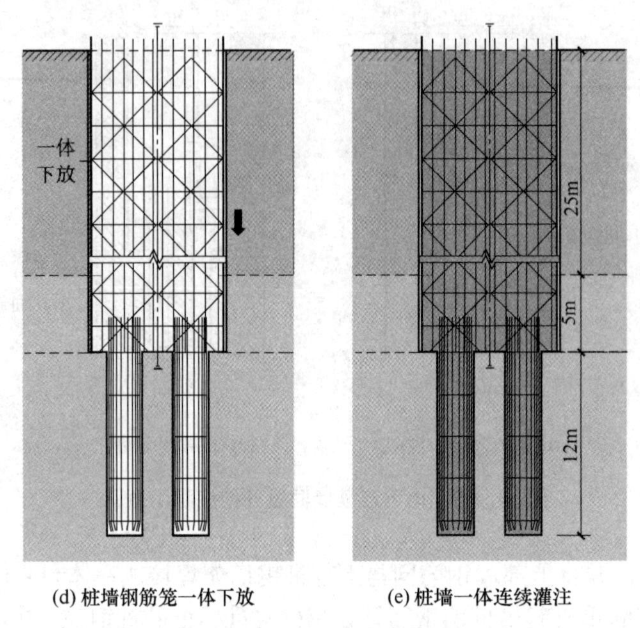

(d) 桩墙钢筋笼一体下放　　(e) 桩墙一体连续灌注

图 4.2-6　桩墙一体化施工过程示意图（二）

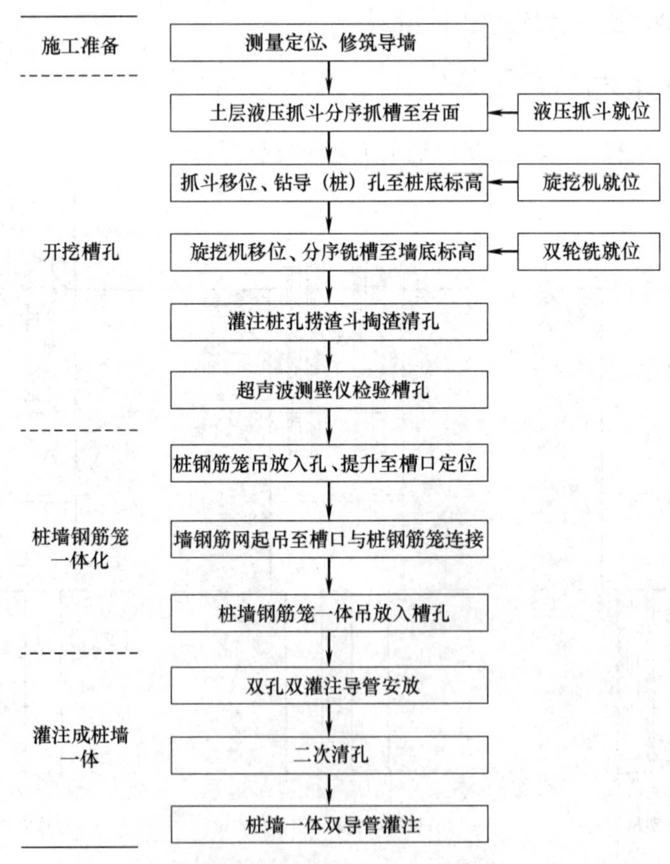

图 4.2-7　复杂条件下基坑桩墙一体化支护施工工艺流程图

4.2.6 工序操作要点

1. 测量定位、修筑导墙

（1）使用挖掘机对场地进行平整、压实，根据平面设计图坐标、高程控制点标高进行地下连续墙轴线和桩位的测量放线、定位标记。

（2）槽段上部分布人工填石层、淤泥质黏土、砂土等粘结性差的地层，在水动力条件下极易坍塌，对地下连续墙成槽施工不利，预先对土层段进行三轴搅拌桩套打加固槽壁。

（3）槽壁加固后，外扩土方开挖沟槽；导墙中心线与地下连续墙轴线重合，导墙厚20cm，宽度1m，其墙顶面高出地面10cm；导墙浇筑混凝土、拆模后，沿其纵向每隔1m左右加设两道木支撑防止变形。

2. 土层液压抓斗分序抓槽至岩面

（1）槽段设计标准幅长5.5m、厚1.2m，土层成槽采用宝峨GB80S液压抓斗，功率280kW，最大提升力550kN，最大提升重量（含土）可达32t，选用宽2.8m、厚1.2m的标准液压抓斗。

（2）为保证成槽质量及钢筋网片顺利安装，首开幅两端各超挖0.7m，然后分三序抓槽，先抓两边、再抓中间，抓槽宽度6.9m；闭合幅分两序抓槽，抓槽宽度4.1m。抓槽分序布置见图4.2-8、图4.2-9。

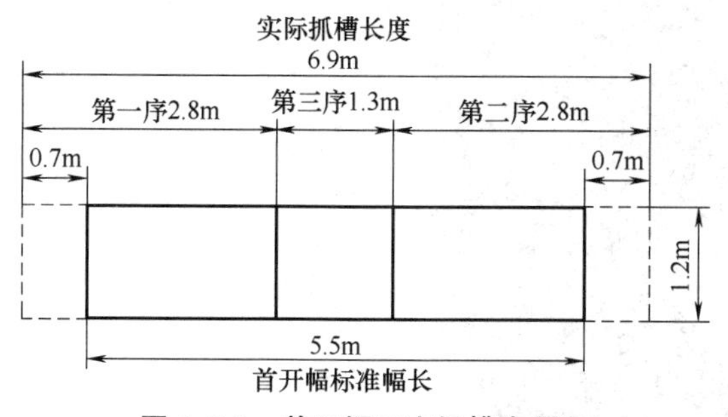

图4.2-8 首开幅三序抓槽布置图

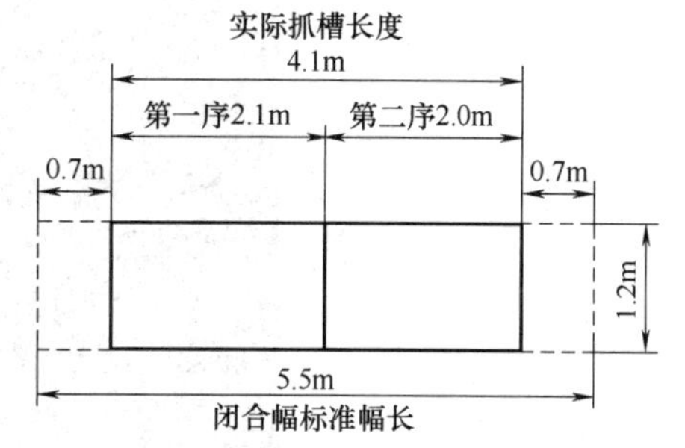

图4.2-9 闭合幅二序抓槽布置图

（3）抓槽时，边开挖、边向导墙内泵送泥浆，保持槽段内液面高度；同时，注意观察液压抓斗上垂直度检测仪的实测值并及时调整抓斗，确保槽壁垂直度满足要求。液压抓斗土层抓槽见图4.2-10。

图4.2-10 液压抓斗土层抓槽

3. 抓斗移位、钻导（桩）孔至桩底标高

（1）抓槽至中风化岩面后，将抓斗移开施工槽段，旋挖钻机就位施工灌注桩孔。本项目采用三一SR365R旋挖钻机施工，功率300kW，最大输扭矩365kN·m。

（2）在槽段中风化岩面先后钻两个直径1.2m的钻孔至桩底标高，首开幅槽段两端再另引两个直径1.2m的副孔至墙底标高，辅助双轮铣铣槽，钻孔具体布置见图 4.2-11、图 4.2-12。

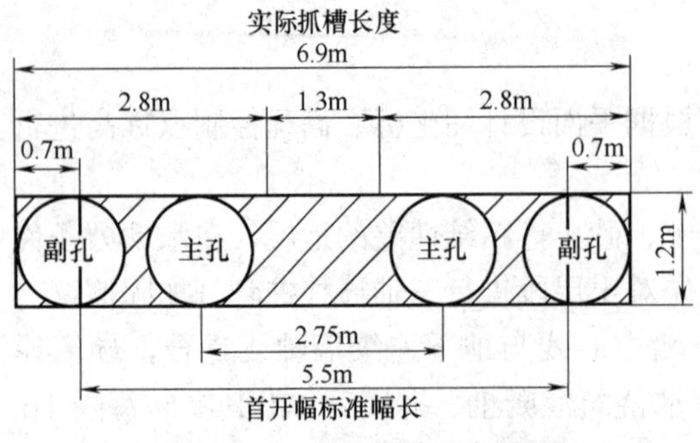

图 4.2-11　首开幅钻孔布置图

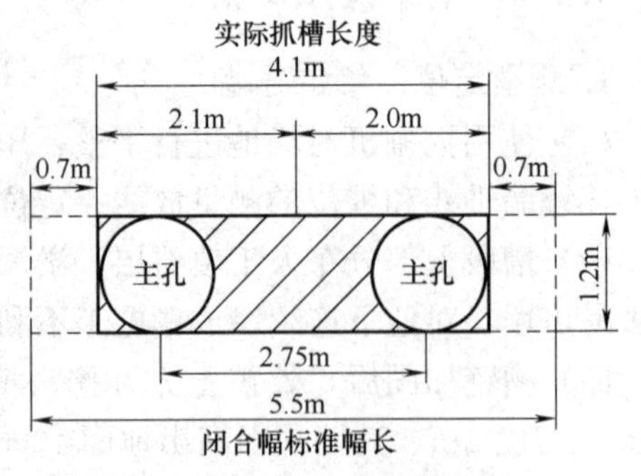

图 4.2-12　闭合幅钻孔布置图

(3) 旋挖钻机施工时，先用截齿斗扫平岩面，再下放直径 1.2m 的牙轮筒钻，下放至近岩面 1m 时缓慢轻放，并低速（5rpm）转动钻头接近岩面，接触岩面后采用吊打模式逐步形成完整的切屑槽，再正常加压钻进，采取取芯、钻进交替作业。

(4) 旋挖牙轮筒钻每进尺 2～3m，观察操作室测斜仪变化，检查钻孔垂直度，如发现偏斜及时纠偏；同时，注意控制槽内泥浆质量及泥浆液面高度，保持槽壁稳定。旋挖钻机钻孔见图 4.2-13。

图 4.2-13　旋挖钻机钻孔

4. 旋挖机移位、分序铣槽至墙底标高

(1) 钻孔完成后，将旋挖钻机移开施工槽段，双轮铣槽机就位。

(2) 本项目采用宝峨 BCS40 双轮铣槽机施工，功率 354kW，最大破岩硬度 150MPa，最大提升力 500kN。

(3) 首开幅槽段分三序成槽，先铣两边、再铣中间，实际铣槽宽度 6.9m；闭合幅槽段分两序成槽，实际铣槽宽度 4.1m，分序凿岩施工具体见图 4.2-14、图 4.2-15。

(4) 施工时，确保铣轮处于导向孔内，铣轮将硬岩铣削破碎，液压系统驱动泥浆泵将泥浆泵入槽内护壁，铣轮中间的吸砂口将钻掘出的岩渣与泥浆排到地面集中处理，处理完成的泥浆继续被泵入槽内，边泥浆循环清渣、边凿岩进尺至墙底标高，双轮铣铣槽见图 4.2-16。

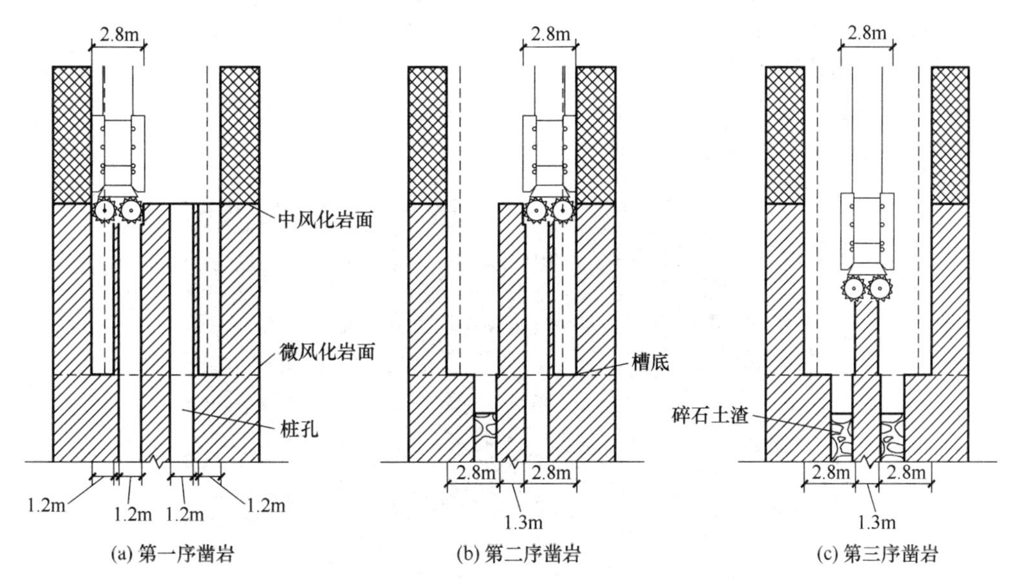

(a) 第一序凿岩　(b) 第二序凿岩　(c) 第三序凿岩

图 4.2-14　首开幅三序凿岩施工图

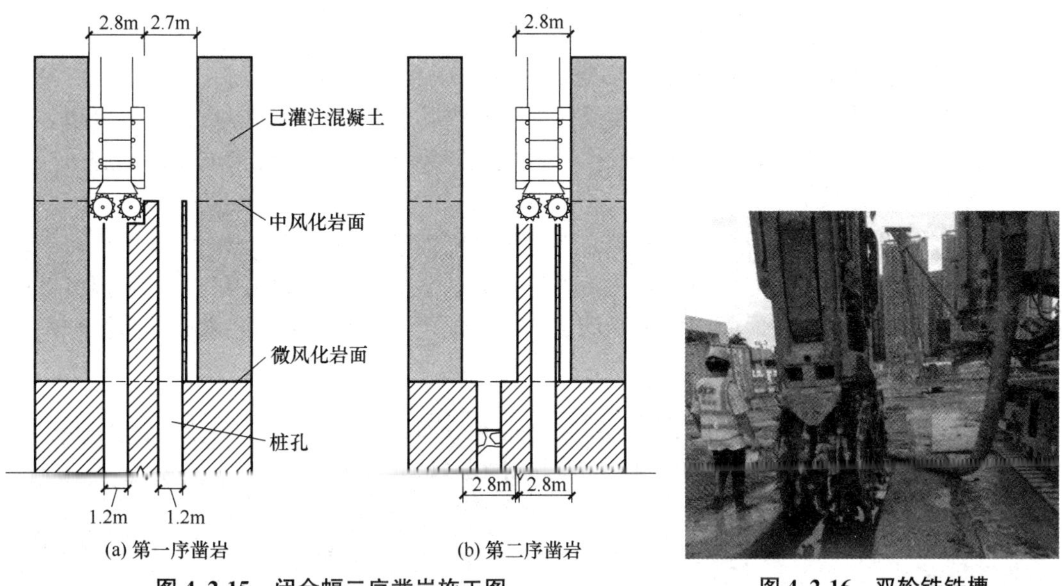

(a) 第一序凿岩　(b) 第二序凿岩

图 4.2-15　闭合幅二序凿岩施工图

图 4.2-16　双轮铣铣槽

(5) 施工过程中，通过控制液压千斤顶系统伸出或缩回导向板、纠偏板，调整铣头的姿态并调慢铣头下降速度，以有效控制槽孔的垂直度；每运行一段时间，将铣轮提出槽段进行冲洗，并检查齿轮磨损情况，保证破岩效率。

(6) 双轮铣分序完成施工后，双轮铣槽机移位，采用液压抓斗进行修槽，确保槽壁垂直精度；再将液压抓斗下放到槽段底部挖除槽底沉渣，确保槽底沉渣满足设计要求。

5. 灌注桩孔捞渣斗掏渣清孔

(1) 成槽后，旋挖钻机就位，利用旋挖钻斗掏出成槽过程中堆积于桩孔内的岩块及钻渣。

(2) 旋挖钻斗捞渣后，再改换旋挖清渣钻斗对孔底进行清理；清理干净后，对桩孔孔底沉渣进行测量，确保钻孔深度与终孔一致，以及沉渣厚度满足设计要求。

6. 超声波测壁仪检验槽孔

（1）开挖槽孔、桩孔后，使用超声波测壁仪检验槽段槽孔的深度、厚度、宽度、垂直度是否满足要求，检验曲线具体见图 4.2-17。

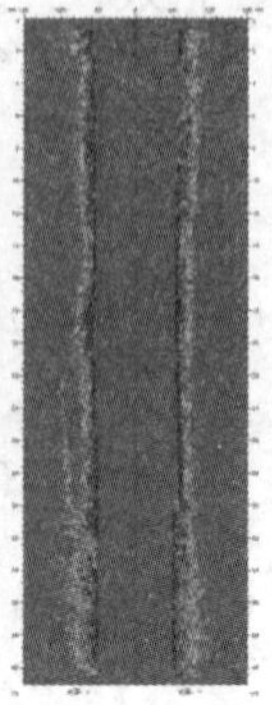

图 4.2-17 超声波测壁仪检验与检测曲线图

（2）如检验合格则完成成槽、成孔施工，进行下一步工序；如检测不合格则再进行修槽孔，直至槽孔符合设计要求为止。

7. 桩钢筋笼吊放入孔、提升至槽口定位

（1）按设计图纸加工制作灌注桩钢筋笼，并检查其长度、直径、焊点等是否合格。

（2）钢筋笼双钩多点起吊，缓慢操作，避免扭转、弯曲，严防桩钢筋笼由于起吊操作不当导致变形。

（3）将钢筋笼吊放至槽口，使笼中心点对准槽壁钢筋笼中心点标识，缓慢下放；

（4）将两个桩钢筋笼先后吊放入孔，并竖直提升至槽口，再分别用两根钢扁担将桩钢筋笼水平固定在槽口，在地面标记桩钢筋笼中心线位置，以便顺利吊装入孔，灌注桩钢筋笼定位见图 4.2-18。

图 4.2-18 灌注桩钢筋笼槽口定位

8. 墙钢筋网起吊至槽口与桩钢筋笼连接

（1）桩钢筋笼固定在槽口标记位置后，利用履带式起重机缓慢起吊连续墙钢筋网片，提升至离地面 0.5m 时暂停，检查钢筋网是否存在拆焊、变形等情况，如无异常则由主吊

图 4.2-19 墙钢筋网吊运至槽口上方

竖直吊至槽口上方，钢筋网吊运至槽口上方见图 4.2-19。

（2）沿着工字钢中心线、对准槽段中心，将钢筋网片下放至桩钢筋笼锚入长度 1.5m，随后将桩钢筋笼和钢筋网焊接成一个整体，以保证桩墙刚度，桩墙钢筋笼焊接见图 4.2-20。

9. 桩墙钢筋笼一体吊放入槽孔

（1）桩墙钢筋笼焊接成一个整体后，将其整体上提，然后在两个桩钢筋笼的中部焊一根细钢筋，水平连接两个桩钢筋笼，使其修正成竖直状态，防止吊装下放过程中桩钢筋笼分叉成“八”字形而无法入桩孔，两笼间修正钢筋见图 4.2-21。

（2）利用履带式起重机将修正后的桩墙钢筋笼调校对准桩钢筋笼中心，并保持工字钢中心线与槽边线重合，缓慢下放；下放至下部灌注桩孔口时，细钢筋与岩石碰撞后脱落，桩墙钢筋笼顺利下放至设计标高，桩墙钢筋笼一体下放见图 4.2-22。

图 4.2-20 桩墙钢筋笼焊接

图 4.2-21 细钢筋修正钢筋笼

10. 双孔双灌注导管安放

（1）桩墙钢筋笼吊放入槽孔后，采用灌注桩孔双导管水下混凝土灌注法进行灌注；安放灌注导管前，对导管进行水密试验及承压试验，确保导管不发生渗漏。

（2）履带式起重机配合在槽口设置灌注平台，安放导管至两个灌注桩孔内，控制导管底部与桩孔底距离在 30～50cm。

11. 二次清孔

（1）灌注桩墙混凝土前，测量灌注桩孔底沉渣厚度，如超出设计要求则进行二次清孔。

（2）清孔方式采用气举反循环法，通过优质泥浆循环将槽孔底部沉渣置换清出。

图 4.2-22 桩墙钢筋笼一体下放

12. 桩墙一体双导管灌注

（1）二次清孔满足要求后，即进行水下灌注混凝土，采用两套导管同步灌注。

（2）先进行下部灌注桩桩身混凝土灌注，同时提升灌注斗盖板开始初灌；灌注过程中，相邻两导管内混凝土液面高度差控制在50cm以内，导管埋入混凝土深度控制在2～4m。混凝土灌注见图4.2-23。

图4.2-23　桩墙混凝土灌注

（3）导管提升至灌注桩孔口时，两孔同步加大混凝土灌注量，并持续灌入混凝土，使地下连续墙底顺利封底，墙体混凝土液面均匀上升。

（4）灌注至墙顶设计标高后，保持不少于80cm的超灌高度，以确保凿除浮浆后墙顶标高符合设计要求。

第 5 章　预应力管桩施工新技术

5.1　预应力管桩长螺旋引孔注浆与自重式植桩技术

5.1.1　引言

预应力管桩具有施工便利、成桩高效、现场管理便捷等优点，在基础工程中得到广泛应用。常用的施工工艺包括静压法和锤击法。在实际施工过程中，为减少管桩送桩量，通常选择在基坑内进行施工。当项目位于建筑物密集区时，由于锤击管桩噪声大，优先采用静压法。然而，在基坑底部作业时，因受静压管桩机尺寸的限制，距离基坑边缘约 4m 范围内的管桩无法正常施工。此时，只能采用边桩器压入，但边桩器压力值偏低，难以满足设计要求。

玉塘文体中心新建工程位于深圳市光明区玉塘街道田寮社区，北邻龙湾路，与玉塘社区办公场所对门；东侧为六层民宅，距离基坑边最近处 3m；南侧为两栋工业厂房，距基坑边最近仅 0.5m。本项目基础工程桩设计采用静压预应力管桩，设计桩径 500mm，总数 1679 根，距离支护桩内边线 4m 范围线内的边桩共计 210 根，其中地下室外墙抗压桩长 15m，承台抗压桩和抗拔桩长 24m。项目场地内地层自上而下依次为：杂填土、淤泥质黏土、粉质黏土、含黏性土中砂、粗砂、砂质黏性土、全风化花岗岩、土状强风化花岗岩、块状强风化花岗岩，桩端持力层为土状强风化花岗岩。

考虑到项目场地周边环境条件，现场采用 2 台静压管桩机施工，在基坑开挖 7.5m 后的工作面进行施工，由于边桩距离支护桩过近，静压管桩机难以正常开展施工；采用边桩器施工，又无法达到设计承载力要求。设计拟将边桩改为直径 800mm 的旋挖灌注桩，但考虑同一承台或基础设计两种桩型不利于基础受力，此外旋挖灌注桩需至少将桩端入中风化或微风化岩中，这将大大增加成孔费用。

为解决上述管桩施工受限、质量难保证的问题，项目部对“预应力管桩长螺旋引孔注浆与植桩施工技术”进行研究，并制订了采用长螺旋引孔后提升钻杆同步注浆，再利用静压管桩机于浆孔内压入管桩的施工方案。试桩结果显示，长螺旋引孔及注浆效果良好，管桩在吊入孔位后以自重下落至水泥浆孔底。为此，后继进一步优化施工工序，改为成孔后使用起重机吊放管桩至浆孔内，再借助挖掘机和吊装带通过管桩脱钩牵引植入技术，使管桩以自重式快速植入，最后通过振动锤配合送桩器送桩至设计标高。本工艺经实际应用，有效节省了施工作业时间，在满足设计要求的同时，确保施工质量满足要求，达到了高效、可靠、经济的效果，拓宽了预应力管桩的使用范围，取得了显著的社会和经济效益。

5.1.2 工艺特点

1. 质量可靠

本工艺采用直径800mm的长螺旋钻进引孔，提升钻杆时同步采用高压泵注浆，在形成的水泥浆孔内将直径500mm管桩植入，并通过振动锤和送桩器送至桩端持力层。管桩和水泥浆有机结合，形成强度较高的水泥土复合管桩，显著提高桩身承载力，确保了植桩质量。

2. 施工高效

本工艺采用长螺旋引孔，通过高压管输送水泥浆至长螺旋钻杆内腔，实现引孔、提升喷浆一体施工；注浆后在孔口采用管桩脱钩牵引植入工艺，使管桩依靠自重快速植入，并辅以振动锤配合送桩器将管桩送桩至桩端持力层，工序间连续、快速完成，实现高效植桩。

3. 绿色环保

本工艺采用长螺旋钻进引孔，避免了边桩变更为灌注桩成桩施工使用泥浆对场地的污染和废浆渣的处理，且引孔、植桩过程无噪声；孔内注浆通过高压管输送水泥浆体，经长螺旋钻杆顶泵头底部喷射注浆，浆体易管理，污染排放少，施工过程绿色环保。

4. 成本经济

本工艺与旋挖灌注桩、“引孔+静压法成桩”施工工艺相比，减少了大型机械设备的使用，节省了施工工期；同时，避免了灌注桩泥浆配制和废浆渣的处理费用，工序施工和现场管理便捷，总体综合成本低。

5.1.3 适用范围

适用于基坑底距坑边不小于1m的管桩施工，适用于施工场地周边建筑密集区替代预应力管桩施工，适用于填土、黏土、粉土、砂土、强风化岩层的长螺旋钻进引孔施工。

5.1.4 工艺原理

本工艺通过长螺旋桩机钻进引孔及提升钻杆注浆，在孔口采用吊放牵引将管桩以自重式植入浆孔，通过振动锤和送桩器将管桩贯入至桩端持力层，实现了基坑边预应力管桩施工。其中，长螺旋引孔孔径为800mm，管桩桩径为500mm，管桩受水泥浆握裹，二者有机结合形成水泥土复合管桩，从而扩大整个桩体的侧摩擦面，提高桩体承载力。

1. 长螺旋钻进引孔原理

长螺旋钻进引孔时，通过动力头带动钻杆转动，使钻头、螺旋叶片向下切削地层钻进，被切削的土体大部分黏附在螺旋叶片上，提升钻杆时随螺旋叶片返回地面。为防止钻头喷嘴在钻进时被泥土堵塞，影响后续长螺旋钻杆注浆，本工艺在长螺旋钻进引孔时，采用空气压缩机将高压气体经高压气管持续输送至钻杆内腔，并由钻头喷嘴喷出，确保注浆通道保持畅通。长螺旋钻进喷气引孔示意见图5.1-1。

2. 长螺旋提升钻杆注浆原理

本工艺在提升长螺旋钻杆时，卷扬机提升动力头，动力头反向带动钻杆旋转及提升，同步后台高压注浆。在提升钻杆的过程中，高压注浆泵将储浆桶中的水泥浆经高压浆管输送至长螺旋钻杆内腔，并经钻头喷嘴喷出。长螺旋钻杆边旋转提升边喷浆，直至桩顶标高

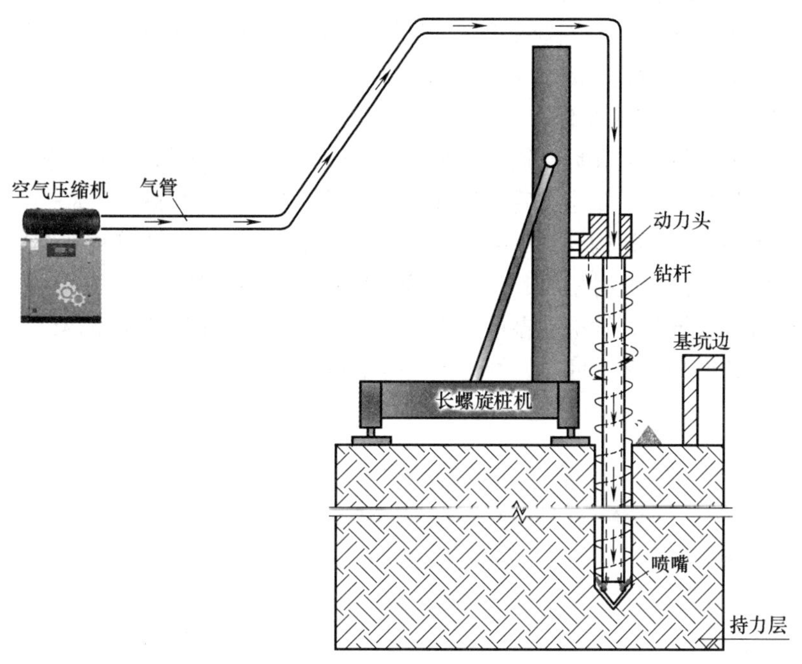

图 5.1-1 长螺旋钻进喷气引孔示意图

位置。

本工艺注浆高压浆管采用引孔时使用的同类型高压气管，浆管和气管连接三通汇成气浆共用管，通过调节单向阀开关切换喷气或注浆。长螺旋钻杆提升注浆管路具体布置见图 5.1-2。

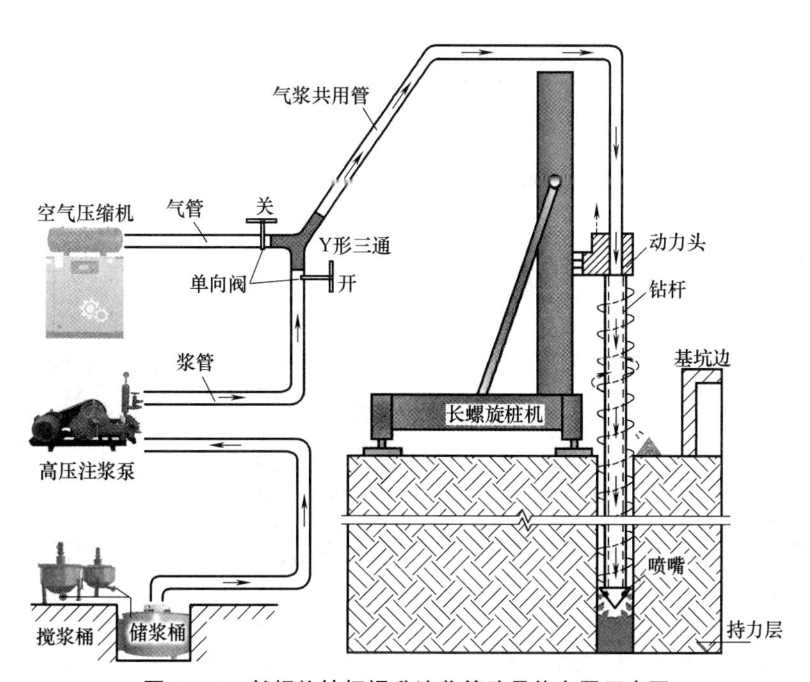

图 5.1-2 长螺旋钻杆提升注浆管路具体布置示意图

3. 预应力管桩自重式植桩原理

长螺旋引孔及注浆后，将管桩经起重机吊放及管桩脱钩牵引植入工艺使管桩自重式植入至水泥浆孔，并通过振动锤和送桩器将浆孔内管桩送桩至设计标高。

（1）管桩脱钩牵引植入原理

经起重机吊入管桩至浆孔后，通过吊装带、钢丝绳及其组合形成的牵引植入工具，与挖掘机铲斗配合接替起重机，并完成后续管桩脱钩牵引植入，具体见图5.1-3、图5.1-4。将钢丝绳一端挂在挖掘机铲斗挂钩，另一端套进吊装带中部，吊装带环绕管桩系绑成结，铲斗斗齿将吊装带自由端勾住，此时松脱起重机吊钩，挖掘机和吊装带牵拉管桩将其固定在孔口。当铲斗外翻松脱吊装带时，管桩在自重作用下植入孔内，吊装带随管桩下落时由钢丝绳牵引使系绑管桩的绳结松开并将其回收。管桩脱钩牵引植入过程见图5.1-5。

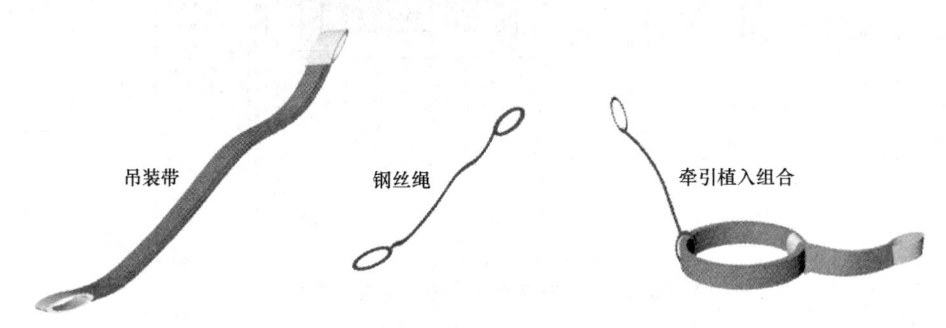

图5.1-3　管桩脱钩牵引植入工具

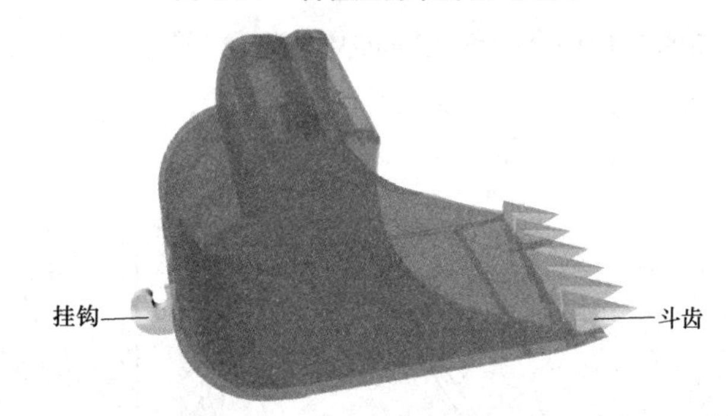

图5.1-4　挖掘机铲斗

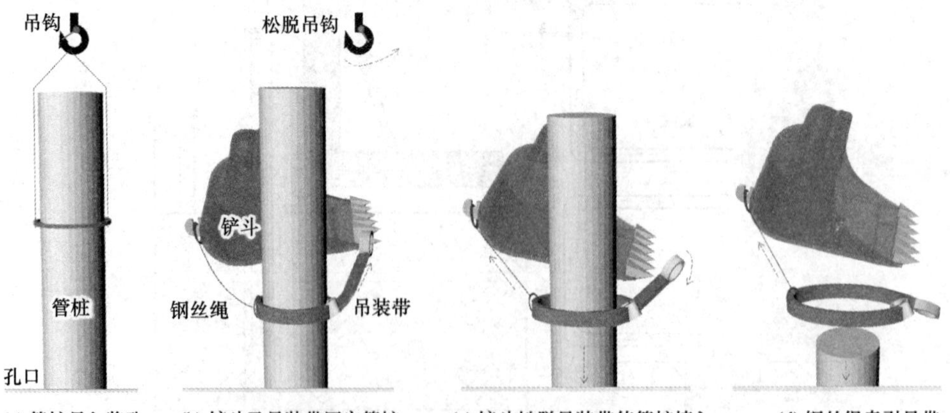

图5.1-5　管桩脱钩牵引植入示意图

(2) 振动锤辅助送桩器沉桩原理

为确保将管桩植入到位，本工艺采用振动锤连接刚性送桩器，对依靠自重植入至浆孔的预应力管桩进行送桩。送桩器底部与管桩紧贴，管桩受到垂直向下的振动，向下贯入，直至进入桩端持力层。振动锤辅助送桩示意见图 5.1-6。

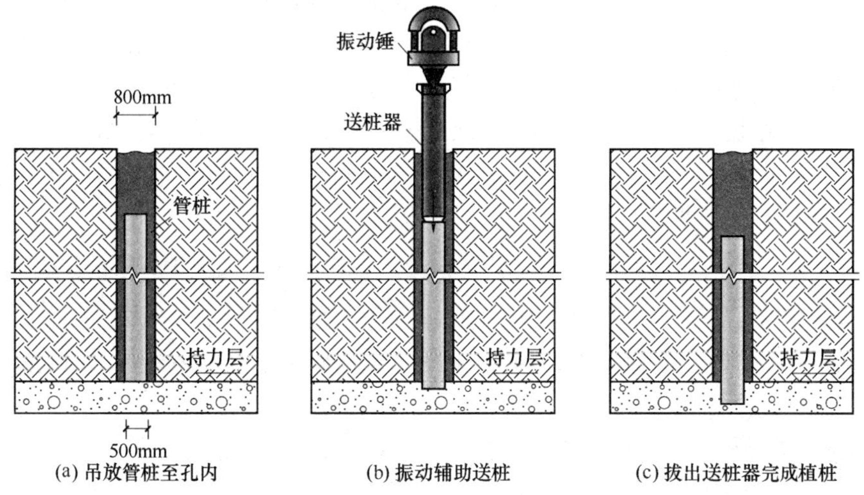

图 5.1-6 振动锤辅助送桩示意图

5.1.5 施工工艺流程

预应力管桩长螺旋引孔注浆与植桩施工工艺流程见图 5.1-7。

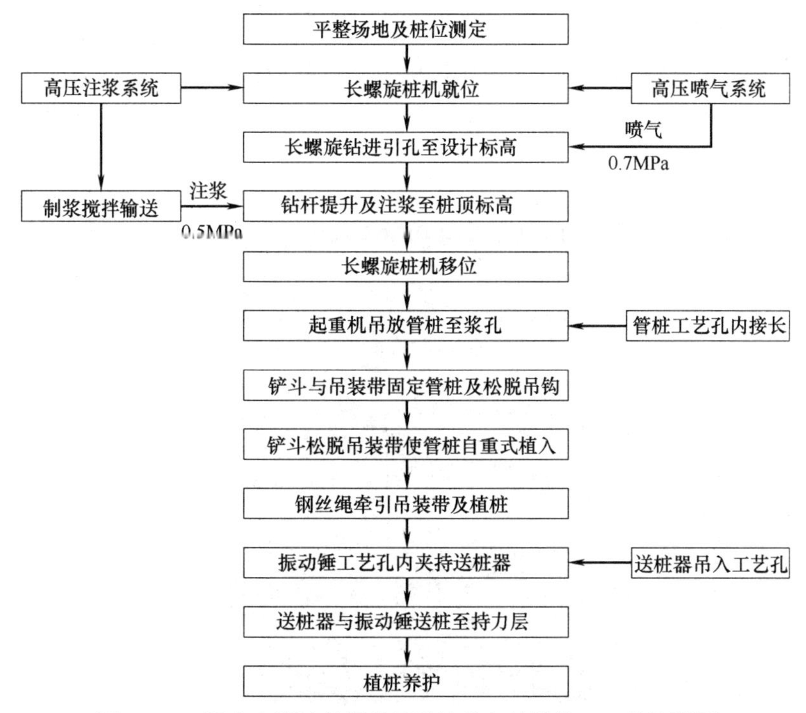

图 5.1-7 预应力管桩长螺旋引孔注浆与植桩施工工艺流程图

5.1.6　工序操作要点

本工艺以深圳市光明区玉塘文体中心新建工程边桩工程为例，项目基坑坑顶绝对标高在21.30～24.10m，±0.00相当于绝对标高24.80m。基坑开挖深度在7.5～12.6m，边桩采用水泥土复合管桩，设计水泥土桩直径800mm，管桩直径500mm。预应力管桩采用PHC500壁厚125mm的AB型管桩，长度有15m和24m两种，送桩长度最大为7.5m。

1. 平整场地及桩位测定

（1）使用挖掘机对场地进行平整，清除地上、地下障碍物，具体见图5.1-8。

（2）根据总图坐标对桩位进行测量放线，并对桩位进行定位，用细钢棒和红色塑料袋对桩位进行标记，具体见图5.1-9。

图5.1-8　场地平整

图5.1-9　桩位标记

2. 长螺旋桩机就位

（1）长螺旋桩机选用JZU120履带式桩机，整机外形尺寸长12m、宽5.2m、高38m，钻孔直径≤1000mm，可钻孔深32m，动力头功率180kW，整机质量90000kg，长螺旋桩机见图5.1-10。

图5.1-10　长螺旋桩机

（2）为避免场地下沉影响桩机施工质量，在桩机就位前事先在前端受力处及桩机履带下方铺垫钢板，为长螺旋桩机钻进提供良好作业环境，钻机履带下铺垫钢板见图 5.1-11。

图 5.1-11 钻机履带下铺垫钢板

（3）移动长螺旋桩机到达作业位置，调整桩架垂直度在 1%以内，桩机基坑边就位见图 5.1-12。

图 5.1-12 桩机基坑边就位

（4）控制长螺旋桩机液压操作系统，调整桩机 4 个液压支撑下压，加固长螺旋桩机机身，保持平稳，钻机液压支撑见图 5.1-13。

图 5.1-13 桩机液压支撑状态

3. 高压喷气系统、高压注浆系统连接

(1) 将高压气管连接空气压缩机,选用KD-75A螺杆式空气压缩机,整机外形尺寸为2m×1.4m×2.2m,电机功率为55kW,容积流量为7.6m^3/min,排气压力最大为1.3MPa,确保长螺旋钻进过程中具有足够气压保持喷嘴通畅,高压气管与空气压缩机见图5.1-14。

(2) 高压浆管连接高压注浆泵,注浆泵连接储浆桶,高压注浆泵选用BW-320型泥浆泵,驱动功率30kW,最大流量为320L/min,泵送最大压力为8MPa,水泥浆搅拌站距离桩位超过30m,充足的压力可确保水泥浆体泵送到位。高压浆管与高压注浆泵见图5.1-15。

图5.1-14 气管连接空气压缩机

图5.1-15 浆管连接高压注浆泵

(3) 气管、浆管的另一端均通过单向阀与Y形三通连接,三通直段连接气浆共用管,通过调节浆管、气管的单向阀开关,实现泵浆或送气的切换,管道连接见图5.1-16。

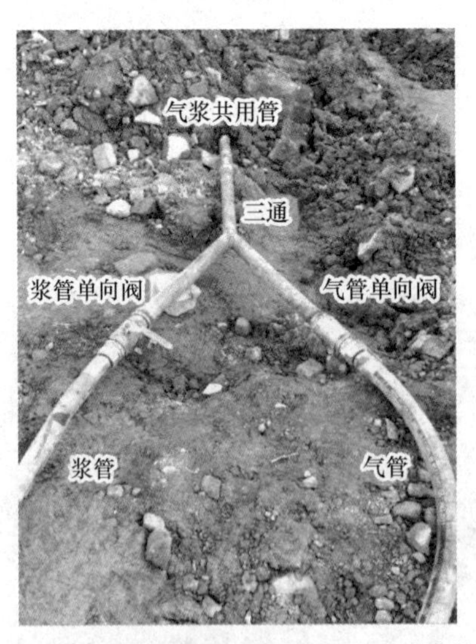

图5.1-16 气管和浆管与Y形三通连接

(4) 气管、浆管、气浆共用管均为同类管,均选用高压胶管,最大工作压力达17MPa,足以耐受空气压缩机及高压注浆泵的最大输送压力。

（5）气浆共用管延伸至长螺旋钻杆动力头，通过动力头连通至钻杆内腔，输送气体或浆体；钻头设有喷嘴，气体、浆体通过喷嘴喷射。气浆共用管与动力头见图 5.1-17。

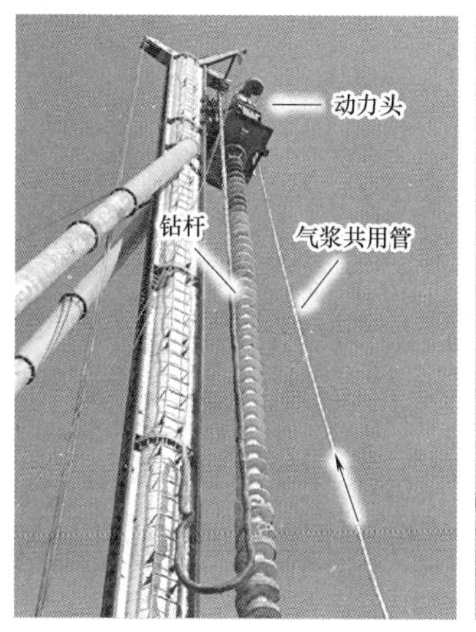

图 5.1-17 气浆共用管与动力头

4. 长螺旋钻进引孔至设计标高

（1）将桩机钻头对准桩位中心，确认平面中心位置，使用 2 台经纬仪互成 90°进行钻杆垂直度监测并校正。

（2）长螺旋钻进前，注浆泵连接清水池，关闭气管单向阀开关，开启浆管单向阀开关，泵送清水对钻杆内部管道及钻头喷嘴进行清洗及疏通，确保钻进时高压气体输送通畅。

（3）清水喷洗后，关闭浆管单向阀开关，开启气管单向阀开关，启动空气压缩机，设置气压为 0.7MPa，保持长螺旋钻头喷嘴喷气，防止钻头在钻进过程中泥土进入喷嘴造成堵塞，单向阀开关切换泵送气体见图 5.1-18。

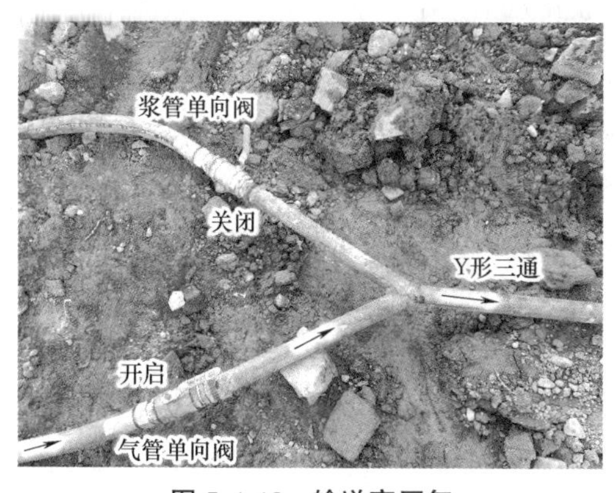

图 5.1-18 输送高压气

（4）启动长螺旋钻机钻进，初始钻进深度未超过 3m 时，降低钻杆转速，使钻头平稳钻进，长螺旋钻进见图 5.1-19。

图 5.1-19　长螺旋钻进

（5）为加快引孔速度，在黏性地层采用斗齿钻头，具体见图 5.1-20；遇坚硬土层时更换截齿钻头，具体见图 5.1-21。

图 5.1-20　斗齿钻头

图 5.1-21　截齿钻头

5. 制浆搅拌输送

（1）采用 P・O42.5 水泥制浆，为保证供浆及时，现场设置两个搅浆桶，在搅浆桶内搅拌均匀后，经筛过滤后放入储浆桶中，水泥浆搅拌见图 5.1-22。储浆桶对水泥浆进行不间断搅拌，防止水泥浆沉淀；桶口铺设网状钢筋，防止操作人员掉落。储浆桶见图 5.1-23。

（2）水泥浆搅拌完成后，制作水泥浆体试块，按照每台设备每台班一组，试块规格 70.7mm×70.7mm×70.7mm，具体见图 5.1-24。

图 5.1-22 水泥浆搅拌

图 5.1-23 储浆桶

图 5.1-24 水泥浆体试块制作

6. 钻杆提升及注浆至桩顶标高

（1）长螺旋钻孔至设计标高后，关闭气管单向阀停止送气，开启浆管单向阀开关，具体见图 5.1-25。启动高压注浆泵，注浆压力为 0.5MPa，在孔底定喷 2min，使孔底充分注浆，防止桩底发生颈缩。

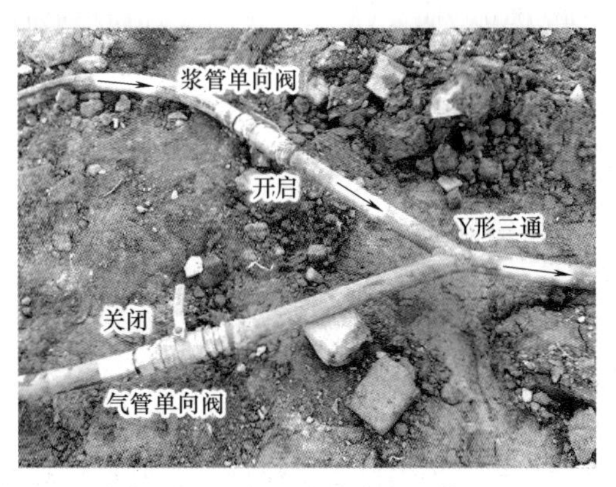

图 5.1-25 输送高压浆体

（2）长螺旋桩机控制卷扬机和动力头提升长螺旋钻杆，边提升钻杆边喷射注浆，提钻速度控制在 0.5m/min 以内，同时控制注浆泵流量，保证浆液流量与提速相匹配。

（3）当长螺旋钻杆钻头提升至桩顶标高，关闭浆管单向阀和高压注浆泵停止注浆，黏性土地层注浆成孔效果见图 5.1-26，淤泥质土注浆成孔效果见图 5.1-27。

图 5.1-26　黏性土地层注浆成孔效果

图 5.1-27　淤泥质土注浆成孔效果

7. 长螺旋桩机移位

（1）将长螺旋桩机 4 个支撑上提，控制长螺旋桩机履带行走后退，为后续植桩施工让出工作面，长螺旋桩机移位见图 5.1-28。

（2）及时泵送清水清洗浆管和喷嘴，将管道内残留的水泥浆清理干净，防止水泥浆固化堵塞管道，清洗钻头喷嘴见图 5.1-29。

图 5.1-28　长螺旋桩机移位

图 5.1-29　清洗钻头喷嘴

8. 管桩工艺孔内接长

（1）本实例管桩设计长度分别为 15m 和 24m，24m 长度管桩需进行焊接接长。

（2）由于管桩长度较长，平地焊接接长后，起吊管桩有一定难度，为便于对管桩进行接长处理，在地面上施工工艺孔，并采用钢护筒进行护壁，其孔径 600mm，孔深 15m。

（3）管桩接长时，采用起重机将第一节管桩吊入工艺孔，并在孔口固定，直接在工艺孔内进行接长，工艺孔见图 5.1-30，管桩孔口固定见图 5.1-31。

（4）管桩首尾端部自带端板，端板设有焊接坡口，管桩端板及坡口见图 5.1-32。

（5）起吊第二节管桩至第一节管桩上部，使其与第一节管桩对齐后进行焊接作业。管桩焊接采用二氧化碳气体保护电弧焊，管桩焊接见图 5.1-33；焊接后，使用沥青涂抹焊缝处以防止腐蚀，焊接效果见图 5.1-34。

图 5.1-30 工艺孔

图 5.1-31 管桩孔口固定

图 5.1-32 管桩端板及坡口

图 5.1-33 管桩焊接

图 5.1-34 管桩焊接接长效果

9. 起重机吊放管桩至浆孔

（1）管桩起吊前，使用钢丝沿管桩环形绑扎，并对称布置4个120mm长的方形保护块作为管桩的保护定位装置，使管桩植入浆孔时垂直居中，与水泥土桩中心重合，并保证管桩保护层厚度不小于120mm。每根管桩至少设置2个定位装置，定位装置见图5.1-35。

图5.1-35　管桩桩身定位装置

（2）使用起重机将管桩起吊至浆孔内，人工辅助配合将管桩对准桩位，垂直缓慢下放，吊放过程设专人监测垂直度，确保管桩垂直度偏差在允许范围内，直至将管桩下放至高于孔口2m左右，起重机保持管桩起吊状态。管桩吊放见图5.1-36。

图5.1-36　吊放管桩至浆孔

10. 铲斗与吊装带固定管桩及松脱吊钩

（1）为使管桩完全植入浆孔，使用挖掘机铲斗、吊装带和钢丝绳进行配合替代起重机完成管桩后续植入。其中，吊装带选用最大吊装吨位为10t的橘红色吊装带，以承载管桩自身重量。钢丝绳和吊装带分别见图5.1-37、图5.1-38。

（2）操作时，先将钢丝绳一端圆环套进吊装带中部，使钢丝绳和吊装带形成连系，具体见图5.1-39；然后，使用吊装带环绕桩身，吊装带一端穿过自身另一端圆环并打活结，绳带环绕打结示意见图5.1-40，拉紧吊装带使绳结绑紧管桩见图5.1-41。

图 5.1-37 钢丝绳

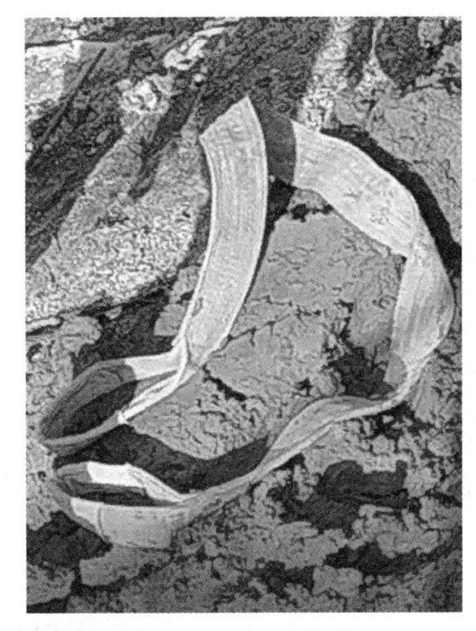

图 5.1-38 吊装带

图 5.1-39 钢丝绳套进吊装带

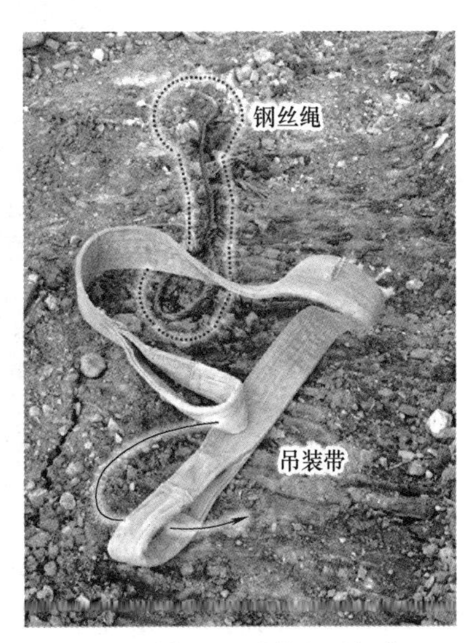

图 5.1-40 吊装带绳结捆绑

图 5.1-41 吊装带捆绑管桩

（3）将钢丝绳另一端勾住挖掘机铲斗挂钩，具体见图5.1-42；吊装带自由端勾住铲斗斗齿，使挖掘机牵拉吊装带，具体见图5.1-43。钢丝绳、吊装带与铲斗相互配合见图5.1-44。

图5.1-42　钢丝绳挂钩铲斗挂钩

图5.1-43　吊装带挂钩铲斗斗齿

图5.1-44　钢丝绳、吊装带与铲斗配合

（4）将保持起吊状态的管桩进一步下放入浆孔，直至绳带完全承受管桩的重量，此时松开并摘除垂直方向的吊钩吊绳，吊钩吊绳摘钩过程见图5.1-45。

图5.1-45　绳带承压后摘除吊钩过程

11. 铲斗松脱吊装带使管桩自重式植入

(1) 松开起重机垂直吊钩后，挖掘机铲斗钩住吊装带向上提拉管桩，使管桩拥有足够的重力势能产生冲击力落入孔底，铲斗提拉管桩见图 5.1-46。

图 5.1-46 铲斗提拉管桩

(2) 管桩被提拉高度超过 1m 左右后，将钩挂住吊装带的铲斗斗齿向下，使吊装带从铲斗斗齿松脱，管桩在自重作用下开始朝孔底下落，具体见图 5.1-47。

图 5.1-47 铲斗松脱吊装带使管桩下落

12. 钢丝绳牵引吊装带及植桩

(1) 吊装带松脱瞬间，管桩自由下落孔中，由于钢丝绳一端固定在铲斗背部，另一端套进吊装带，当吊装带松脱并跟随管桩下落时，钢丝绳对吊装带形成牵引作用，将吊装带活结打开，使管桩完全松脱自由植入孔底，并使吊带留置于孔口。钢丝绳牵引吊装带过程见图 5.1-48。

图 5.1-48 钢丝绳牵引吊装带

（2）移开挖掘机及铲斗，将钢丝绳、吊装带回收，清洗干净后下一桩孔再使用。

13. 送桩器吊入工艺孔内

（1）管桩植入孔底后采用送桩器送桩，送桩器长 10m，顶部设翼板，底部设十字桩靴，桩靴插入管桩口，便于送桩器激振力传递至管桩。送桩器见图 5.1-49，送桩器底部桩靴见图 5.1-50。

图 5.1-49 送桩器

图 5.1-50 送桩器底部桩靴

（2）起吊送桩器前，在送桩器上作红色标记，以确定桩顶标高。

（3）将送桩器吊放至工艺孔内，并解开吊钩，送桩器上部翼缘大于孔口，底部悬空，具体见图 5.1-51。

14. 振动锤工艺孔内夹持送桩器

（1）振动器选用 DZ-60 振动锤，其激振力为 492kN、振幅 7.0mm，足以将管桩振送至设计标高，振动锤见图 5.1-52。

图 5.1-51 送桩器吊入工艺孔

图 5.1-52 振动锤

（2）起吊振动锤，移至送桩器上部，控制振动锤夹具夹持送桩器顶部翼板，振动锤工艺孔内夹持送桩器见图 5.1-53。

图 5.1-53 振动锤工艺孔内夹持送桩器

15. 送桩器与振动锤送桩至持力层

（1）起吊振动锤和送桩器至浆孔内，缓慢下放送桩器，直至送桩器与管桩顶部接触，调整送桩器底部管靴，使管靴与管桩顶面吻合。

（2）启动振动锤振动送桩器，当振动送桩困难时，可调节振动锤频率加大激振力进行送桩。当送桩器红色标记处高出地面 1m 时，即代表管桩已贯入至桩端持力层。振动锤辅助送桩见图 5.1-54。

16. 植桩养护

（1）植桩至设计标高后，缓慢提升送桩器至孔外，完成植桩。

（2）对水泥土桩和管桩进行养护，养护时间为 28d；养护至龄期后进行开挖，形成的水泥土复合管桩效果见图 5.1-55。

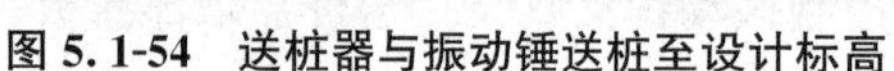
图 5.1-54 送桩器与振动锤送桩至设计标高

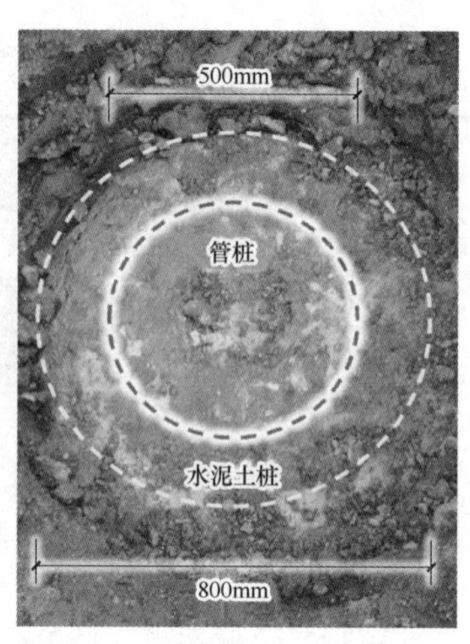

图 5.1-55 管桩与水泥土桩结合

5.1.7 机械设备配置

本工艺现场施工所涉及的主要机械设备见表 5.1-1。

主要机械设备配置表　　表 5.1-1

序　号	设备名称	型　号	备　注
1	长螺旋桩机	JZU120	钻进引孔注浆
2	振动锤	DZ-60	振动辅助送桩
3	空气压缩机	KD-75	泵送气体
4	高压注浆泵	BW-320	泵送水泥浆
5	二氧化碳气保焊机	NBC-500F	焊接管桩
6	送桩器	直径 500mm	送桩
7	履带式起重机	XGC55	吊放管桩、振动锤等
8	挖掘机	SY305H	平整场地
9	全站仪	NIROPTS	桩位测量放线

5.1.8 质量控制

1. 管桩接长

(1) 管桩外观无蜂窝、漏筋、裂缝，色感均匀，桩顶处无空隙。

(2) 管桩接长采用桩顶端板圆周坡口槽焊接，上下节桩接头端板表面用钢丝刷清刷干净并保持干燥，坡口处洗刷至露出金属光泽。

(3) 下节桩的桩头高出地面 0.5～1.0m，便于孔口接长操作。

(4) 接桩时，上下节桩身对中错位不大于 2mm。接头处两端面紧密贴合，不出现间隙，严禁在接头间隙中填塞杂物。

(5) 焊接前，清洗接口处砂浆、铁锈和油污等杂质，保持端部和坡口表面平整光滑。

(6) 采用二氧化碳气体保护电弧焊焊接，焊缝连续饱满。

（7）焊接接头严禁用水冷却，自然冷却时间不少于8min。

（8）焊缝及其上下30cm区域均匀涂抹沥青防腐剂，防止管桩接缝腐蚀。

2. 长螺旋引孔及注浆

（1）长螺旋钻进前，先喷水保持管路通畅；引孔时，空压机高压气送至管路、喷嘴，防止管路堵塞。

（2）长螺旋钻进就位时，桩孔中心点水平位移偏差不大于20mm；引孔时长螺旋钻杆和钻孔垂直度精度偏差小于1%。

（3）钻进引孔至设计标高后，钻机在孔底慢慢旋转喷射注浆2min，使孔底水泥浆足够充足，防止发生颈缩。

（4）水泥浆严格按照水∶水泥∶膨润土∶RCYT-1防辐射添加剂＝2.1∶1∶0.5∶0.01配合比进行配制，水泥浆水胶比1.4，浆液相对密度1.30。

（5）注浆泵泵头用细目纱网罩罩住，防止粗颗粒物进入而堵塞钻头喷嘴。

（6）在注浆过程中，防止水泥浆离析沉淀，搅拌时间超过4h的水泥浆液不可再使用。

（7）边提升钻杆边注浆，提升速度小于0.5m/min，并严格保证注浆压力及注浆量，对深层硬土，为避免桩身尺寸减小，采取提高注浆压力、泵量或降低回转、提升速度措施。

（8）气管、浆管等输送管线保持密封和畅通，如出现泄漏或堵塞，则立即排除；若钻机发生故障，立即停止提升钻杆和注浆，并立即检修排除故障；重新正常喷射时，上下段桩的搭接长度不小于100mm。

（9）喷射注浆完毕后，高压管立即用清水冲洗，注浆泵、管路、搅拌机均用清水清洗干净。

3. 预应力管桩植桩

（1）长螺旋引孔、注浆后，随即进行植桩施工。

（2）在管桩桩身安装不少于2个方形保护定位块，便于管桩居中植入。

（3）15m长度管桩采用两点起吊，吊绳与桩夹角不大于45°，24m长度的管桩采用四点起吊。

（4）采用两台经纬仪相互交叉成90°监测，以控制植桩时管桩桩身垂直度。

（5）送桩前，检查送桩器底部是否完好平整。

（6）根据地面标高及送桩器长度确定管桩桩顶标高，误差≤5cm。

（7）振动锤夹持送桩器辅助送桩，振动锤频率按实际送桩效果进行调整。

5.1.9 安全措施

1. 管桩接长

（1）吊放管桩前，检查吊具、钢丝绳、吊点等是否牢靠。

（2）管桩吊放过程派专人指挥，吊放区域非操作人员禁止入内；管桩上、下节对中接长时，保持起重机起吊状态。

（3）焊接作业前，二氧化碳气体预热15min；开气时，操作人员站在瓶嘴侧面，以防喷伤。

2. 长螺旋引孔及注浆

（1）长螺旋钻机桩架高，行走时沿路预先平整压实，并铺设钢板垫，确保钻机稳定。

（2）长螺旋桩机移动时，设专人扶正气浆共用高压管和电源线，避免管线被拉扯损坏。

（3）钻进引孔过程中，现场人员保持安全距离，以免长螺旋钻杆表面附着的泥土掉落伤人。

（4）高压泥浆泵、空压机、高压清水泵指定专人操作，压力表按期检修检定，以保证正常工作。高压注浆泵运转时，操作人员精力集中，观察仪表各项参数，如水温、机油压力、转速、注浆压力等是否正常。

（5）作业人员按要求佩戴防护用品，浆液进入眼、鼻及口腔时立即采用清水清洗处理。

（6）引孔注浆后，若未及时进行管桩植桩施工，先对孔口铺设网状钢筋网，防止施工人员不慎掉落。

3. 预应力管桩植桩

（1）吊放管桩和振动锤的移动区域，禁止无关人员停留和经过。

（2）检查振动锤夹具、各连接螺栓螺母的紧固性，不得在紧固性不足的状态下启动。

（3）振动锤辅助送桩过程中，作业一定水平距离禁止人员靠近。

（4）复合管桩植桩完成后，孔口设置明显标志并及时覆盖，防止人员掉入管桩内或水泥孔中。

5.2　填海区大直径单节超长管桩高桩架限位与液压冲锤沉桩技术

5.2.1　引言

深圳机场三跑道扩建工程场地陆域形成及软基处理工程（灯光带基础）项目位于深圳机场二跑道和沿江高速之间，灯光带基础总长266.5m，场地宽仅25m，地层分布从上至下依次为：填土、淤泥、砂质黏土、中粗砂、粉质黏土、全风化混合花岗岩、强风化混合花岗岩，基础设计采用直径800mm的预应力管桩，平均沉桩深度28m，桩端入强风化混合花岗岩为持力层。因场地位于填海造地区域，地下水呈中等腐蚀性，为避免管桩接长接头处受海水侵蚀影响桩身质量，设计采用单根超长预应力管桩成桩。

目前，预应力管桩沉桩通常采用锤击和静压两种施工工艺。锤击法常以桩锤安装至打桩架上集成一体，对预应力管桩进行锤击沉桩，最大沉桩深度取决于安装桩锤后桩架的有效高度。根据设计的桩径、桩长，以及现有管桩施工设备的情况，采用常规打桩架受限于桩架有效高度，而无法对大直径超长管桩进行施工，需选用立柱高达40m的大型打桩架方能满足本项目的施工要求；然而过高的桩架施工安全性差，且整机平面尺寸大、重量大，对于本项目地层软弱且狭长的场地而言，难以顺利开展沉桩工作；加之通常的冲击锤能量相对小，施工超长桩锤击数过多，易造成桩头爆裂。当采用静压法施工时，由于本项目要求整节超长管桩一次性沉入、静压桩机所提供的静压力有限，难以满足超长桩静压力值要求；同时，由于本场地为填筑而成，上部分布一定数量的块石，静压过程中容易受阻。

通过以上综合分析，本项目管桩直径大、单根管桩超长、沉入时受到的桩侧摩阻力大，现有沉桩工艺均难以满足施工要求。为解决上述大直径超长预应力管桩沉桩难、工效低、质量难控制等问题，项目组对“填海填石区大直径单节超长预应力管桩高桩架限位与液压冲锤沉桩技术”进行了研究，将通常预应力管桩机的桩架与桩锤分离，在打桩架加装上、下管桩限位抱箍对管桩进行限位，确保管桩沉桩时满足垂直度要求；通过起吊液压冲击锤，使其成为独立的锤击动力源，对桩架上已就位的管桩施加大能量冲击，并采用特制敞开式导向桩尖，便于管桩穿越上部填石层；同时，在管桩桩身设置一定数量的双向泄压孔，避免超深管桩锤击过程地下孔隙水应力集中消散难、桩身抗浮和管桩爆裂，确保管桩顺利沉入至设计标高。本工艺经项目实际应用，达到了质量可靠、施工高效、成本经济的效果，为大直径深桩长预应力管桩施工提供了一种新的工艺方法，并形成了施工新技术，拓宽了预应力管桩的使用范围，取得了显著的社会和经济效益。

5.2.2 工艺特点

1. 质量可靠

本工艺采用单根超长预应力管桩设计，避免接头被海水腐蚀影响桩身质量，并在桩身设置双向泄压孔，削减管桩在液压冲击沉桩过程的集中应力，防止桩身上浮和爆裂；同时，通过沉桩限位架的限位抱箍对管桩进行固定限位，实现对沉桩垂直度的有效控制，确保施工质量满足要求。

2. 施工高效

本工艺通过起吊液压冲击锤对大直径超长预应力管桩进行沉桩，巨大的冲击能量配合特制的敞开式导向桩尖，使管桩具有更好的导向性和穿透填石能力，实现管桩快速沉入至设计标高；此外，单根超长预应力管桩省去焊接接长耗时，有效节省沉桩施工时间，整体施工快捷高效。

3. 成本经济

本工艺沉桩限位架改装成本低，管桩沉桩过程有效限位，有效避免管桩倾斜导致返工而消耗额外人力、物力；同时，单根桩沉桩无需焊接接长，节省焊接耗材；另外，通过液压冲击锤锤击沉桩，现场施工便捷高效，投入现场施工所需设备种类少，现场管理简单，总体综合成本经济。

5.2.3 适用范围

（1）适用于直径≤800mm、单根桩长≤40m 的预应力管桩沉桩施工；（2）适用于素填土、杂填土、淤泥质土、粉土、黏性土、砂土、强风化层，上部填石粒径不大于 50cm 的场地；（3）适用于液压冲击锤能量不小于 120kN・m 的冲击沉桩。

5.2.4 工艺原理

采用本工艺顺利完成了填海区大直径单节超长预应力管桩沉桩施工，其关键技术包括以下四部分：一是超长预应力管桩固定与垂直度控制技术，二是独立液压冲击锤沉桩技术，三是敞开式导向桩尖穿透沉桩技术，四是管桩双向泄压孔应力集中消散、防爆技术。

1. 超长预应力管桩固定与垂直度控制原理

本工艺采用普通的JB120B步履式预应力管桩打桩机，在其桩架立柱的基础上加设上、下两个抱箍组装成沉桩限位架，桩架限位示意见图5.2-1。沉桩限位架高度26m，最大沉桩深度35m，整机尺寸为13.7m×9m，机体稳定性好、接地比压小。通过上、下抱箍对管桩进行固定，抱箍直径比管桩直径大1cm，通过松卸或紧固螺栓可实现结构的开合，便于起重机安装管桩至沉桩限位架，抱箍结构见图5.2-2。下抱箍通过焊接固定在立柱端部，上抱箍可通过卷扬机实现上下活动，在沉桩时可跟随管桩沉入同步下移，以保持对管桩进行垂直度控制。

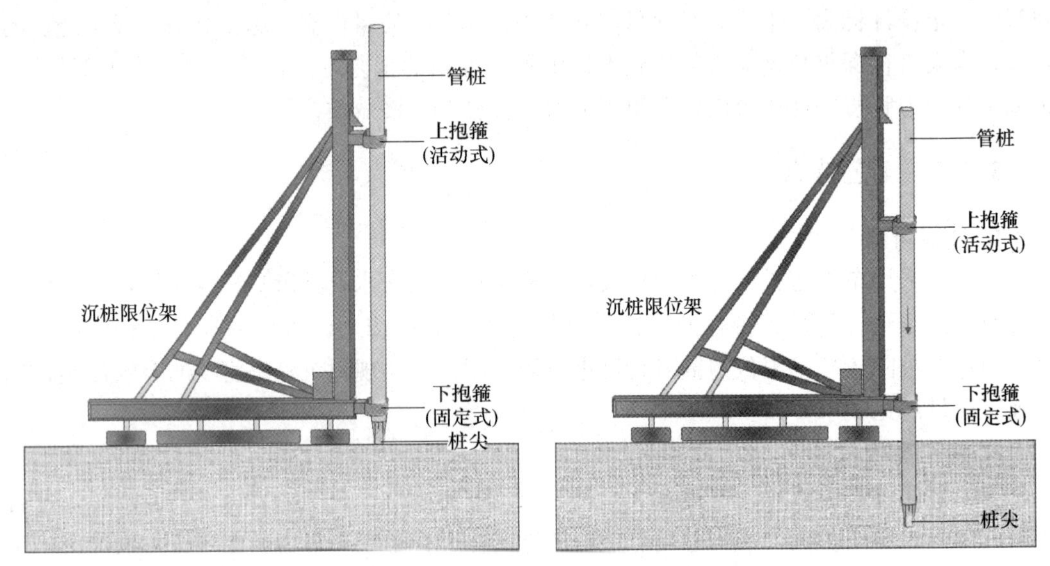

图5.2-1　桩架上、下抱箍限位示意图

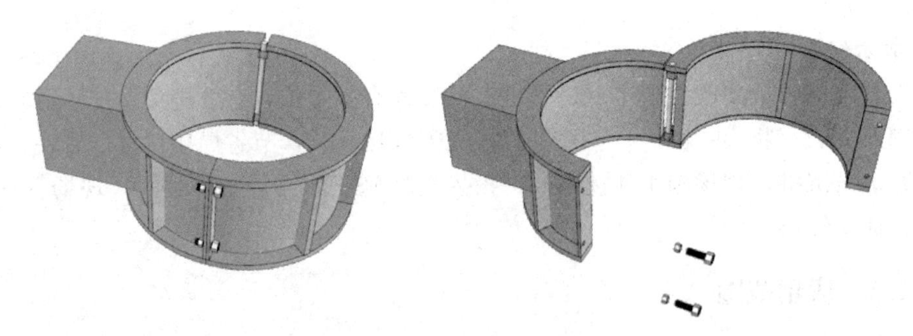

图5.2-2　抱箍结构示意图

2. 独立液压冲击锤沉桩原理

本工艺将普通管桩机的冲击锤从桩架上分离，通过起吊HHP16液压冲击锤对管桩进行冲击沉桩，避免了桩架对冲击锤升高作业的约束。冲击锤芯重量达16t，最大行程1.5m，最大击打能量可达240kN·m，足以使大直径超长管桩顺利贯入至设计标高，冲击锤体见图5.2-3。锤体底部加装长度1.5m的锤帽，管桩嵌入锤帽，起锤沉桩稳定后，起重机放松吊索，锤体通过锤帽固定在管桩顶端。沉桩时，锤芯通过液压系统被提升到预定高度后快速落下冲击管桩，管桩与安装在底部的桩尖配合，使管桩快速贯入土体；同时，液压冲击锤紧贴管桩自行同步落下，通过重复冲击吊打直至将大直径超长预应力管桩沉桩至设计标高，具体见图 5.2-4。

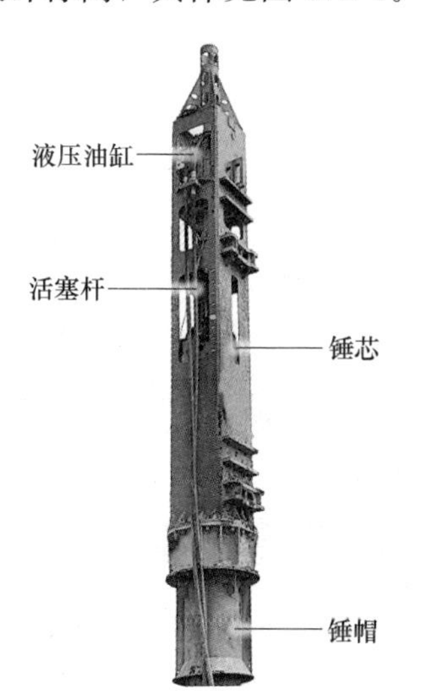

图 5.2-3　液压冲击锤

图 5.2-4　冲击锤沉桩

3. 敞开式导向桩尖穿透沉桩原理

考虑到本项目超长预应力管桩下沉时摩阻力大，以及上部填土中分布一定数量的填石，本工艺在管桩底部安装特制的敞开式导向桩尖，其外径 640mm，桩尖尖端作用面小，有效提升管桩的穿透能力，便于顺利穿过场地填筑时的块石；同时，桩尖长 2m，可充分为冲击沉桩提供垂直导向作用，使管桩沉桩垂直度满足施工要求，桩尖具体见图 5.2-5、图 5.2-6。

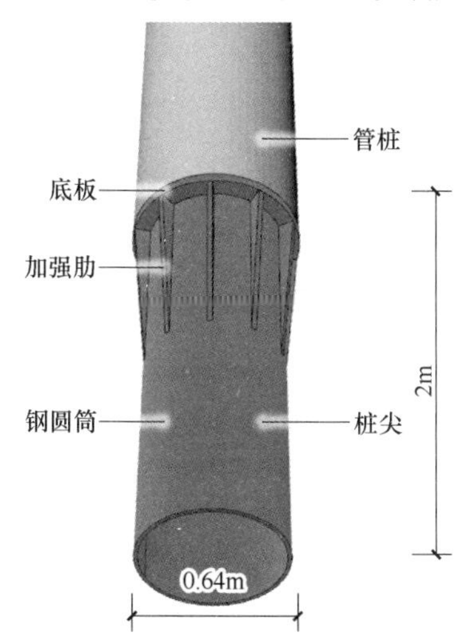

图 5.2-5　管桩敞开式导向桩尖示意图

图 5.2-6　管桩敞开式导向桩尖

4. 管桩双向泄压孔应力集中消散、防爆原理

本项目超深预应力管桩在成桩过程中，随着下沉深度的增加，所遇到的地下孔隙水应力集中且产生较大浮力，增加了管桩的下沉难度；为达到桩管收锤标准，在锤击数增加时，容易出现爆管、桩头开裂，致使管桩报废。

针对在管桩沉桩过程中遇到的地下孔隙水应力集中消散难、桩身抗浮和防爆问题，本工艺在桩身顶端、中部、底部区域设置了直径 60mm 双向泄压孔，泄压孔布置见图 5.2-7、图 5.2-8。沉桩时，土压、水压均可通过泄压孔进行有效释放，防止压力过度集中，确保大直径超长预应力管桩顺利沉桩。

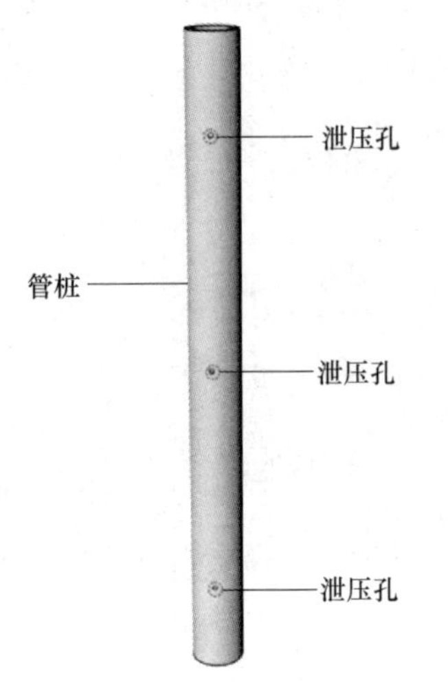

图 5.2-7　双向泄压孔布置示意图

图 5.2-8　双向泄压孔

5.2.5　施工工艺流程

复杂填海陆域区大直径单节超长预应力管桩高桩架限位与液压冲锤沉桩施工工艺流程见图 5.2-9。

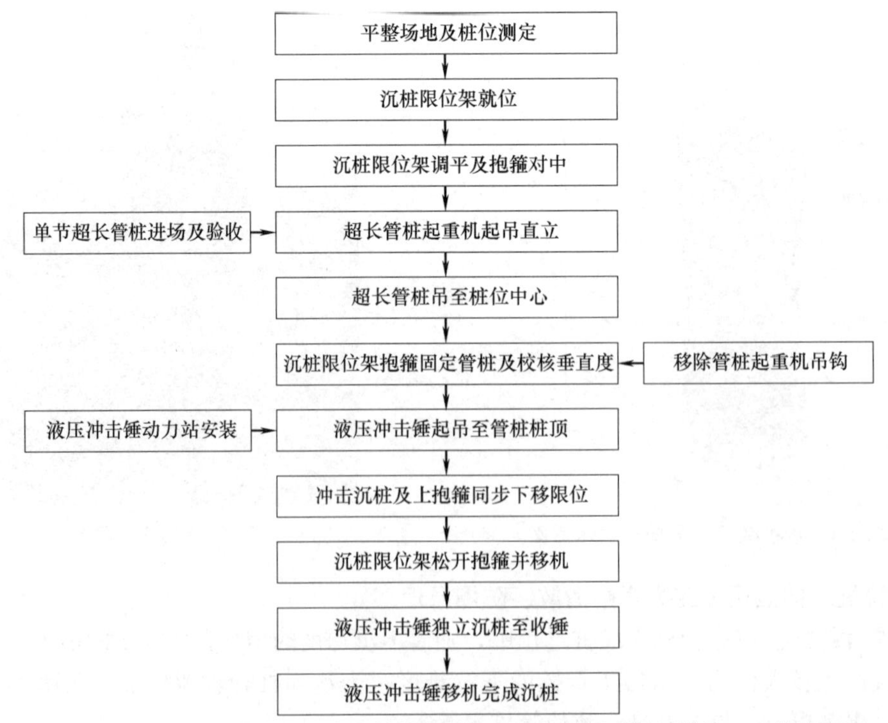

图 5.2-9　大直径单节超长预应力管桩高桩架限位与液压冲锤沉桩施工工艺流程图

5.2.6　工序操作要点

本工艺以深圳机场三跑道扩建工程场地陆域形成及软基处理工程（灯光带基础）为例，基础采用直径800mm、壁厚130mm的B型PHC管桩，单根长度28m，底部设2m敞开式导向钢桩尖，桩端入强风化混合花岗岩为持力层。

1. 平整场地及桩位测定

（1）使用挖掘机平整场地，清除地下障碍物，对松软填土进行换填处理并压实。

（2）根据总图坐标对桩位进行测量放线，对桩位进行定位，并引出中心点十字交叉线。

（3）在桩位处预先挖约30cm浅坑，以便后续管桩压入，并重新利用十字交叉线复核桩位，做好标识。

2. 步履式打桩机就位

（1）步履式打桩机底盘设有前后长船和短船，通过液压系统可驱动沉桩限位架纵向、横向移动或回转，控制打桩机行走至桩位，步履式打桩机行走见图5.2-10。

（2）步履式打桩机就位时，在短船下方铺垫钢板，以防在松软土层工作时机器下沉，步履式打桩机铺垫钢板见图5.2-11。

图5.2-10　步履式打桩机

图5.2-11　步履式打桩机铺垫钢板

3. 沉桩限位架调平及抱箍对中

（1）打桩机就位时，控制沉桩限位架抱箍圆心对准桩位中心，具体见图5.2-12。

（2）为保证沉桩的垂直度，沉桩前通过调整打桩机伸缩前、后支腿的高低差以调平沉桩限位架。

4. 单节超长管桩进场及验收

（1）本项目预应力管桩采用单节超长管桩设计，选用广东江门生产的裕大牌管桩，直径800mm、壁厚130mm，单根长度28m。现场预应力管桩见图5.2-13。

（2）管桩底部设敞开式导向桩尖，桩尖在工厂定制并焊接至管桩底部，桩尖长2m，由钢圆筒、底板和若干个加强肋板焊接而成，桩尖见图5.2-14。

图5.2-12　限位抱箍圆心对准桩位中心

图 5.2-13　现场预应力管桩

图 5.2-14　敞开式导向桩尖

图 5.2-15　管桩现场单层堆放

（3）管桩进场时，检查出厂合格证，并对管桩外观进行检查，以及对管桩长度、外径、壁厚、桩端部倾斜、端板端面平面度、泄压孔等进行检查，结果符合标准要求后进行验收。

（4）管桩堆放场地坚实平整，管桩以单节整长、单层堆放，管桩桩身下部采用多支垫垫放，具体见图 5.2-15。

5. 超长管桩起重机起吊直立

（1）现场采用 SANY SC2000A 起重机，以两点起吊法将超长管桩从管桩堆放区起吊至吊装区域，桩尖处系麻绳以便平吊时进行人为牵拉引导管桩自身朝向，管桩平吊和牵拉引导分别见图 5.2-16，图 5.2-17。

图 5.2-16 管桩平吊

图 5.2-17 牵拉引导管桩

（2）管桩吊放至吊装区域后，桩身采用三支点衬垫，并设楔形垫木固定，以避免管桩滚动，桩身垫设楔形垫木见图 5.2-18。

图 5.2-18 桩身衬垫及管桩楔形实木固定

（3）起吊前，起重机主钩于管桩桩身上、中下部设置两个吊点，副钩设一个吊点于桩身底部，桩尖同样系麻绳作牵拉引导。

（4）吊环与吊索之间设自动脱绳装置，装置含提引部、脱销部和钢缆绳，吊环穿过提引部顶端扣孔，吊索则套进销轴，销轴承受起吊物重量，在受力时销轴锁死；当吊索松弛时，通过拉动钢缆绳可使脱销部内部销轴移位，从而松脱吊索。脱绳装置见图 5.2-19，吊环与吊索连接脱绳装置见图 5.2-20。

（5）起吊时，首先以三吊点低位平吊，保持管桩重心平衡；待管桩起吊至距离地面 1.0m 左右时，副钩卷扬机停止收拉，主钩继续缓慢起吊，同时人为牵绳拉引桩尖控制管桩朝向，调整管桩重心使其下移至管桩底部，使超长管桩从平躺状态转为直立状态，超长管桩起吊直立过程见图 5.2-21。

6. 超长管桩吊至桩位中心

（1）将超长管桩三点起吊直立后保持起吊状态，将桩尖处牵引麻绳松开，随即将管桩吊往桩位中心，起吊过程见图 5.2-22。

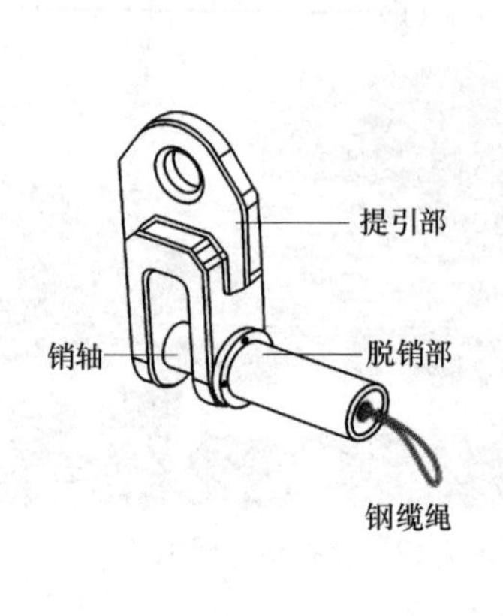

图5.2-19　自动脱绳装置示意图与实物

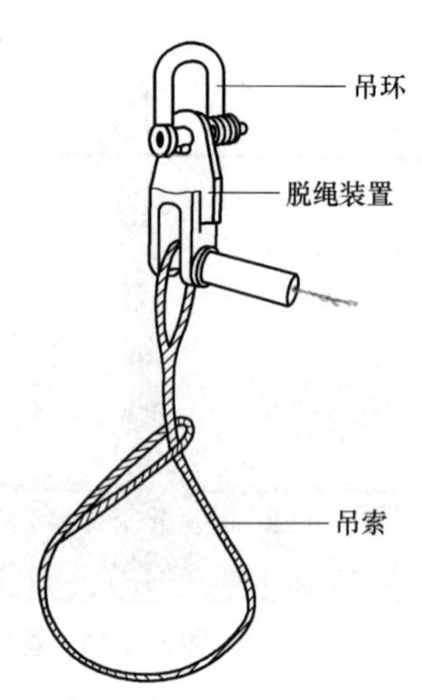

图5.2-20　吊环与吊索连接脱绳装置

(a) 平吊管桩轴向正对吊车前方

(b) 三点起吊调整管桩重心

(c) 超长管桩直立

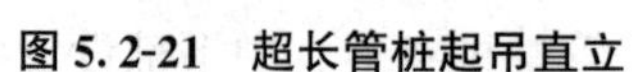

图5.2-21　超长管桩起吊直立

图5.2-22　超长管桩吊往桩位中心

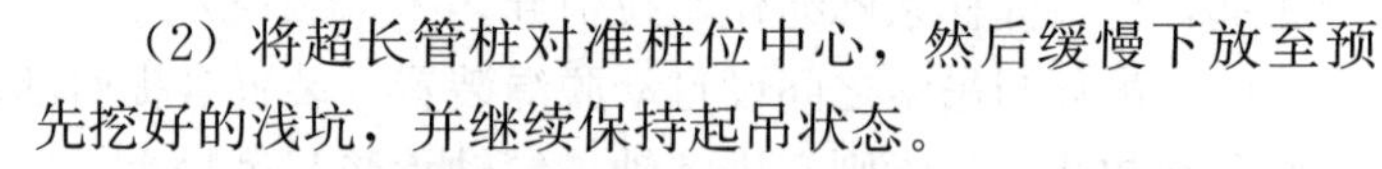

（2）将超长管桩对准桩位中心，然后缓慢下放至预先挖好的浅坑，并继续保持起吊状态。

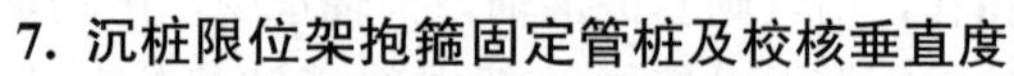

7. 沉桩限位架抱箍固定管桩及校核垂直度

（1）当管桩吊往桩位中心就位后，将上、下抱箍合拢，并拧紧抱箍螺栓将管桩固定；通过卷扬机将上抱箍上升至最高处，形成上抱箍、下抱箍两点位对管桩进行有效限位，具体见图5.2-23。

（2）利用桩位十字交叉定位点，用钢尺多方位校核管桩中心点偏差，若发现定位偏差超标则移动桩机对沉桩限位架进行调整，以确保管桩定位准确，管桩定位校核见图5.2-24。

（3）管桩于中心点就位后，在管桩两个垂直方向吊

图 5.2-23　沉桩限位架上、下抱箍限位

图 5.2-24　管桩定位校核

垂线对管桩桩身垂直度进行观测，并通过桩机液压系统微调桩架，对管桩垂直度进行校核，直至满足设计要求，管桩垂直度校核见图 5.2-25。

图 5.2-25　管桩垂直度校核

8. 移除管桩起重机吊钩

(1) 管桩垂直度校正后，松弛管桩顶部的起吊吊钩，由于管桩上部填土松散，管桩依靠自重压入浅坑内约 3m，具体见图 5.2-26。

图 5.2-26　松弛吊钩后管桩自重沉入

(2) 当管桩靠自重无法再沉入后，通过自动脱钩装置，在地面拉动连接脱钩装置的钢缆绳，将管桩吊索松脱而移除吊钩；此时，由土体完全支撑管桩重量，同时沉桩限位架将管桩固定。

9. 液压冲击锤动力站安装

(1) 液压冲击锤作为独立动力源，其动力站单独放置于地面。液压动力站采用 EP300 型，通过电力驱动，总电机功率 235kW，额定压力 26MPa，最大流量达 623L/min，液压油箱 1530L，具有强劲的持续动力输出。

(2) 液压动力站通过高压油管连接液压冲击锤，并为液压冲击锤提供能量，高压油管长度 50m，满足液压冲击锤竖直方向吊打锤击超长管桩施工要求；动力站跟随打桩方向进行起吊移位，确保水平方向满足施工要求。液压冲击锤与动力站连接见图 5.2-27。

图 5.2-27　液压冲击锤与动力站连接

10. 起吊液压冲击锤至管桩桩顶

(1) 起重机主钩单点起吊与动力站连接就绪的液压冲击锤，将其吊至管桩顶，起重机副钩起吊液压油管，以防油管在施工过程拉扯。

(2) 液压冲击锤锤帽对准管桩桩顶，起重机缓慢下放，锤体通过锤帽固定在管桩顶端，其重量完全由管桩支撑。液压冲击锤吊放至管桩顶见图 5.2-28。

图 5.2-28　冲击锤吊放至管桩顶

11. 冲击沉桩及上抱箍同步下移限位

(1) 启动液压冲击锤，开始施打时，控制锤芯以小行程低锤轻击管桩；起锤稳桩后，再将行程调整为 0.75m 正常施打，行程可通过行程调节旋钮和发动机转速进行调节。

(2) 冲击沉桩过程，随着管桩下沉，桩架上的上抱箍沿着立柱同步下移，上抱箍与管桩顶部的距离保持在 4m 左右，与下抱箍共同固定管桩，冲击沉桩及上抱箍同步下移限位见图 5.2-29。

图 5.2-29　冲击沉桩及上抱箍同步下移限位

（3）管桩桩身设有双向泄压孔，当沉桩至泄压孔位置时，对泄压孔进行疏通，防止泥土堵塞孔道，确保泄压孔有效发挥作用，泄压孔见图5.2-30。

12. 沉桩限位架松开抱箍并移机

（1）沉桩时，上抱箍随管桩沉桩同步下移限位，并逐步向下抱箍贴近。

（2）当上抱箍下移至距离下抱箍1m左右，且上抱箍与管桩顶部距离不足4m时，将上、下抱箍松开，解除对管桩的限制，以便液压冲击锤继续将管桩沉至设计标高，上、下抱箍靠近后松开见图5.2-31。

图5.2-30　管桩双向泄压孔

图5.2-31　上抱箍、下抱箍靠近后松开

（3）通过液压系统控制沉桩限位架移开桩位，钻机及桩架移位见图5.2-32。

13. 液压冲击锤独立沉桩至收锤

（1）上、下抱箍松开后，管桩大部分已经沉入地层中，其垂直度已得到有效控制，后续余下长度的管桩采用液压冲击锤沉桩，液压冲击锤独立沉桩见图5.2-33。

图5.2-32　钻机及桩架移位

图5.2-33　液压冲击锤独立沉桩

（2）液压冲击锤沉桩至收锤，收锤标准以设计桩端持力层和经试桩确定的最后三阵贯

入度为控制标准，每阵十锤的平均贯入度不大于 50mm。

14. 液压冲击锤移机完成沉桩

（1）管桩收锤后，将液压冲击锤吊离管桩桩顶。

（2）对沉桩至设计标高的管桩桩顶覆盖木板，防止发生掉落事故，具体见图 5.2-34。

图 5.2-34　沉桩至设计标高的管桩覆盖木板

5.2.7　机械设备配置

本工艺现场施工所涉及的机械设备见表 5.2-1。

主要机械设备配置表　　表 5.2-1

序　号	名　称	型　号	备　注
1	预应力管桩打桩机	JB120B	沉桩及限位
2	液压冲击锤	HHP16	冲击沉桩
3	液压动力站	EP300	为液压冲击锤提供动力
4	履带式起重机	XGC55	吊放管桩、液压冲击锤等
5	挖掘机	SY305H	平整场地
6	全站仪	NIROPTS	桩位测量放线
7	自动脱绳装置	承重 60T	松脱管桩吊绳

5.2.8　质量控制

1. 管桩吊装

（1）管桩外观无蜂窝、漏筋、裂缝，色感均匀，桩顶处无空隙。

（2）管桩和桩尖接头处两端面紧密贴合，不出现间隙，严禁在接头间隙中填塞杂物。

（3）超长预应力管桩存放场地平整、坚实、稳定，桩身底部均匀放置 3 个楔形垫木，且桩两端悬臂长度不大于 3m。

（4）超长预应力管桩轴线与起重机吊索夹角不小于 45°。

（5）超长预应力管桩起吊前其吊点位置距离设计位置允许偏差为±200mm。

（6）起吊时各吊点同时受力，徐徐起落，减少振动和防止桩身裂损。

（7）管桩起吊直立后保持垂直度吊往桩位中心，并通过沉桩限位架进行固定。

2. 沉桩限位架固定管桩及限位

（1）步履式打桩机底盘呈水平状态及稳固定位，沉桩限位架垂直度允许偏差不大于0.5%。

（2）沉桩限位架在固定管桩前，检查上抱箍在立柱滑道升降是否顺畅，若不顺畅可加润滑油，保证抱箍在上升、下移时及时对管桩进行限位。

（3）上、下抱箍环内中心位于同一直线，且与立柱竖向平行，若发现偏斜，及时进行修正后再对管桩进行固定。

（4）沉桩限位架抱箍直径比超长预应力管桩直径大1cm，对管桩偏斜范围进行限制，防止管桩偏位。

（5）沉桩限位架上、下抱箍在沉桩过程对管桩进行固定及限位，上抱箍随管桩沉入同步下移，上抱箍与管桩桩顶的距离保持在4m以内，同时上抱箍与下抱箍的距离大于等于2m，确保管桩沉桩时对其垂直度进行有效控制。

3. 液压冲锤沉桩

（1）检查超长管桩、液压冲击锤及其锤帽三者轴线是否成一条直线。

（2）管桩桩身上、中、下部设泄压孔，泄压孔双向贯通减少应力集中及浮力影响，防止沉桩过程液压冲击锤锤击管桩造成桩身爆裂。

（3）注意检查及保证桩管垂直度无偏斜后才可施打，冲击沉桩开始后，不得边锤击边纠正桩位偏差。

（4）冲击沉桩开始时，首先低锤轻打管桩，待管桩入土至一定深度稳定后，开始正式施打，连续不间断冲击，直至将管桩沉桩至设计深度。

（5）如出现贯入度异常、桩身突然下降、过大倾斜、移位、桩身损坏等情况，则立即停止锤击，及时查明原因，提出妥善解决办法。

5.2.9　安全措施

1. 超长预应力管桩起吊至桩位中心

（1）管桩存放时，桩身下铺垫楔形垫木，防止管桩发生滚动砸伤施工人员。

（2）吊放管桩前，检查吊具、钢丝绳、吊点等是否牢靠。

（3）管桩吊放过程派专人指挥，吊放区域非操作人员禁止入内。

（4）沉桩限位架抱箍未固定管桩前，起重机保持起吊状态。

2. 沉桩限位架固定管桩及限位

（1）沉桩限位架就位行走时沿路预先平整压实，并铺设钢板垫，以确保地基能承受最大比压，防止因地面下沉而导致桩架倾倒。

（2）在操作沉桩限位架前确保回转半径内无其他人员。

（3）沉桩限位架抱箍及各紧固部件定期检查，保持连接牢固、可靠，以免掉落。

（4）桩架外露件的转动和滑动表面涂润滑脂，非运动部件涂油漆，防止生锈。

（5）桩架的倾斜范围前倾不超过2°，后仰不超过5°，避免倾斜范围太大导致桩架倾倒。

3. 液压冲锤沉桩

(1) 采用自动脱绳装置松脱起重机吊绳，避免登高作业带来的安全风险。

(2) 起吊液压冲击锤的移动区域，禁止无关人员停留和经过。

(3) 液压冲击锤高压油管通过起重机副钩牵引，防止发生液压冲击锤在移动过程中其高压油管拉扯或卷缠。

(4) 检查液压冲击锤锤体、锤芯、锤帽的稳定性，不得在异常状态下启动。

(5) 超长管桩沉至设计标高后，及时采用木板覆盖，防止发生意外掉入。

第6章　沉管灌注桩施工新技术

6.1　沉管灌注桩长螺旋引孔与静压沉管组合降噪施工技术

6.1.1　引言

沉管灌注桩施工时，常采用锤击或振动打桩法将钢套管沉入土中，然后下入钢筋笼，边浇筑混凝土、边振动拔管成桩。施工过程中，锤击打桩法作业产生噪声扰民；振动沉管对周边建（构）筑物会产生一定影响。当场地周边环境对噪声要求较高、对振动敏感时，沉管灌注桩常采用静压法施工，静压法通过专用的静压机将套管压入土中。但采用静压沉管时，受制于桩身长度限制和密实地层或坚硬夹层的影响，静压沉管常难以满足设计要求。

针对以上沉管灌注桩施工中存在的噪声扰民、振动影响，以及地层、桩长限制问题，项目组对“沉管灌注桩长螺旋引孔与静压沉管组合降噪施工技术”进行了研究，采用长螺旋引孔、专用静压沉管压桩机压入套管，解决了施工过程中噪声和硬质地层的影响。经过项目施工实践，形成了完整的工艺流程，达到了施工快捷、质量可靠、环境友好的效果，取得了显著的社会效益和经济效益。

6.1.2　工艺特点

1. 绿色环保

本工艺采用长螺旋钻机引孔，沉管时采用静压沉管压桩机施工，引孔、沉管时均无噪声；长螺旋钻机和静压沉管压桩机设备均采用绿电，拔管采用液压拔管装置，整体施工绿色环保。

2. 施工速度快

本工艺采用预先长螺旋引孔排土作业，再采用静压沉管，有效提升了套管下压和拔出施工效率；长螺旋钻机引孔与静压沉管压桩机形成流水作业，提升整体施工工效。

3. 成桩质量好

本工艺采用长螺旋钻机预先引孔，避免了沉管灌注桩遇密实地层或坚硬夹层套管难以下沉问题；在拔管阶段开启独立振动装置，解决灌注桩混凝土浇捣不密实的问题，保证了成桩质量。

6.1.3　适用范围

适用于设计桩径700mm以内、桩长不超过40m的沉管灌注桩施工，适用于成孔深度范围内硬塑状黏土、密实砂层、强风化夹层等地层的引孔。

6.1.4 工艺原理

本工艺将长螺旋和静压沉管工艺相结合，采用长螺旋钻机预先引孔钻穿沉管难以穿过的地层后，采用抱压式静压沉管压桩机施工，压桩机具有沉管、拔管和振动功能，将钢套管压至设计终压值，然后在套管内吊放钢筋笼、灌注混凝土、边振动边拔管成桩。本工艺的关键技术主要由长螺旋引孔、静压沉管、液压振动拔管三个部分组成。

1. 长螺旋引孔

长螺旋钻孔引孔施工时，通过钻机动力头驱动螺旋钻杆、钻头旋转，卷扬机控制钻具的升降，使螺旋片转动向下切削地层，被切削的土体随钻头旋转沿螺旋叶片自动排出孔外，钻至设计深度提钻成孔。引孔时，黏性地层采用斗齿钻头，遇硬夹层时则更换截齿钻头，以提高引孔切削效率。长螺旋引孔原理见图 6.1-1，黏性土斗齿钻头见图 6.1-2，硬质夹层截齿钻头见图 6.1-3。

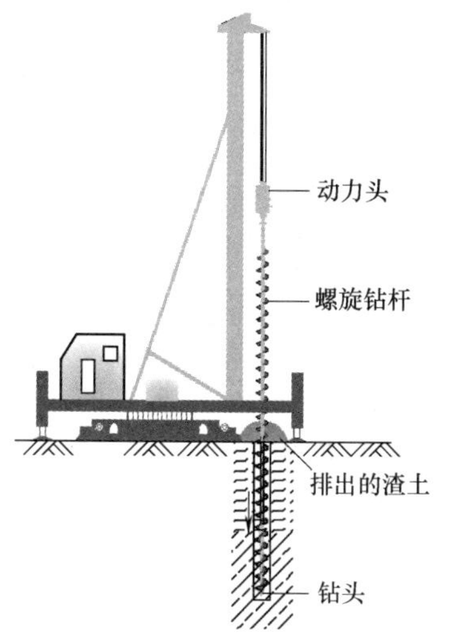

图 6.1-1 长螺旋引孔原理图

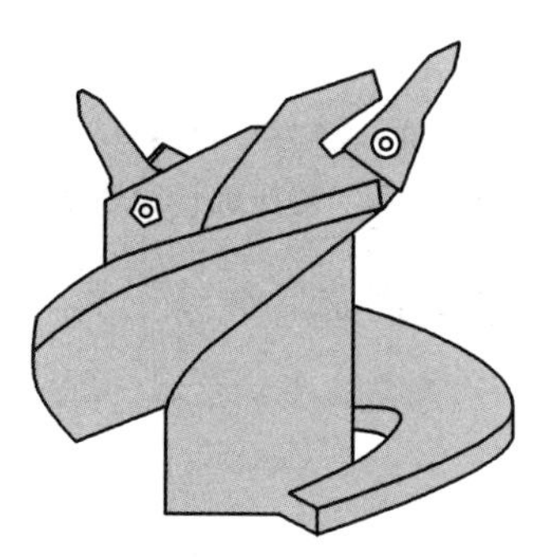

图 6.1-2 黏性土斗齿钻头

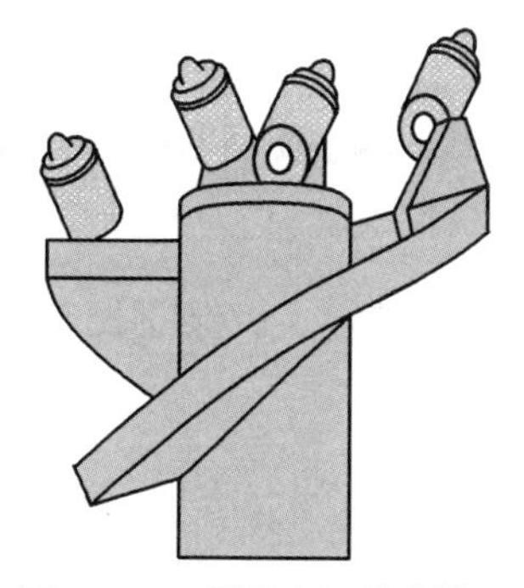

图 6.1-3 硬质夹层截齿钻头

2. 静压沉管

沉管采用配备高桩架的静压沉管压桩机进行施工，以桩机本身的重量及配重作为作用力下压套管，以克服压管过程中的侧摩阻力和端阻力。配备的高桩架和压桩机底盘的多点均压式夹桩箱，可有效保证长套管的稳定性和垂直度。套管端部配置预制桩靴，对套管底部进行封闭，同时提高套管入土穿透能力。当套管压至桩架顶部时，解除桩架定位约束，移开桩架继续下压，直至满足设计终压值要求。

静压沉管原理见图 6.1-4。

3. 液压拔管成桩

拔管采用专用静压沉管压桩机配备的液压拔管系统提供上拔力，以桩机本身的重量及配重作为反作用力，夹桩箱下部通过钢丝绳连接抱夹式振动机，振动机有助于套管上拔，同时可对管内混凝土起到振捣密实作用。夹桩箱夹紧套管上拔一个回程后，松开夹桩箱下放至静压机底部再夹紧继续上拔，边拔边振动，按此步骤将套管拔至桩架顶时将套管采用

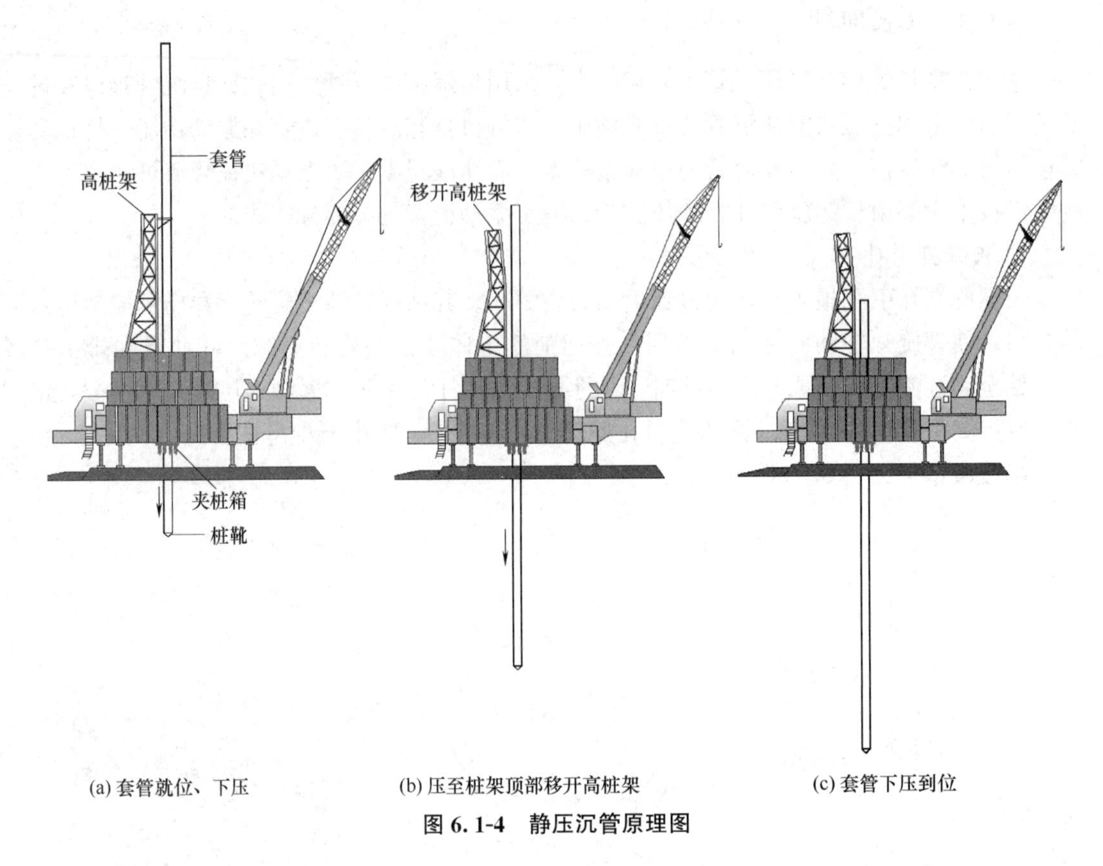

(a) 套管就位、下压　(b) 压至桩架顶部移开高桩架　(c) 套管下压到位

图 6.1-4 静压沉管原理图

高桩架固定，以保证长套管稳定性，固定后继续上拔，直至套管拔出。液压拔管原理见图 6.1-5。

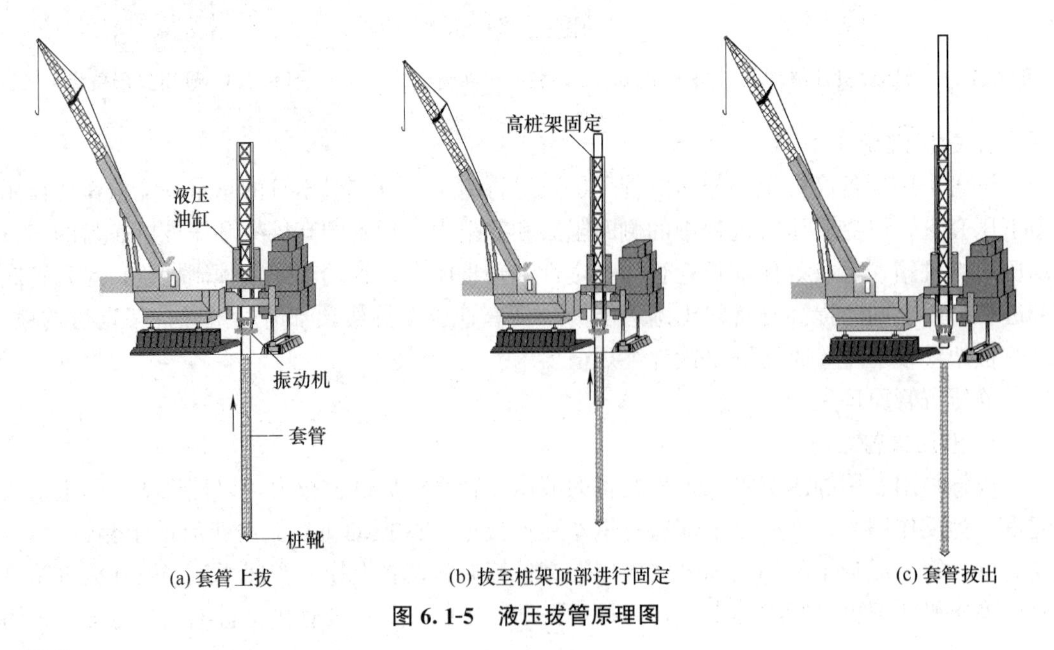

(a) 套管上拔　(b) 拔至桩架顶部进行固定　(c) 套管拔出

图 6.1-5 液压拔管原理图

6.1.5 施工工艺流程

以厦门翔安新机场项目为例，航站区场地地基处理设计采用沉管灌注桩，ZH-1 桩型为抗压桩，总桩数为 2722 根；ZH-2 桩型为抗压兼抗拔桩，总桩数为 1078 根，设计桩径均为 700mm；持力层为散体状强风化花岗岩，ZH-1 设计入持力层≥1.4m 且桩长不小于 16m，ZH-2 设计入持力层≥8m 且桩长不小于 28m，ZH-1、ZH-2 设计单桩竖向抗压承载力特征值为 3500kN，静压机设计终压值为 7200kN。

沉管灌注桩长螺旋引孔与静压沉管组合降噪施工工艺流程见图 6.1-6。

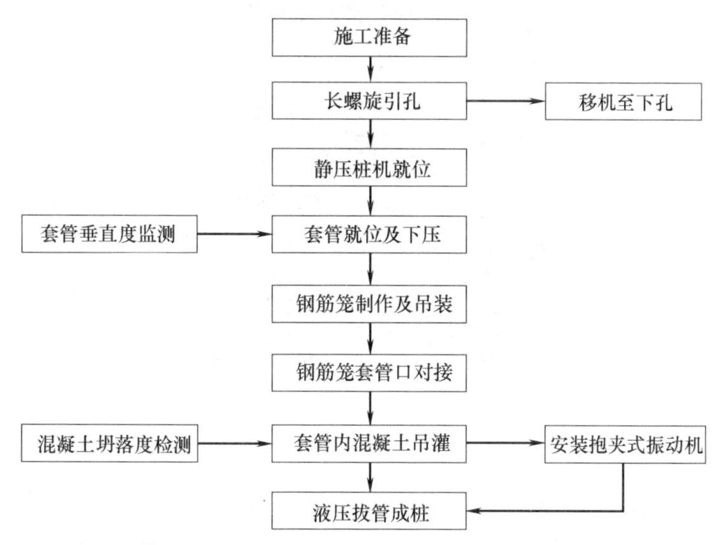

图 6.1-6 沉管灌注桩长螺旋引孔与静压沉管组合降噪施工工艺流程图

6.1.6 工序操作要点

1. 施工准备

（1）对施工场地进行平整；作业面、施工道路铺设钢板，便于机械设备行走，具体见图 6.1-7、图 6.1-8。

图 6.1-7 场地平整

图 6.1-8 铺设钢板

（2）收集设计、勘察报告、测量控制点及所施工桩位附近地层资料等。

（3）采用全站仪或GPS对桩位进行测量放线，具体见图6.1-9。

（4）组织人员、设备进场，所需要的设备主要有长螺旋钻机、静压沉管压桩机、起重机等。

图6.1-9 测量放线

2. 长螺旋引孔

（1）引孔采用SZ80长螺旋钻机施工，钻机功率440kW，动力头最大扭矩360kN·m，最大引孔深度45m，具体见图6.1-10。

（2）引孔钻头直径700mm，引孔钻进过程中，长螺旋自动将渣土排出孔口处，具体见图6.1-11。

图6.1-10 长螺旋钻机

图6.1-11 长螺旋引孔

（3）为加快引孔速度，在黏性地层采用斗齿钻头，遇坚硬土层时更换截齿钻头。

（4）引孔完成后，移机至下孔，并对引孔排出的渣土进行整平清理，具体见图 6.1-12、图 6.1-13。

图 6.1-12 移机至下孔

图 6.1-13 清理渣土

3. 静压桩机就位

（1）套管下压采用配备高桩架的 ZYJ1000 静力压桩机施工，功率 135kW，最大压桩力 10000kN，具体见图 6.1-14。

图 6.1-14 ZYJ1000 静力压桩机

（2）引孔后重新恢复桩位，在中心点位置埋设预制桩靴，预制桩靴采用工厂订制，外径 800mm，具体见图 6.1-15。桩靴底部焊接 3 根“7”字形倒钩，呈正三角焊接在预制桩靴内部中心位置，用以钩挂固定钢筋笼，防止套管拔出过程中钢筋笼上浮，具体见图 6.1-16。

（3）压桩机进行安装调试就位后，行至桩位处，使桩机夹桩箱中心与地面上的桩位对准；调平压桩机后，再次校核无误，将长步履落地受力，具体见图 6.1-17。

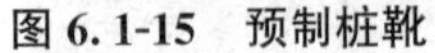

图 6.1-15 预制桩靴

图 6.1-16 桩靴内加焊倒钩

图 6.1-17 压桩机调平就位

4. 套管就位及下压

（1）套管采用外径 700mm、整根套管长度 35m，套管采用履带起重机起吊安装就位，具体见图 6.1-18。

（2）套管底部对中套于桩靴顶，桩架顶部采用抱夹将套管固定，具体见图 6.1-19。

图 6.1-18 套管就位

图 6.1-19 桩架固定套管

（3）将套管对中，采用两台经纬仪进行双向垂直观测控制垂直度，垂直度控制在 1% 以内，符合要求后开始沉管，具体见图 6.1-20。

（4）采用压桩机配备的多点均压式夹桩箱将套管夹紧下压，当下压至桩架顶位置处时，松开抱夹，通过液压控制移开桩架（图 6.1-21），继续下压至设计终压值停止下压，具体见图 6.1-22。

5. 钢筋笼制作及吊装

（1）钢筋笼按设计及规范要求进行制作，制作完成后进行隐蔽验收，具体见图 6.1-23。

（2）为防止套管拔出过程中钢筋笼上浮，钢筋笼底部设置 4 根网格状钢筋，钢筋笼下放后与桩靴底部的“7”字形弯钩钢筋进行拉结固定，具体见图 6.1-24。

图 6.1-20 套管下压

图 6.1-21 移开桩架

图 6.1-22 下压到位

图 6.1-23 钢筋笼制作

图 6.1-24 钢筋笼底网格架

（3）钢筋笼制作完成后，对钢筋笼长度、箍筋间距、焊接质量等进行验收，验收合格后使用，钢筋笼制作见图 6.1-25。

图 6.1-25 钢筋笼制作

6. 钢筋笼套口对接

(1) 为防止钢筋笼过长在吊装过程中发生变形，钢筋笼长于20m时采用两节笼，钢筋笼在钢套管口进行连接。

(2) 为便于电焊人员在孔口进行钢筋笼焊接操作，套管顶部设置操作平台，具体见图6.1-26。

(3) 采用50t履带式起重机及静压机配备的25t吊臂将钢筋笼起吊，具体见图6.1-27；钢筋笼就位后释放履带式起重机吊钩，由静压机配备的25t吊臂将钢筋笼徐徐下放至孔内，具体见图6.1-28。

图6.1-26　套管口操作平台

图6.1-27　钢筋笼起吊

图6.1-28　钢筋笼下放

(4) 两节钢筋笼在孔口进行焊接连接，具体见图6.1-29。

7. 套管内混凝土吊灌

(1) 桩身混凝土采用预拌混凝土，灌注前对混凝土坍落度进行现场检测，坍落度控制在160～200mm。

(2) 灌注料斗采用吊杆式阀门灌注斗，灌注斗主要包括：斗体、定位板、挡料板、活动杆、吊耳五部分，具体见图6.1-30。

(3) 料斗放置地面，混凝土卸入料斗内，在装料过程中，起重机始终保持紧拉吊钩状态，保持出料口紧闭，具体见图6.1-31。

图6.1-29　钢筋笼孔口连接

图6.1-30　吊杆式阀门灌料斗

图6.1-31　混凝土放入料斗

（4）采用起重机将灌注斗放置于套管顶口，由司索工指挥起重机将吊杆下放，混凝土在重力作用下顺着出料口快速进入套管内，按此顺序一次性完成混凝土灌注，混凝土超灌高度≥1.5m，充盈系数≥1.0，具体见图6.1-32。

图6.1-32 混凝土吊灌

8. 液压拔管成桩

（1）混凝土灌注完成后，安装抱夹式振动机，并采用钢丝绳与多点均压式夹桩箱连接，具体见图6.1-33。

（2）套管起拔采用静压机液压油缸提供套管上拔力，采用压桩机配备的多点均压式夹桩箱将套管夹紧上拔，每回次上拔量约1.2m，具体见图6.1-34。

图6.1-33 振动机安装

图6.1-34 静压机液压系统

（3）拔管前先振动5～10s再开始拔管，边拔、边振动，如此反复，套管上拔至桩架顶部时采用桩架对套管进行固定，具体见图6.1-35。

（4）桩架固定后继续上拔，直至套管完全拔出，具体见图6.1-36。

图6.1-35　桩架固定

图6.1-36　套管拔出

6.1.7　机械设备配置

本工艺现场施工所涉及的主要机械设备配置见表6.1-1。

主要机械设备配置表　　表6.1-1

名　称	型　号	备　注
长螺旋钻机	SZ80	引孔施工
静压沉管压桩机	ZYJ1000	套管下压、上拔
挖掘机	PC200	平整场地、收集渣土
履带式起重机	50T	钢筋笼、套管吊装
电焊机	BX1-300F-3	钢筋笼制作
料斗	吊杆式阀门料斗，1.5m^3	混凝土灌注
操作平台	钢制	钢筋笼孔口连接

6.1.8　质量控制

1. 引孔

（1）钻机就位后复测桩位坐标，检查偏差。

（2）引孔过程中，实时观测垂直度监控仪表，现场设置垂直两个方向的铅垂仪，保证垂直度满足线监测要求。

（3）引孔时保持低速钻进，平稳加压。

（4）遇较硬土层时，及时更换钻头。

（5）参考地质勘察报告，引孔深度满足最小桩长及入持力层深度要求。

2. 沉管

（1）正式施工前，进行现场试打桩，确定沉管的控制标准。

（2）采用控制桩长、进入持力层深度和施工静压力相结合的原则，确保灌注桩承载力满足设计要求。

(3) 沉桩过程如发生静压力突变、桩身倾斜、移位等异常情况，立即停止施工，并通知设计单位会同有关单位研究处理。

(4) 采用跳打法施工，避免对邻近桩影响。

3. 套管内灌注混凝土

(1) 灌注混凝土之前，检查桩管内有无进泥、进水。

(2) 沉管到设计标高后，立即灌注混凝土，尽量减少间隔时间。

(3) 混凝土灌注标高高于设计桩顶标高 1.5m 以上，确保桩头质量。

(4) 套管内灌入混凝土后，先振动 5～10s，再开始拔管，边振边拔，拔出 0.5～1.0m 后停拔，振动 5～10s，如此反复，直至将套管全部拔出。

(5) 在一般土层内，拔管速度为 1.2～1.5m/min，在软弱土层中控制在 0.6～0.8m/min。

6.1.9 安全措施

1. 引孔

(1) 长螺旋钻机作业及行走时，保证场地平整、坚实，必要时采取换填、铺设钢板等措施。

(2) 钻进时实时监测钻杆垂直度，并使支脚与履靴同时接地。

(3) 钻机在六级以上风力时停止作业。

(4) 引孔完成后，及时对孔口进行回填。

2. 沉管

(1) 桩机设备进场后，进行安装调试并验收合格，作业面及桩机行走道路需满足静压桩机荷载要求。

(2) 对钢套管材质、壁厚、平整度等现场检测合格后方可使用。

(3) 套管吊装作业时派专人进行指挥。

(4) 沉管过程中，实时监测静压机工作状态，如发现异响、桩机上顶等异常情况时停止作业，待排除异常后再进行施工。

3. 灌注及拔管

(1) 混凝土经坍落度检测合格后方可使用，避免发生堵管。

(2) 沉管达到终压控制标准后，及时吊装钢筋笼并进行混凝土灌注和拔管，避免停顿时间过长导致拔管困难。

(3) 拔管过程中，套管固定牢靠，上拔至桩架顶部时及时采用抱夹将套管固定。

(4) 钢筋笼吊装、混凝土浇筑及拔管过程中派专人进行指挥。

6.2 沉管灌注桩液压锤击沉管与振动拔管成桩技术

6.2.1 引言

沉管灌注桩是桩基础中常见的一种桩型，常用于地基处理施工中，主要采用锤击打桩法、振动打桩法，施工时将带有活瓣式桩尖或预制桩靴的钢套管沉入土中，在管内安放钢筋笼，浇筑混凝土后，采用锤击或振动拔管成桩。锤击沉管灌注桩桩径通常为420～500mm，沉管深度一般不超过30m；振动沉管灌注桩则常用于软弱土层至中密的砂层，桩径通常为300～480mm，沉管深度不超过25m。

厦门翔安机场指廊项目场地上部分布填砂、淤泥质土层、中粗砂、砾质黏性土，下部基岩为花岗岩，采用沉管灌注桩进行地基加固处理，设计桩径700mm，桩长35～45m，桩端持力层为散体状或碎裂状强风化花岗岩，普通的锤击或振动沉管法无法满足大直径、超深沉管的要求。

针对本项目中因沉管灌注桩桩径大、桩身长、场地覆盖层厚，而常规施工工艺难以满足要求的情况，项目组在现有施工工艺的基础上，经过多次现场试验、优化改进后，总结提出沉管灌注桩液压锤击沉管与振动锤拔管成桩施工技术，采用液压锤锤击沉管、振动锤振动拔管，液压锤相比常规柴油锤冲击力更大，可适应大直径、超深套管的沉桩，沉管机架配备两个对中夹持，能有效保证沉管过程垂直度；使用的双夹持液压振动锤激振力大、振动频次高，可确保大体积桩管拔管时混凝土振捣充分；施工时锤击、拔管机械设备独立工作，实现现场流水作业，达到了沉管速度快、成桩质量好、综合效率高的效果，取得了显著的社会效益和经济效益。

6.2.2　工艺特点

1. 施工高效

本工艺采用液压锤锤击沉管、振动锤振动拔管施工沉管灌注桩，沉管与拔管设备独立，液压锤击沉管设备在完成套管成孔后，即可移机至下一个待沉管点位，原桩位则继续进行安放钢筋笼、灌注混凝土及拔管工作，整体施工形成流水作业，施工效率显著提高。

2. 质量可靠

本工艺采用液压锤击沉管，液压锤动能高且易于控制，有效保证了沉管平稳进尺；机架上设有两个对中夹持，确保套管垂直沉入；钢筋笼通过沉管安全架分段焊接，避免钢筋笼过长在吊放时发生过大变形；采用液压振动锤拔管，振动频次高，确保了拔管时混凝土的振捣更加充分。

3. 成本经济

本项目场地采用直径700mm、最大桩长达45m的大直径、超长沉管灌注桩进行软基处理，与采用泥浆护壁成孔的旋挖灌注桩相比，本工艺成孔工艺相对便捷、成桩速度快、综合费用低，且现场文明施工条件好，综合经济效益显著。

6.2.3　适用范围

1. 适用于直径700mm及以下、桩长不超过45m的沉管灌注桩施工。
2. 适用于人工填土、黏性土、淤泥质土、中密砂层等沉管施工。

6.2.4　工艺原理

本工艺采用液压锤锤击沉管、振动锤振动拔管施工沉管灌注桩，其关键技术主要包括五部分：一是大能量液压锤锤击沉管技术；二是超长沉管垂直度控制技术；三是钢筋笼防上浮技术；四是高位沉管安全防护技术；五是双夹持振动锤振动拔管技术。

1. 大能量液压锤击沉管技术

本工艺采用大能量液压锤进行锤击沉管，液压锤由起重机起吊作业，通过锤自由落体产生的重力势能击打桩头，使套管带动桩靴挤压土体形成桩孔。其中液压锤由锤芯和锤推动装置组成，锤芯重量达 16t，最大行程 1.5m，液压系统将锤芯提升至预定高度后快速释放，使锤芯自由落体冲击套管，最大击打能量可达 240kN·m，本项目施工时将落锤高度设置为 0.75m，击打能量为 120kN·m，该击打能量能将套管顺利贯入设计深度，满足施工要求。液压冲击锤见图 6.2-1，液压冲击锤沉管见图 6.2-2。

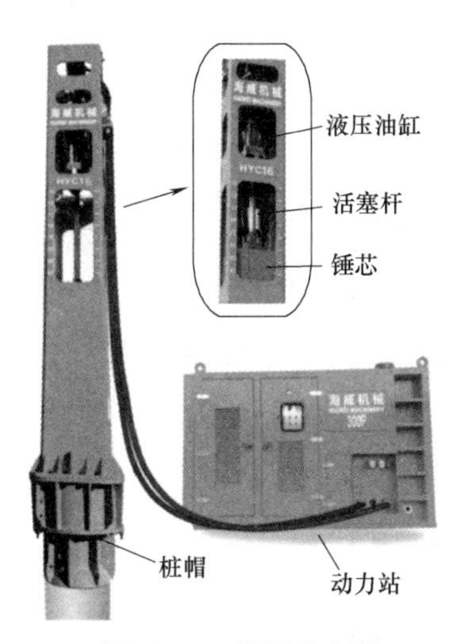

图 6.2-1　液压冲击锤

图 6.2-2　液压冲击锤沉管

当遇沉管深度超过 40m 仍无法收锤时，沉管顶端接近地面，此时以桩位为中心对桩周土体进行放坡开挖 1.0～1.5m（图 6.2-3），再继续使用液压锤进行沉管，直至达到收锤标准。

图 6.2-3　超深沉管桩顶开挖

2. 超长沉管垂直度控制技术

本工艺超长沉管的垂直度由沉管桩机控制，机架上设有两个对中夹持，下夹持固定于机架底部，上夹持可在机架轴上滑动，具体见图6.2-4。当套管由起重机起吊至桩位后，两个夹持器一同夹住套管下端，随后上夹持向上滑动，滑动过程中夹持器固定套管的同时调整套管垂直度。开始锤击沉桩时，通过双夹持器控制沉管过程中的桩身垂直度，使沉管垂直度满足设计要求。

图6.2-4　桩架双对中夹持

3. 钢筋笼防上浮技术

为防止拔管过程中钢筋笼上浮，在桩靴内侧和钢筋笼底部焊接钩、网结构，使二者建立钩挂连接。该技术的关键是在钢筋笼的底部焊接“井”字形钢筋（图6.2-5），在桩靴内侧焊接3根“7”字形钢筋（图6.2-6），“7”字形钢筋顶高度需高于笼底的“井”字形钢筋，当钢筋笼发生上浮后，“7”字形钢筋可钩住钢筋笼，避免其上浮。其中“7”字形钢筋总长55cm，直线段40cm，焊接处弯起6cm，顶部弯起9cm。

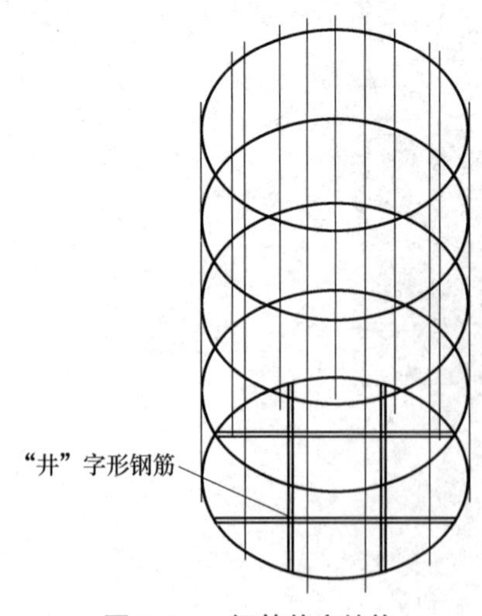

图6.2-5　钢筋笼底结构

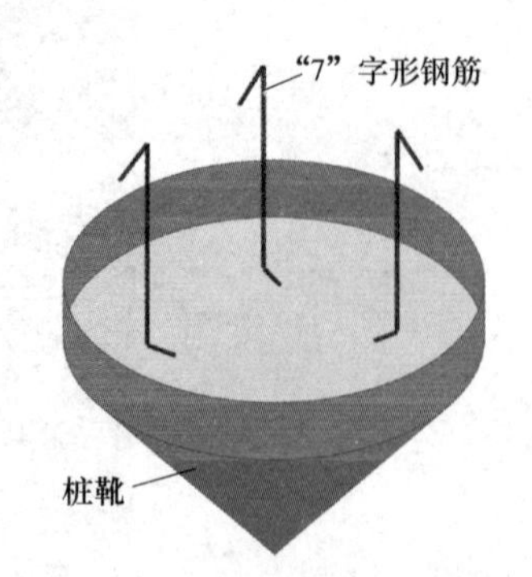

图6.2-6　桩靴内“7”字形钢筋

4. 高位沉管安全防护技术

项目中沉管灌注桩桩长最长达 45m，而单节钢筋笼长度为 12m，钢筋笼无法一次吊装到位，需分节制作再进行管口焊接连接。当沉管顶部处于地面以上较高位置时，为保障作业人员安全地进行焊接工作，本工艺采用沉管口嵌入式作业平台，装置由嵌入式固定套管、操作平台、防护栏杆、辅助构件四大部分构成，整体由钢板焊接而成，嵌入式平台及现场使用见图 6.2-7、图 6.2-8。

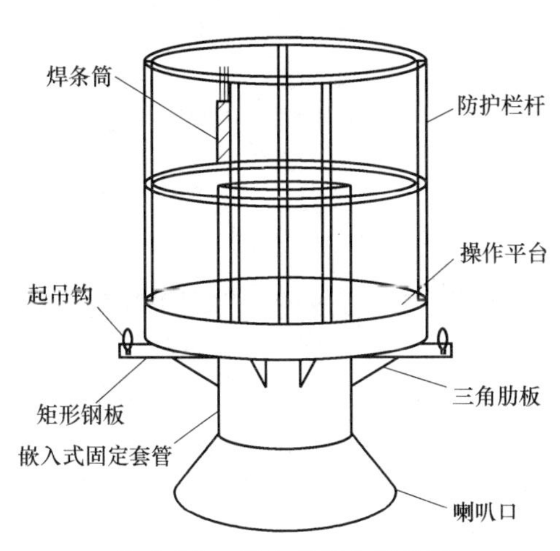

图 6.2-7 嵌入式作业平台图

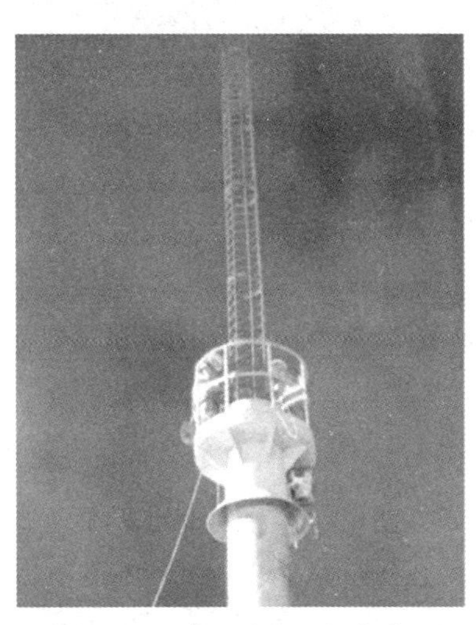

图 6.2-8 嵌入式作业平台应用

嵌入式固定套管尺寸根据沉管尺寸定制，桩径 700mm 的沉管灌注桩所使用的装置套管内径为 0.72m，套管的顶底部分别设置“裙边”结构（图 6.2-9、图 6.2-10），用于将作业平台卡在沉管顶，起到可靠的固定作用，可供多人同时在平台上安全作业。

图 6.2-9 顶部“裙边”结构

图 6.2-10 底部三段式“裙边”结构

5. 振动锤振动拔管技术

本工艺采用振动锤进行拔管，振动锤通过两个偏心齿轮的相对运动产生上下振动，使被作用的套管与周围的土层分开，降低摩擦阻力，而达到拔管的目的。针对不同埋深的套管，分别采用不同的振动锤起拔，对于桩长小于 40m 的套管采用激振力 800kN、拔桩力 400kN 的三夹持振动锤拔管，具体见图 6.2-11、图 6.2-12；对于桩长大于 40m 的套管采用激振力2200kN、拔桩力1200kN的双夹持振动锤拔管，具体见图6.2-13、图6.2-14。与其他拔管设备相比，振动锤的振动频率高，能在拔管过程中有效密实管内的混凝土，使桩身质量更有保证。

图6.2-11　三夹持振动锤

图6.2-12　三夹持振动锤拔管

图6.2-13　双夹持振动锤

图6.2-14　双夹持振动锤拔管

6.2.5　施工工艺流程

沉管灌注桩液压锤击沉管与振动拔管成桩施工工艺流程见图6.2-15。

6.2.6　工序操作要点

1. 桩位测量放样

（1）根据设计图纸的要求进行测量放样，在现场定位好各沉管灌注桩的位置，具体见

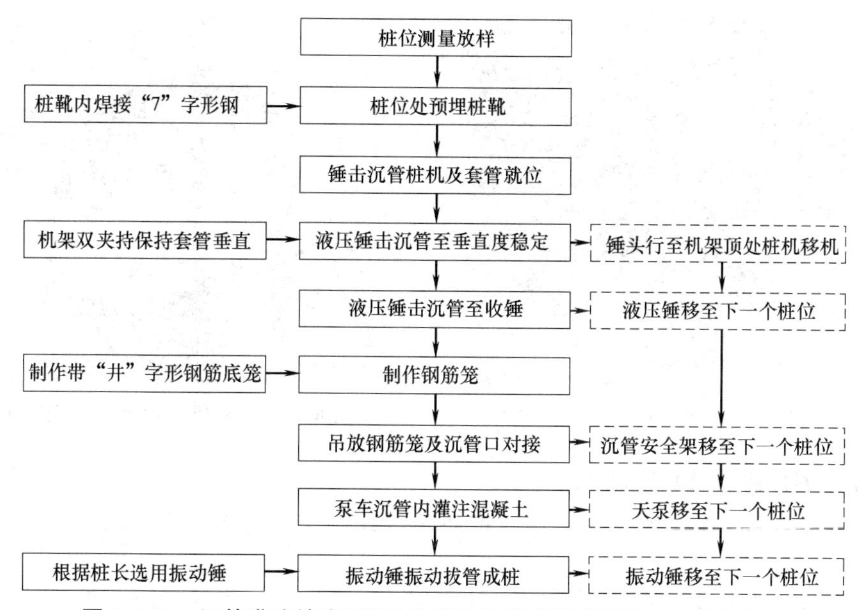

图 6.2-15　沉管灌注桩液压锤击沉管与振动拔管成桩施工工艺流程图

图 6.2-16；对现场测放的桩位，采用短钢筋插入中心点并做好标记，具体见图 6.2-17。

图 6.2-16　测量放线

图 6.2-17　桩位中心基点标记

（2）对每根桩的位置进行编号，并在桩尖就位后复核桩位。

2. 桩位处预埋桩靴

（1）预制桩靴向下的尖锥表面为“米”字形，具体见图 6.2-18，桩靴外径 800mm，在桩靴内部焊接 3 根“7”字形钢筋，用于钩挂住后续放入套管内的钢筋笼，防止钢筋笼在拔管时上浮，具体图 6.2-19。

（2）将桩靴表面清扫干净，在桩中心点处预埋好预制桩靴，桩靴埋设后重新复核桩位轴线。

图 6.2-18 预制桩尖

图 6.2-19 桩靴内焊接“7”字形钢筋

3. 锤击沉管桩机及套管就位

（1）沉管桩机底呈水平状态，通过液压系统控制步履行走，机架高度约 35m，桩机就位见图 6.2-20。

（2）采用整节套管，外径 700mm，壁厚 3cm、长 40m，具体见图 6.2-21。

（3）桩机就位后，起吊套管垂直套入已预埋好的桩靴。

（4）套管与桩靴对接完成后，机架上的双夹持夹住套管，上夹持向上滑动调整套管垂直度，确保套管、桩靴在一条垂直线上，具体见图 6.2-22。

图 6.2-20 桩机就位

图 6.2-21 套管

图 6.2-22 套管对准桩靴

4. 液压锤击沉管至垂直度稳定

（1）起吊液压锤至套管顶，将液压锤桩帽垂直套在管顶上，启动液压锤锤击沉管，具体见图 6.2-23。

（2）锤击沉桩开始时低锤慢击，待套管稳定后再将锤击行程调整至要求的高度正常施打，施打过程用测锤观测垂直度，若发现桩管有偏斜，及时采取措施纠正，具体见图 6.2-24、图 6.2-25。

（3）当液压锤的桩帽到达沉管桩机机架顶标高位置时，机架夹持松开，桩机移位，液压锤继续锤击沉桩，具体见图 6.2-26。

(4) 当沉管深度不超过 40m 时，沉管至达到收锤标准停锤；当沉管深度超过 40m 时，对桩周土体进行放坡开挖，再继续进行锤击至达到收锤标准，具体桩周放坡开挖见图 6.2-27。

图 6.2-23 套管就位完成

图 6.2-24 起吊液压锤至管顶

图 6.2-25 测锤观测垂直度

图 6.2-26 沉管桩机移位

图 6.2-27 桩周放坡开挖

(5) 收锤标准以设计要求及经试桩确定的桩端持力层和最后三阵控制，每阵十锤贯入度值无递增，且第三阵十锤的贯入度不大于 50mm，具体见图 6.2-28。

5. 制作钢筋笼

(1) 桩身主筋和加劲筋均采用 HRB400（Ⅲ级钢）钢筋，加劲箍筋每隔 2m 布置，桩头抗压钢筋网片和螺旋箍均采用 HPB300（Ⅰ级钢）钢筋。

(2) 桩身主筋保护层厚度为 70mm，最外层钢筋保护层不小于 55mm，钢筋笼保护层垫块每隔 2m 均匀地布置 4 个焊在主钢筋上，具体见图 6.2-29。

(3) 钢筋笼底部加设“井”字形钢筋，当钢筋笼下放到套管内，与桩靴内部“7”字形钢筋相互钩住，形成防浮笼结构，具体见图 6.2-30。

图6.2-28　测量沉管最后三阵贯入度

图6.2-29　钢筋笼保护层垫块

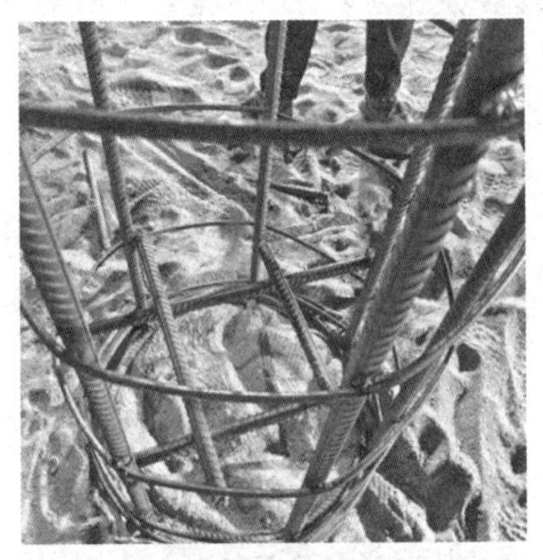

图6.2-30　笼底焊接“井”字形钢筋

6. 吊放钢筋笼及沉管口对接

（1）钢筋笼长度根据成孔最后深度确定，预先制作的每节钢筋笼长度为12m。

（2）钢筋笼采用多点起吊，单节起吊长度不超过24m，吊点处设置U形加强筋；钢筋笼逐节放入套管内，下放时对准套管中心，垂直缓慢下降，避免碰撞管壁。钢筋笼起吊见图6.2-31。

（3）钢筋笼接长时上下两节钢筋笼在同一竖直线上，主筋搭接采用单面搭接焊；焊接前，使上下对接钢筋顺直。

（4）钢筋笼间焊接在套管端口处进行，将高位沉管安全平台套于套管顶部，用于工人安全完成焊接作业，具体见图6.2-32。

7. 泵车沉管内灌注混凝土

（1）沉管结束后检查管内是否有入泥进水，无入泥进水情况下及时通过天泵灌注混凝土。

（2）桩身混凝土采用泵车灌注，布料杆可达高度为66.1m，回转半径55.9m，回转角度±360°，现场泵车灌注见图6.2-33、图6.2-34。

图 6.2-31 起吊钢筋笼

图 6.2-32 沉管安全架辅助焊接

图 6.2-33 罐车向天泵提供混凝土

图 6.2-34 天泵向管内灌注混凝土

(3) 桩身混凝土强度等级为 C40，采用高性能的耐久性混凝土，抗渗等级不低于 P10，混凝土坍落为 140～160mm。

(4) 混凝土一次性灌注，拔管时管内混凝土会扩散填充套管与桩孔间的间隙，灌注前计算扩散混凝土量，保证混凝土充盈系数满足设计要求，尽可能避免二次补灌。

8. 振动锤振动拔管成桩

(1) 将振动锤吊至套管口，振动锤的夹持器对准孔口，待夹持器夹紧后启动液压锤振动拔管。

(2) 根据套管长度选用合适的拔管设备，当套管长度小于 40m 时，采用三夹持振动锤振动拔管，具体见图 6.2-35；当套管长度大于 40m 时，采用超大能量双夹持振动锤振动拔管，具体见图 6.2-36。拔管、成桩见图 6.2-37、图 6.2-38。

图 6.2-35　三夹持振动锤振动拔管（套管长度<40m）

图 6.2-36　振动锤振动拔管（≥40m）

图 6.2-37　拔管

图 6.2-38　成桩

（3）桩管内灌满混凝土后，先振动 5～10s，再开始拔管，边振边拔；拔出 0.5～1.0m 后停拔，振动 5～10s；如此反复作业，直至桩管全部拔出。

（4）在一般土层内，拔管速度为 1.2～1.5m/min；在软弱土层中，拔管速度为 0.6～0.8m/min。

（5）套管拔出后，检查桩头直径、桩顶混凝土标高情况，以及钢筋笼是否上浮，若上浮将其割除。

6.2.7　机械设备配置

本工艺现场施工所涉及的主要机械设备配置见表 6.2-1。

主要机械设备配置表　　表 6.2-1

类　别	名　称	型　号	备　注
沉管设备	液压锤	海威 HYC16T	锤击沉管
	液压锤动力站	海威 300P	桩机动力源
	沉管桩机	泉州恒基液压机械(JX-011)	引孔、对中
拔管设备	三夹持振动桩锤	永安机械 YZJ-80DC	振动拔管(桩长＜40m)
	双夹持振动桩锤	斯巴达 SV220-6	振动拔管(桩长≥40m)
	振动锤动力站	斯巴达 EP300D	桩机动力源
其他	履带式起重机	SCC3200A-1	吊放套管、钢筋笼
	天泵	徐工集团 HB62V	灌注混凝土

6.2.8 质量控制

1. 液压锤击沉管

（1）对场地进行平整处理，确保沉管桩机底座呈水平状态，确保沉管过程中套管垂直度偏差不超过 0.5%。

（2）桩靴埋设前将桩靴顶面清扫干净，桩靴埋设后重新复核桩位轴线。

（3）桩管与桩靴的接触具有良好的密闭性，防止泥水进入管内。

（4）通过沉管桩机机架上的对中夹持对套管的垂直度进行控制，施打前控制液压锤、套管及桩靴需在一条垂直线上，确保桩管垂直度无偏差后再开始施打。

（5）液压锤开始施打时低锤慢击，待套管稳定后再将锤击行程调整至要求的高度正常施打。

（6）收锤标准以设计要求及经试桩确定的桩端持力层和最后三阵控制，每阵十锤的贯入度不大于 50mm，且每阵十锤贯入度值不应递增。

2. 钢筋笼制作与吊放

（1）对进场的钢筋进行质量检查，严格按照设计要求对钢筋笼进行焊接。

（2）起吊钢筋笼长度不超过 24m，以防钢筋笼太长在起吊过程中发生变形。

（3）安放钢筋笼时定位准确，避免露筋和标高误差。

（4）钢筋笼沉放完成后，轻提钢筋笼，测试钢筋笼是否与桩靴内部的“7”字形钢筋连接；若没有形成防浮笼措施，则需检查钢筋笼是否有沉放到底。

3. 灌注混凝土

（1）混凝土灌注前进行坍落度现场测试，满足坍落度 140～160mm 的要求。

（2）同一根桩的混凝土连续灌注，混凝土浇筑的充盈系数大于 1.0，不超过 1.3。

（3）混凝土超灌高度 0.5m，灌注结束后清除浮浆，确保桩头质量满足设计要求。

4. 振动锤振动拔管

（1）对不同桩长的沉管桩需用不同激振力的振动锤进行拔管，避免桩长过长但振动锤功率太小而导致拔管困难。

（2）振动锤拔管时先振动 5～10s，再开始拔管，边振动边拔；拔出 0.5～1.0m 后停拔，振动 5～10s，如此反复，直至桩管全部拔出。

（3）对不同地层采用不同的拔管速度，在一般土层内，拔管速度为1.2～1.5m/min，在软弱土层中则控制在0.6～0.8m/min。

（4）沉管灌注桩成桩桩径允许偏差20mm，垂直度允许偏差为长度的1%。

6.2.9　安全措施

1. 液压锤击沉管

（1）作业前，反复检查桩机、液压锤、起重机、套管，有裂纹的套管严禁使用，夹持、吊钩松动需立即停用并维修。

（2）操作人员佩戴防护手套、防滑水鞋等劳动保护用品。

（3）悬吊套管的钢丝绳绑扎牢靠，悬吊过程中施工人员远离套管下方。

（4）套管与桩靴、套管与桩帽连接吻合，避免沉管过程中松脱。

2. 钢筋笼的制作与吊放

（1）钢筋笼加工制作按规定操作，无关人员严禁进入加工场。

（2）吊放钢筋笼时绑扎牢固，避免钢筋笼滑落伤人。

（3）沉管安全架稳固套于桩管上，施工人员于沉管安全架上进行钢筋笼间的焊接连接。

3. 灌注混凝土

（1）灌注混凝土，前检查混凝土泵车布料机是否正常工作，避免灌注过程中运输管松断伤人。

（2）灌注完毕后，及时关闭压力泵，避免天泵输送过量混凝土溢出掉落。

4. 振动锤振动拔管

（1）振动锤使用前，检查夹持器是否可以正常工作，确保夹持器夹紧套管。

（2）振动拔管过程中，及时清除套管外壁的泥块，防止泥块坠落伤人。

（3）吊接套管的钢丝绳需绑扎牢靠，避免套管滑脱伤人。

第7章　绿色施工新技术

7.1　旋挖灌注桩钻进成孔降噪绿色施工技术

7.1.1　引言

旋挖钻机与其他传统桩机设备相比，具有自动化程度高、劳动强度低、施工工效高等优点，在桩基工程中得到了广泛应用。在上部土层钻进过程中，渣土通过旋挖钻斗取出，但在出渣时，土层由于其较强的黏性，经常出现钻渣黏附在钻头内壁而难以顺利排出的问题。钻遇碎裂岩、强风化岩层时，半岩半土的碎块状岩渣密实堆积在钻筒内，亦造成排渣困难。此时，旋挖机手通常操作钻头正反转交替旋转将钻渣抖出，在整个出渣过程中，机械间接触、碰撞产生较大的噪声影响，旋挖钻斗、钻筒出渣见图 7.1-1、图 7.1-2。当采用旋挖钻筒钻进硬岩时，其截齿钻入过程和岩芯取出后甩筒出芯也会造成周边环境噪声超标，尤其在城市中心区、学校、医院等周边敏感环境区域附近施工，给正常工作和生活带来极大的困扰，钻筒出芯见图 7.1-3。噪声扰民问题已然成为旋挖钻进施工被投诉的主要原因，严重时甚至被环保部门勒令停工整顿，极大地影响了正常施工，造成社会的不和谐。

图 7.1-1　旋挖钻斗甩斗出渣

图 7.1-2　旋挖钻筒甩筒出渣

图 7.1-3　取芯钻筒旋转出岩芯

为解决上述旋挖钻机钻进施工产生噪声扰民的问题，项目组根据旋挖钻进的特点，结合灌注桩钻进地层的特性，对“旋挖灌注桩钻进成孔降噪绿色施工技术”开展研究，通过现场试验、优化，总结出了旋挖钻斗顶推式出渣、钻筒三角锥辅助出渣和旋挖全断面滚刀钻头硬岩钻进等降噪施工工艺，即在上部淤泥、黏土等土层出渣困难时，采用顶推式出渣钻斗，通过钻斗内部设置的上部连有传力杆的排渣板，以机械外力将渣土推压出钻斗。在遇碎裂岩、强风化岩等半岩半土的地层时，采用旋挖钻筒钻进，出渣时通过地面设置的静态三角锥结构贯入钻筒内挤密的岩渣，使其紧密结构疏松而顺利排出。在硬质岩层钻进时，采用特制的旋挖滚刀钻头钻进，滚刀钻头上布满的细小金刚石滚珠对岩层进行全断面研磨破碎，实现无噪声硬岩钻进。本工艺通过多个项目现场实践应用，有效避免了灌注桩钻进全过程施工噪声的产生，达到施工高效、操作便捷、环境友好的效果，取得显著的环境效益、社会效益和经济效益。

7.1.2　工艺特点

1. 施工高效

本工艺钻进施工全过程始终采用旋挖钻机，在不改变旋挖钻头取土、破岩功能的基础上，增加降噪出渣功能，不同的钻头间更换快捷；旋挖全断面滚刀钻头对硬岩钻进，实现一次下钻研磨到位，避免大直径硬岩钻进时分级多次扩孔；同时，采用免噪工艺，避免了周边投诉造成的停工，大大提高了整体施工效率。

2. 操作便捷

本工艺采用顶推式钻斗出渣，只需通过提升钻斗产生持续的推压力即可完成排渣；三角锥式出渣装置结构稳定性好，通过贯入破坏钻筒密实岩渣结构完成排渣，滚刀磨岩钻进同样采用旋挖钻机，现场操作简便；旋挖钻进过程可实现快速更换不同旋挖钻头，实现便捷作业。

3. 环境友好

本工艺通过在钻斗中内设排渣板将渣土推出和三角锥装置辅助钻筒出渣等方式，避免了土层钻进甩渣过程中机件之间的强烈摩擦和碰撞；所采用的旋挖全断面滚刀钻头通过旋挖钻机的加压钻进功能，细小的金刚石珠在硬岩中快速、平稳研磨钻进，实现了灌注桩从土层至入岩全孔钻进绿色降噪施工。

7.1.3　适用范围

本工艺适用于对噪声控制严格环境下的旋挖灌注桩施工；顶推式出渣装置适用于淤泥、黏土等易糊钻地层，钻进直径不大于1200mm；三角锥辅助出渣装置适用于碎裂岩、半岩半土地层，钻进直径不大于1200mm；旋挖全断面滚刀钻头适用于桩径不大于2500mm的硬岩钻进，使用的旋挖钻机扭矩不小于360kN·m。

7.1.4　工艺原理

本工艺主要目的在于减少旋挖灌注桩钻进成孔过程中的噪声产生，提供绿色降噪综合施工工艺。钻进过程中，结合地层特性和旋挖钻机钻进的特点和优势，在易糊钻地层设计采用一种顶推式旋挖钻斗排渣，在半岩半土密实地层利用三角锥辅助出渣，在硬岩层首创采用旋挖全断面滚刀钻头研磨钻进，实现旋挖全孔全过程免噪钻进成孔施工。

1. 顶推式旋挖钻斗出渣降噪原理

(1) 顶推式旋挖钻斗结构

本工艺所述的顶推式旋挖钻斗主要用于易糊钻土层，是在常用的旋挖钻斗结构基础上增加一套内部顶推结构，由承压盘、弹簧、限位杆、传力杆、排渣板、斗体等组成，具体见图7.1-4。

（2）顶推式旋挖钻斗出渣减噪原理

顶推式旋挖钻斗在完成一次旋挖回次钻进后，将装有渣土的钻斗上提出孔，置于地面通过旋转打开钻斗底部阀门后，再继续提升钻斗并与钻机动力头压盘接触；顶推结构的承压盘持续承受来自钻机动力头压盘向下传递的推力，并通过传力杆推动钻斗内的排渣板向下将渣土推出；当渣土完全排出后，下放钻斗旋转关闭钻头底部阀门，顶推结构在弹簧回弹作用下回至原位，至此完成出渣，整个过程采用机械顶推排渣，避免了传统甩斗排渣作业和噪声污染，具体出渣过程见图7.1-5。

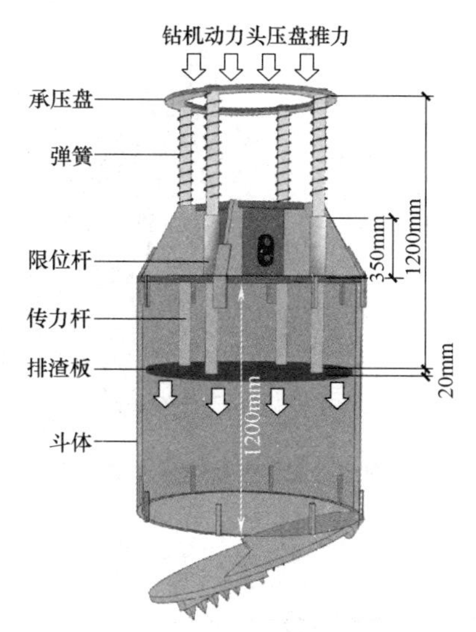

图7.1-4 顶推式旋挖钻斗结构

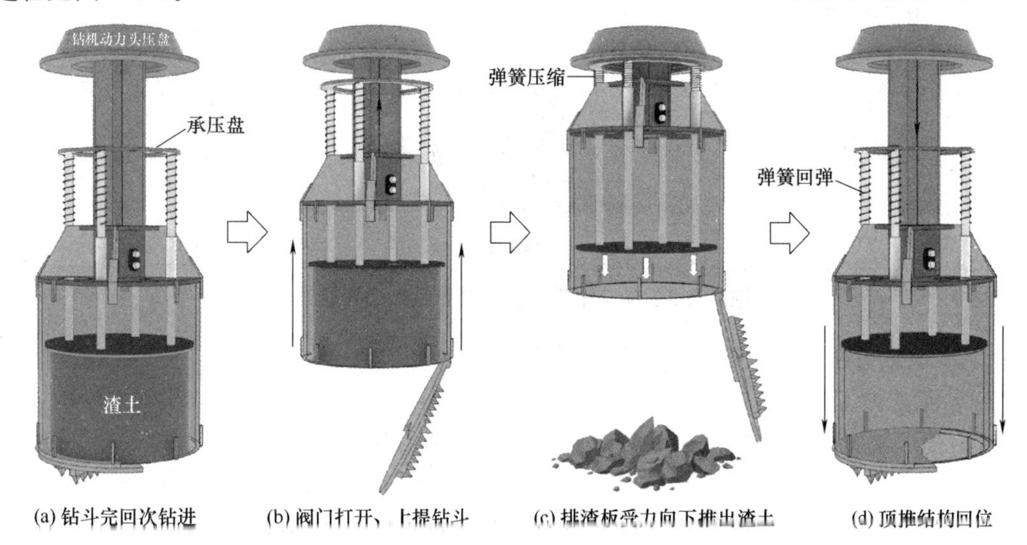

(a) 钻斗完回次钻进　(b) 阀门打开、上提钻斗　(c) 排渣板受力向下推出渣土　(d) 顶推结构回位

图7.1-5 顶推式旋挖钻斗出渣过程示意图

2. 三角锥装置辅助出渣减噪原理

（1）三角锥装置结构

本工艺所述的旋挖钻筒三角锥装置主要用于碎裂岩、半岩半土地层，由底部支座、三角锥式镂空结构及锥体顶部连接板等组成，具体见图7.1-6、图7.1-7。

（2）三角锥装置出渣减噪原理

在旋挖钻进完成回次进尺后，将钻筒从孔内提出，移动钻筒至三角锥式出渣装置上方，并将钻筒快速放下，将钻筒内密实钻渣贯入三角锥体结构，钻渣受锥体冲击挤入影响向上产生一定的位移，使钻筒内顶部积存的泥浆从钻筒顶的洞口挤出，刚性锥体板使锥刺破坏面加大，钻渣挤入镂空的锥体结构内，而在钻筒再次提升时，挤入锥顶镂空处的渣土被带出，使钻筒内挤压密实的钻渣疏松，经一次或多次反复操作，筒内钻渣松散后在其重力作用下快速排出，整个过程几乎无噪声产生，出渣过程见图7.1-8。

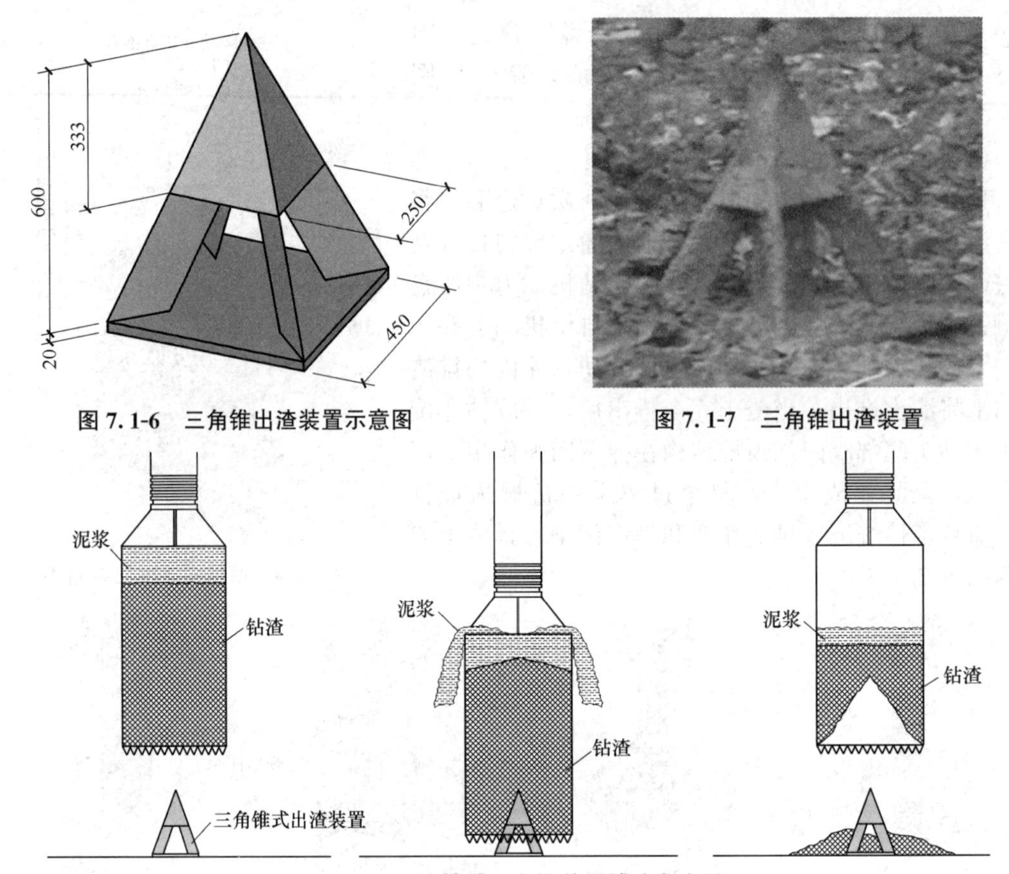

图 7.1-6　三角锥出渣装置示意图

图 7.1-7　三角锥出渣装置

图 7.1-8　旋挖钻筒三角锥装置辅助出渣原理

3. 旋挖滚刀钻头硬岩研磨钻进减噪原理

(1) 旋挖滚刀钻头结构

本工艺所述旋挖全断面滚刀钻头采用旋挖钻筒与滚刀钻头相结合，将钻筒底部安设截齿或牙轮的部分整体割除，与布设滚刀和牙轮的底板进行焊接；钻筒的顶部结构保持原状，筒体增加竖向肋或环向肋；底板上镶齿滚刀全断面布置，并设若干泄压孔，以减小钻头入孔的压力，具体见图 7.1-9、图 7.1-10。

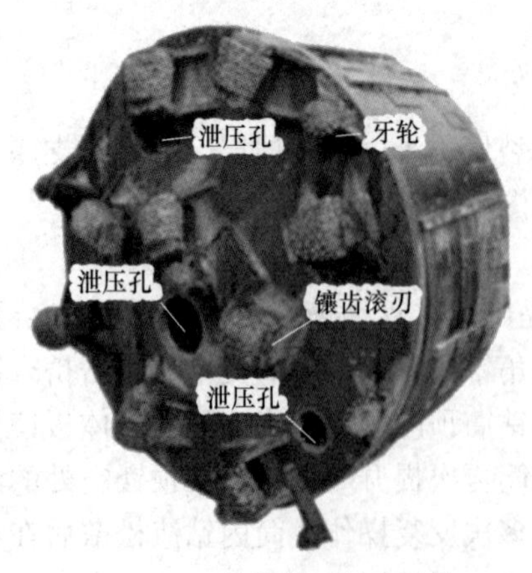

图 7.1-9　旋挖滚刀钻头结构

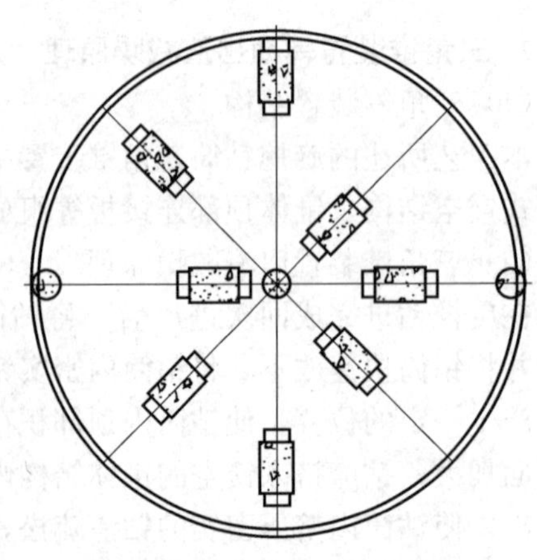

图 7.1-10　滚刀平面布置图

（2）旋挖滚刀钻头研磨钻进减噪原理

本工艺所述旋挖滚刀钻头在旋挖钻机动力头和加压装置提供的液压动力带动下进行旋转加压钻进，钻进过程中钻头底部滚刀绕自身基座中心轴持续转动，在轴向力、水平力和扭矩的作用下，滚刀上镶嵌的金刚石珠连续对硬岩进行研磨、刻划并逐渐嵌入岩石中，对岩石进行挤压破坏。当挤压力超过岩石颗粒之间的黏合力时，岩体被钻头切削分离，并成为碎片状钻渣。滚刀研磨轨迹覆盖全断面钻孔，随着钻头的不断旋转研磨，整个断面的碎岩被研磨成为细粒状岩屑。相较于钻筒截齿对岩体的刺入剪切破碎，旋挖滚刀钻头在硬岩中挤压研磨钻进更加平稳且无扰动，具体见图 7.1-11～图 7.1-13。

图 7.1-11　滚刀

图 7.1-12　旋挖滚刀钻头

图 7.1-13　旋挖滚刀钻头下钻

7.1.5　施工工艺流程

以前海 T102-0306 宗地项目桩基础工程为例说明施工工艺流程及操作要点，该项目根据钻探揭露场地内钻孔涉及的地层自上而下主要为：杂填土层厚 6.5m，砂土层厚 2.4m，淤泥层厚 5.3m，黏土层厚 6.5m，全风化岩层厚 6.9m，强风化岩层厚 19.1m，中风化岩层厚 5.4m，地下水位埋深 7.3m，工程桩桩径为 1200mm，桩长 52m。

旋挖灌注桩钻进成孔降噪绿色施工工艺流程见图 7.1-14。

7.1.6　工序操作要点

1. 桩位测量放样

（1）施工前，利用挖机对施工场地进行整平、压实，配置泥浆池，依据设计资料，复核桩位轴线控制网和高程基准点。

（2）根据桩位平面布置图进行现场放样，并使用木桩标记桩位；根据放样桩位张拉十字交叉线，在线端处设置 4 个控制桩作为定位点。

2. 旋挖钻机就位

（1）为保证旋挖钻机钻进过程中的稳定性，在旋挖钻机就位处铺设多块行车道板，移动旋挖钻机使其履带置于板上，以减小钻机钻进操作对孔口、孔壁的影响。

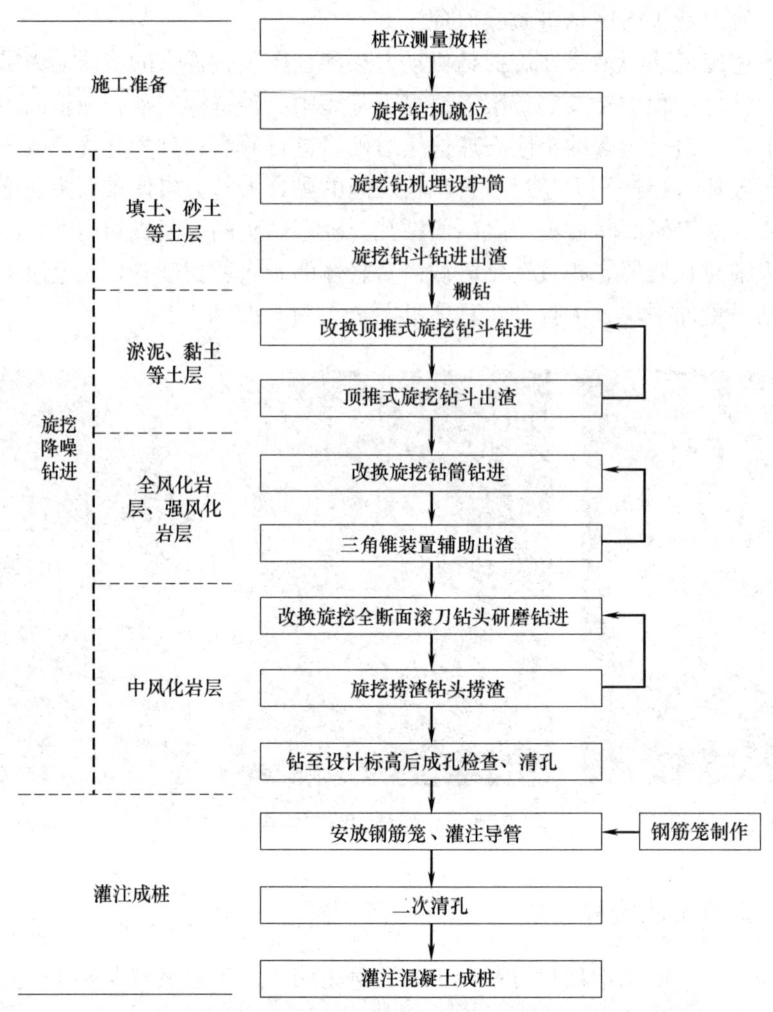

图7.1-14　旋挖灌注桩钻进成孔降噪绿色施工工艺流程图

(2) 旋挖钻机就位后，调整钻杆垂直度并使钻头对准桩中心。

3. 旋挖钻机埋设护筒

(1) 护筒埋深范围内土层为杂填土，其黏附性差，在自重下即可顺利排渣，此时采用常用的旋挖钻斗取土、自然排渣钻进，将孔位处护筒埋深范围内的土层挖除。

(2) 钻进时，利用钻机自带的钻孔深度监测系统，控制每个回次进尺不大于钻斗有效钻进深度的80%，防止钻头内钻渣过于挤密。

(3) 护筒钻进满足深度要求后，采用起重机将护筒吊装到位并压入土中，四周采用黏土分层夯实回填。

4. 旋挖钻斗钻进出渣

(1) 埋设护筒后，使用旋挖钻斗往下在填土和砂土层中钻进，控制每个回次进尺不大于钻斗有效钻进深度的70%，以便顺利排渣。

(2) 提钻时，在孔口位置稍待停留向孔内补浆，恢复孔内液面高度后，再将钻斗提出护筒排渣。

5. 改换顶推式旋挖钻斗钻进

（1）钻进至地下水位以下淤泥、黏土等地层，出现地层糊钻卸渣困难时，改换顶推式旋挖钻斗钻进。

（2）安装钻斗前，检查顶推式钻斗各连接杆、阀门、弹簧的性状，确保完好后进行安装，具体见图7.1-15。

图7.1-15 顶推式旋挖钻斗安装

（3）钻机就位后，对准桩位，钻机缓慢将钻斗下放入护筒内；开始钻进时，钻具顺时针方向旋转，钻斗底部阀门打开，旋转加压后钻渣进入钻斗。

6. 顶推式旋挖钻斗出渣

（1）完成一个回次进尺后，将钻斗置于孔底并逆时针旋转，使底部阀门关闭，并提升钻具出孔。

（2）将提离出孔的钻斗下放至底部接触地面，顺时针旋转钻斗，此时底部阀门松开，上提旋挖钻斗，使钻斗底部阀门通过斗底合页结构旋转打开，具体见图7.1-16～图7.1-18。

图7.1-16 旋挖钻斗提离出孔

图7.1-17 钻斗触地顺时针旋转

图7.1-18 旋挖钻斗阀门打开

（3）钻斗底部阀门打开后，钻斗内钻渣外卸，部分钻渣黏附于钻斗内壁；此时继续上提钻斗，使钻机动力头压盘与钻斗承压盘接触并持续加压。

（4）排渣过程中，钻斗承压盘持续受到动力头压盘向下的推压力，承压盘下移使传力杆外部弹簧压缩，通过传力杆推动钻斗内的排渣板下移，将钻斗内渣土推离钻斗。

（5）当钻渣完全排出后，下放钻斗至地面并逆时针旋转关闭钻头底部阀门，此时顶推结构在弹簧回弹作用下回至原位，至此完成回次钻进、出渣操作过程，具体见图7.1-19、图7.1-20。

7. 改换旋挖钻筒钻进

（1）当钻至强风化岩层时，拆卸顶推式钻斗，更换安装旋挖筒钻。

（2）筒钻就位对中入孔钻进，钻进控制回次进尺不大于70%，防止钻渣过于挤密。

图 7.1-19　向钻斗承压盘加压

图 7.1-20　排渣板将渣推离钻斗

（3）钻进成孔过程中，始终采用优质泥浆护壁，防止钻进时出现坍塌。

8. 三角锥装置辅助出渣

（1）完成一次回次进尺后，将筒钻提离出孔。

（2）移动钻筒至地面架设的三角锥上方，将钻筒快速放下，使钻筒密实岩渣贯入三角锥装置，此时筒内上部的泥浆受挤压朝筒顶的孔洞溢出；再次从三角锥处提升筒钻，使筒内密实岩渣松散逐步排出。

（3）通过多角度转动筒钻贯入三角锥装置，使钻筒全方位地排净黏附于钻筒内的渣土。三角锥装置辅助出渣过程具体见图 7.1-21。

图 7.1-21　钻筒密实钻渣结构贯入三角锥装置出渣

9. 改换旋挖全断面滚刀钻头研磨钻进

（1）钻至中风化岩层时，更换安装旋挖全断面滚刀钻头。安装滚刀钻头后，在地面进行研磨试钻，检查滚刀及牙轮研磨轨迹，从滚刀金刚石珠覆盖轨迹检查滚刀的工况，确保各滚刀正常工作和全断面覆盖钻进，具体见图 7.1-22、图 7.1-23。检查完毕后，将钻筒中心线对准桩位中心线下钻，见图 7.1-24。

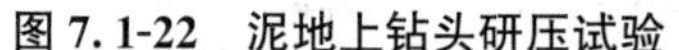

图 7.1-22　泥地上钻头研压试验　　图 7.1-23　研压试验轨迹　　图 7.1-24　旋挖滚刀钻头下钻

（2）当钻头下至岩面处时，在旋挖钻机加压功能下开始钻进；由于孔底岩面可能存在高低差异，钻进过程中轻压慢转，观察垂直度控制仪，确保钻进垂直度及孔底平整。

10. 旋挖捞渣钻头捞渣

（1）旋挖滚刀钻头每完成一定深度后，更换捞渣钻头捞渣，及时清理孔内岩屑。

（2）捞渣钻斗捞渣时，控制钻头轻压慢转，减少施工噪声的产生。

11. 钻至设计标高后成孔检查、清孔

（1）当钻孔深度达到设计要求时，对孔位、孔径、孔深和垂直度进行检查。

（2）检查验收合格后，配制优质泥浆护壁，保证孔壁稳定。

12. 安放钢筋笼、灌注导管

（1）根据成孔深度制作钢筋笼，钢筋采用套筒连接，避免钢筋加焊施工产生噪声；吊放时采用“双钩多点”方式吊运，保证钢筋笼吊放不变形。

（2）安装每节导管前，检查管身和密封圈完好性，连接时采用密封圈，防止灌注过程中混凝土稀释离析出现堵管现象；根据孔深确定导管配管长度，居中安放，导管底部距孔底 300～500mm。

13. 二次清孔

（1）安放钢筋笼后，测量孔底沉渣厚度；若沉渣厚度超标，则采用气举反循环进行二次清孔。

（2）清孔过程中，及时向孔内补充足够的优质泥浆，始终维持孔内水头高度。

14. 灌注混凝土成桩

（1）二次清孔满足要求后，快速完成孔口灌注斗安装，立即开始灌注混凝土；混凝土采用商品混凝土，坍落度 18～22cm，混凝土初灌量保证导管埋深不小于 1m。

（2）混凝土灌注过程中，保持连续作业，防止堵管后敲管疏通产生噪声影响；定时测量混凝土面上升高度，根据埋管深度及时拆管；灌注至桩顶标高时，超灌 80～100cm，确保桩顶混凝土强度满足要求。

7.1.7　机械设备配置

本工艺现场施工所涉及的主要机械设备配置见表 7.1-1。

主要机械设备配置表 表7.1-1

名　称	型　号	技术参数	备　注
旋挖钻机	SR360	扭矩360kN·m	钻进成孔
顶推式旋挖钻斗	自制	直径1200mm	顶推式排渣钻头
截齿筒式钻头		直径1200mm	全、强风化岩钻进
旋挖全断面滚刀钻头	自制	直径1200mm	硬岩全断面研磨钻进
捞渣钻头		直径1200mm	孔底捞取沉渣
挖掘机	PC200-8	铲斗容量0.8m^3,额定功率110kW	渣土转运、清理
泥浆泵	BW250	流量250L/min、输入功率15kW	抽排护壁泥浆
空压机	W2.85/5	排气量2.85m^3/min,排气压力0.5MPa	气举反循环清孔
直流电焊机	ZX7 400GT	功率17.2kVA、空载电压68V	制作、维修
三角锥式出渣装置	自制	底座450mm×450mm、整体高度600mm	辅助钻筒排渣
履带式起重机	SCC550E	额定起重量55t、额定功率132kW	吊装钢筋笼等

7.1.8 质量控制

1. 顶推式旋挖钻斗钻进

（1）严格按照顶推式出渣钻斗的设计尺寸进行制作，传力杆与承压盘、排渣板之间焊接密实牢固，保证制作精度；日常注意保养，维护其连接构件功能正常，弹簧定期检查更换。

（2）使用前，检查钻斗承压盘、排渣板的水平度和传力杆的垂直度。

（3）根据地层条件，控制回次进尺不大于钻斗容量的70%～80%，防止钻头内钻渣过于挤密。

2. 三角锥装置辅助出渣

（1）根据桩径大小选取尺寸合适的三角锥装置，如1000mm<D≤1200mm时，整体高度为800mm，当D≤1000mm时，整体高度为600mm。

（2）按照三角锥装置的设计尺寸进行制作，各钢板焊接保证连接焊缝密实牢固，如发现缺陷或变形，则及时进行修复。

（3）筒钻贯入出渣时，保持垂直向下，待筒钻提出三角锥后，再进行移位操作，防止将三角锥带倒或带偏。

3. 旋挖滚刀钻头磨岩钻进

（1）更换钻头施工前，全面检查滚刀钻头质量，检查内容包括底板与钻斗焊接质量、滚刀基座与底板的焊接质量、滚刀和牙轮安装质量。

（2）根据现场研磨试验情况，及时调整滚刀和牙轮布设数量和位置，确保研磨轨迹全断面覆盖。

（3）研磨钻进时注意控制钻压，轻压慢转，全程观察操作室内的垂直度控制仪，确保钻进垂直度及孔底平整；始终采用优质泥浆护壁，确保孔壁稳定。

7.1.9 安全措施

1. 顶推式旋挖钻斗钻进

（1）制作顶推式出渣钻斗的焊接作业人员按要求佩戴专门的防护用具（防护罩、护目镜等)，并按照相关操作规程进行焊接操作。

(2) 旋挖钻机操作人员持证上岗。现场施工作业面进行平整压实，防止大型施工机械下陷发生倾覆事故。

(3) 排渣时控制提钻速度，避免钻机动力头压盘与钻斗承压盘猛烈撞击；机械设备发生故障后及时检修，严禁带故障运行和违规操作。

2. 三角锥装置辅助出渣

(1) 使用三角锥装置辅助出渣时，现场设专人统一指挥。

(2) 将三角锥出渣装置放置于钻筒卸渣点，注意放置场地提前平整清理，保证出渣装置平稳摆放，防止在排渣时出渣装置出现倾倒、位移过大等情况。

(3) 钻筒提离孔口向三角锥式出渣装置移动贯入时，钻筒内钻渣切面对准贯入，避免因对中失误使钻筒直接碰撞出渣装置。

3. 旋挖滚刀钻头磨岩钻进

(1) 滚刀钻头底板一次切割成型，底板与钻筒连接及底板加固的焊接采用双面焊，电焊和切割操作过程要满足规范要求，焊接完成后检查是否焊接牢固。

(2) 由于滚刀钻头比通常使用的钻头重量大，选用大扭矩旋挖钻机旋工，以确保硬岩正常钻进。

(3) 全断面滚刀钻头研磨钻进时注意控制钻压，并观察操作室内的垂直度控制仪；如遇卡钻，立即停止，未查明原因前，不得强行启动。

7.2　建筑垃圾多级破碎筛分及台模振压制砖资源化利用技术

7.2.1　引言

我国正处于城市化的快速发展时期，建筑在建设与拆除过程中，产生大量的弃土、废渣、弃料等建筑垃圾。据统计，2022 年我国建筑垃圾已超 20 亿 t，建筑垃圾无法自然降解，目前我国主要的处理方式为堆放填埋和回收利用，但建筑垃圾可堆放填埋的消纳场容量有限，回收利用也仅对可直接使用的旧材料进行整理，尚未切实将建筑垃圾的潜在价值进行深入挖掘。国家发展改革委《“十四五”循环经济发展规划》也明确提出，到 2025 年我国建筑垃圾综合利用率需达到 60%。因此，如何进一步提高建筑垃圾利用率是当下亟待解决的难题。

为解决以上建筑垃圾处理方式单一、利用率低下的问题，项目组对“建筑垃圾多级破碎筛分及台模振压制砖资源化利用技术”进行了研究，通过将破碎站、筛分站模块化设计组合，对建筑垃圾进行分级破碎筛分，形成破碎物料，然后与水泥混合充分搅拌均匀形成拌合料，再通过砌块成型机台模振动压制成砖进行资源化利用，实现变废为宝，大大提升了建筑垃圾综合利用率，有效降低碳排放，符合“碳达峰、碳中和”要求，具有显著的经济效益和社会效益。

7.2.2 工艺特点

1. 绿色环保

本工艺以建筑垃圾作为主要原料，经破碎后与水泥、水混合制成免烧结砖，生产过程绿色无污染，提高了建筑垃圾综合利用率，解决建筑垃圾堆放量“超载”、污染生态环境的问题，推动建筑业可持续发展。

2. 变废为宝

本工艺将废弃建筑垃圾破碎筛分成可再利用的物料，与适量水泥、水搅拌均匀形成拌合料，再通过砌块成型机台模振动压制成砖块，该类砖块可应用地砖铺设、路面铺设等场景，实现建筑垃圾的再利用、资源化。

3. 成砖质量好

本工艺采用集成台振、模振优点的砌块成型机对拌合料进行振动压制成型，通过振动台上振、压头下压的联合作用产生台模共振，使拌合料快速、均匀、紧固密实，形成具有一定强度的环保砖。

4. 建筑垃圾处理高效

本工艺通过模块化设计，将移动式破碎站、筛分站、皮带机、砌块成型机等机械有机组合，灵活性高，整体工作面占地少，形成高自动化的建筑垃圾处理平台，显著提高建筑垃圾处理效率。

7.2.3 适用范围

适用于建筑垃圾回收利用处理，适用于各种类型和形状的制砖生产。环保砖主要适用于传统路面砖铺设材料、道路铺设、路基铺设、公园绿化道路铺设、城市河道固土护坡、城市地下管网建设。

7.2.4 工艺原理

本工艺通过将破碎站、筛分站模块化设计组合，对建筑垃圾进行分级破碎筛分，形成破碎物料，然后与水泥混合充分搅拌均匀形成拌合料，再通过砌块成型机台模振动压制成砖进行资源化利用，实现变废为宝。

1. 建筑垃圾分级破碎筛分

本技术通过模块化设计，将履带移动反击式破碎站、筛分站组合安装，以对建筑垃圾进行分级破碎及筛分，形成多级粒度均匀、质量良好的可再利用原料。

（1）履带移动反击式破碎站破碎筛分

履带移动反击式破碎站主要包括给料斗、反击式破碎机、动力机组、尾料输送机、主输送机、过渡输送机、除铁器，具体见图 7.2-1。建筑垃圾首先通过铲车投喂至给料斗，输送至反击式破碎机进行破碎，反击式破碎机结构见图 7.2-2；机器工作时，在电动机的带动下，转子高速旋转，物料进入板锤作用区时，与转子上的板锤撞击破碎，后又被抛向反击装置上再次破碎，然后又从反击衬板上弹回到板锤作用区重新破碎，直到物料被破碎

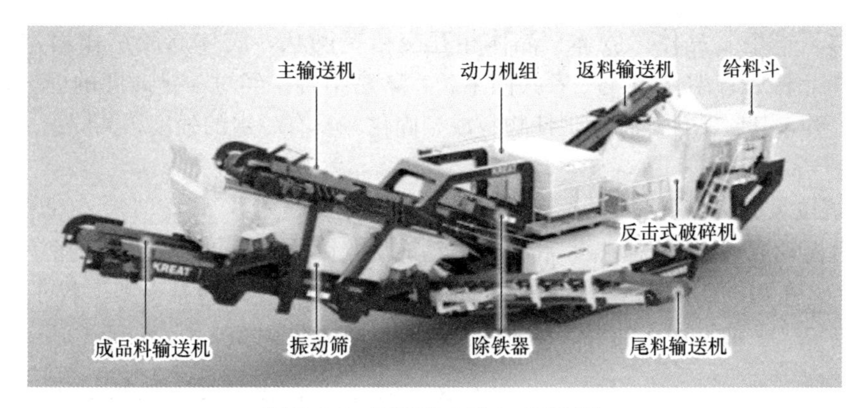

图 7.2-1　履带移动反击式破碎站

至所需粒度，由出料口排出，通过主传送机输送至振动筛，粒径符合要求的通过筛网经成品料输送机送往下一工序；粒径过大的被筛网阻隔，再通过返料输送机返回给料斗重新破碎。

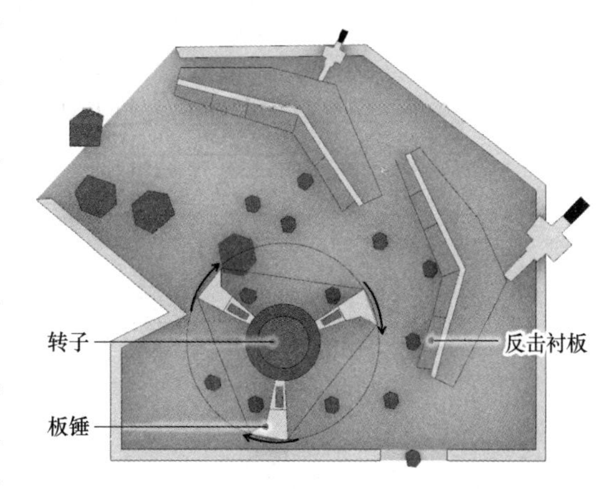

图 7.2-2　反击式破碎机结构示意图

（2）物料筛分

经反击式破碎站破碎筛分粒度合格的物料穿过筛网被皮带机送至筛分站中进行多粒度筛分，筛分站见图 7.2-3，筛分站共有三层筛网，筛网筛面大小根据需求可更换。筛分站通过振动电机作为激振源，将粒度不同的物料进行快速、精准筛分。

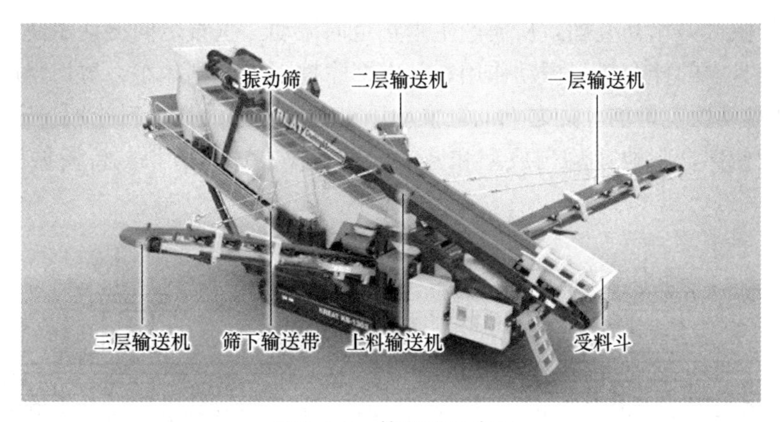

图 7.2-3　筛分站示意图

2. 物料与水泥混合自动固化

本工艺将建筑垃圾破碎筛分后的成品物料、水泥、水按一定的配合比进行混合搅拌形成拌合料，经制砖机压缩成型。水泥遇水发生反应生成水化物并形成浆体，裹挟物料。随着水泥的水化反应不断进行，水分逐渐减少，浆体失去塑性开始凝结，并随着时间的推移，产生了晶体。胶体、晶体相互交错呈网状，胶体起胶结作用，将物料胶结，物料和晶体起骨架作用，三者共同生长，紧密结合。经过一定时间的养护，水泥的强度逐渐上升，其凝结硬化作用促使物料成型固化并具有一定的强度，共同形成坚固致密的固体。

3. 建筑垃圾振压成型

振动台振动成型（简称台振）和模箱振动成型（简称模振）是制砖机的两种主要成型方法，本工艺采用的砌块成型机集成二者的优点，其结构组成包括支架、料斗、布料车、振动台、电机、上油缸、下油缸、压头及模具等，具体见图 7.2-4。

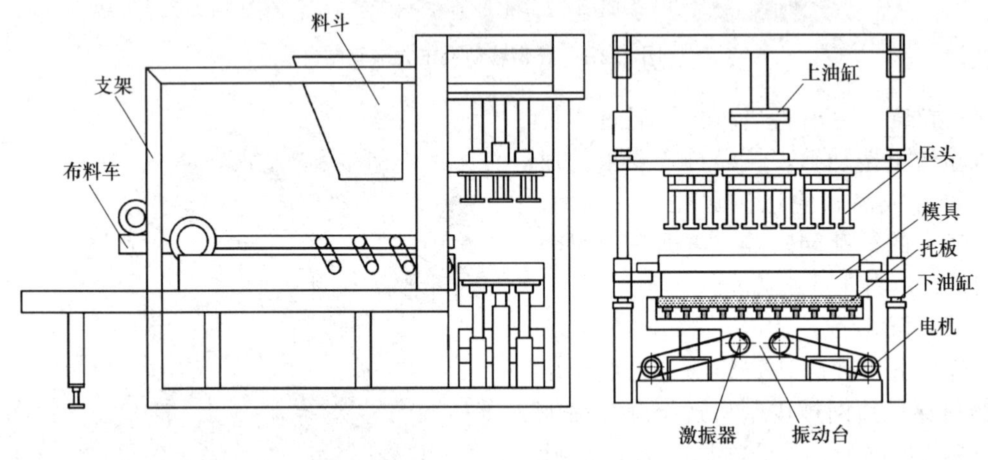

图 7.2-4　台模振压砌块成型机

拌合料被输送至砌块成型机通过料斗落入布料车厢内，经布料车往返送料使拌合料均匀分布在模具中。模具下方振动台中的激振器产生激振力，激振力方向在一定振幅内时刻发生变化，将此运动在平面内分解得到水平运动和垂直运动，水平方向激振力互相抵消，而垂直方向的激振力相互叠加，从而产生垂直定向振动。垂直定向振动驱使振动台和模具产生共振，模具内的拌合料受振动作用，其内部摩擦阻力急剧减小，剪切强度降低，抗压阻力变小，“流动性”增加，加之上油缸推动压头对模具内的拌合料施加一定压力，上振、下压双重作用使拌合料快速均匀成型和密实，显著提高成型效果。台模振压成型原理见图 7.2-5。

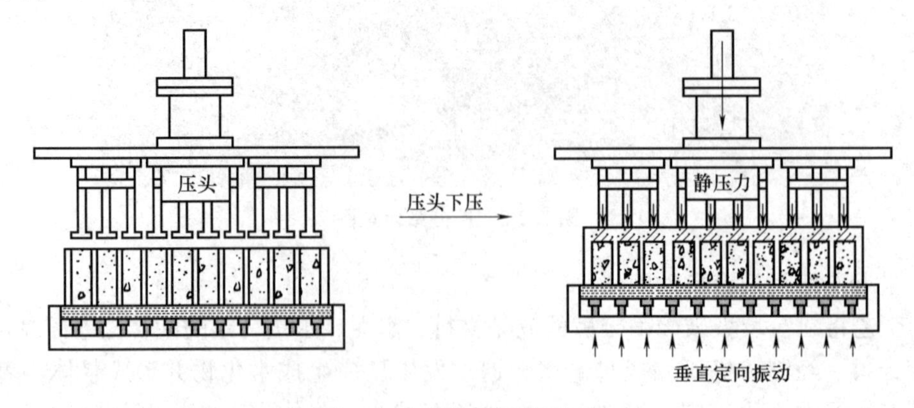

图 7.2-5　台模振压成型原理

4. 成品砖自动打包

本工艺采用自动码垛机，对养护好的成品砖进行统一规整码垛。自动码垛机通过电器控制系统和仓库管理系统联机联合，根据提前设定好的参数和垛型，由输送带将经过整理后的成品砖传送到待抓取装区域，再由自动码垛机抓手放置到托盘上，码垛一层，升降平台下降一层，待这一托盘满垛后升降平台降到低层，自动报警灯响起，然后由叉车送至仓库，下一个空托盘自动送入进行码垛。

7.2.5　施工工艺流程

建筑垃圾多级破碎筛分及台模振压制砖资源化利用工艺流程和制砖工序见图 7.2-6、图 7.2-7。

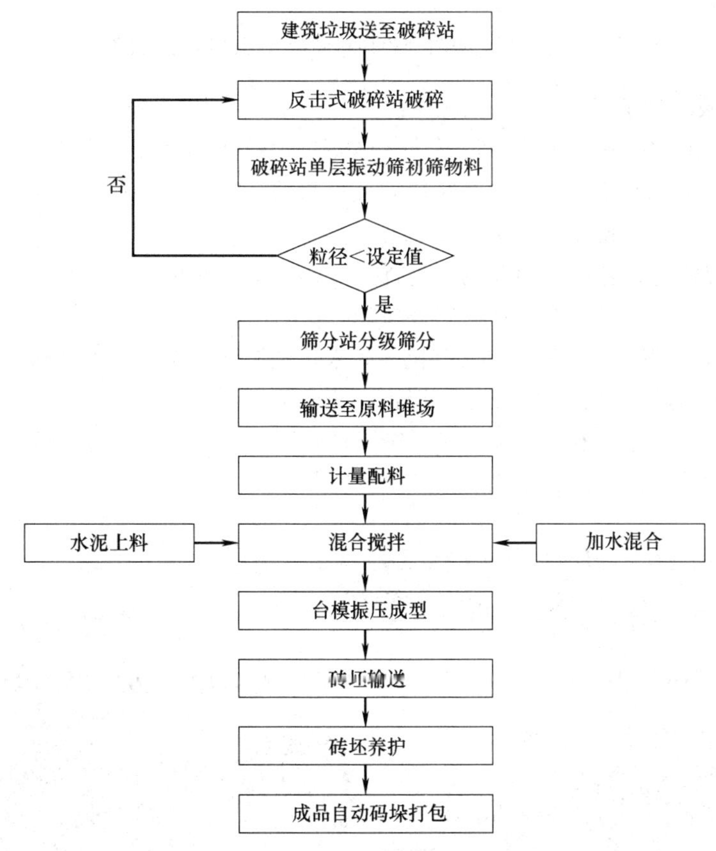

图 7.2-6　建筑垃圾多级破碎筛分及台模振压制砖资源化利用工艺流程图

7.2.6　工序操作要点

1. 建筑垃圾送至破碎站

（1）建筑垃圾为固体废弃物，其块形、重量相对较大，通过铲车将其投入到破碎站给料斗进行喂料。

（2）给料斗将建筑垃圾均匀、定时、连续地送至破碎机械喂料，防止破碎机因进料不均而产生死机的现象。

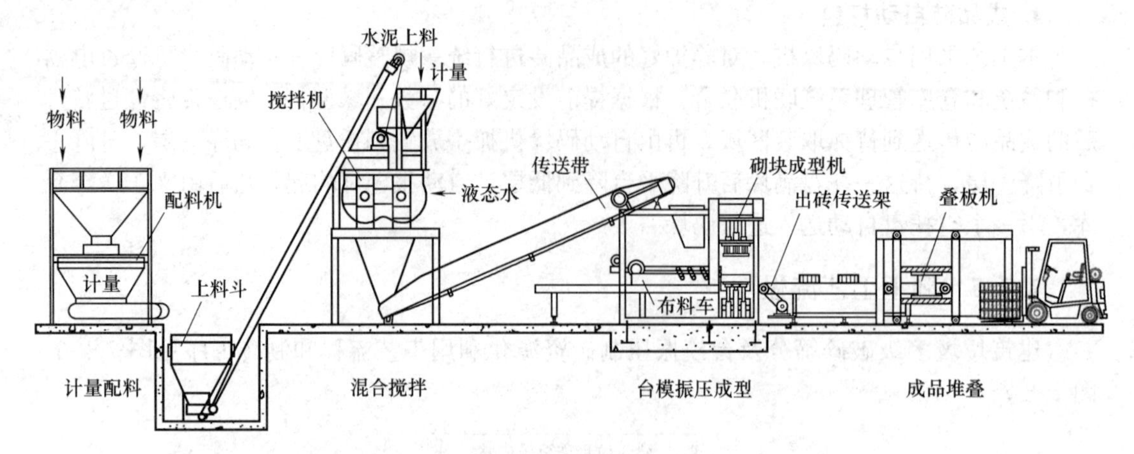

图 7.2-7　经破碎筛分的物料混合振压制砖工序流程

2. 反击式破碎站破碎

(1) 采用反击式破碎站对建筑垃圾进行破碎，投料前事先开启机器，并且在无负荷情况下启动，等待反击式破碎站正常运转后，方可投料；加料时避免侧面加料，防止负荷突变或单边突增。反击式破碎站见图 7.2-8。

(2) 将待破碎材料通过给料斗均匀地加入反击式破碎机的破碎腔内，与转子上的板锤撞击反复破碎，碎至所需粒度后从出料斗排出。

(3) 经反击式破碎机处理后的物料粒径尚未达到制砖要求时，在破碎后物料下落至反击式破碎站的主输送机输送至振动站，以进一步筛分。

(4) 主输送机前端设有除铁器，专门吸附破碎后物料中残留的废钢筋、废铁丝等杂质，保证物料的质量，具体见图 7.2-9。

图 7.2-8　反击式破碎站

图 7.2-9　除铁器及废弃金属

3. 破碎站单层振动筛初筛物料

(1) 经反击式破碎机破碎后的物料从破碎机下部出料口落下，沿着反击式破碎站的主输送机输送至其单层振动筛进行初步筛分。

(2) 粒度不合格的物料被阻隔在振动筛筛网表面，由于振动作用使物料可沿倾斜筛网下落至返料带，通过返料带被输送至反击式破碎机内进行再破碎处理；粒度满足要求的物料穿过筛网网孔落至主输送机，被输送至筛分站进行分级筛分。

4. 筛分站分级筛分

（1）经破碎处理后的物料通过输送机输送至筛分站的受料斗，由上料输送机送至多层振动筛，输送过程见图 7.2-10，筛分站见图 7.2-11。

图 7.2-10 经破碎后的物料输送至筛分站

图 7.2-11 筛分站

（2）筛分站振动筛物料筛淌线长，具有较高筛净率；振动筛筛箱内含三层筛网，筛网可根据需求自行更换，满足不同材料需求。

（3）一级筛网可将碎石筛分，二级筛网筛分中砂大小的物料，三级筛网筛分细砂大小的物料，各级筛分皆配有对应传送带，通过输送机输送至原料堆放场。

（4）采用振动电机作为激振源，无传动损耗，激振力更强，振幅更大，物料在振动作用下快速被逐级筛分。

5. 输送至原料堆场

（1）将经多级破碎筛分后符合粒度要求的物料运送至原料堆放场进行储存，场地情况见图 7.2-12。

（2）各级不同粒度的物料按种类、规格分别堆放整齐，不得混合堆放。

6. 计量配料

（1）将待配比的物料由推土机送入到储料仓内，储料仓为漏斗状储仓，设有开启、闭合机构，底部设有皮带机，可将物料输送至上料斗，储料仓见图 7.2-13。

图 7.2-12 原料堆放场

图 7.2-13 储料仓

（2）启动储料仓皮带机，开启储料仓使物料通过皮带机输送到上料斗中，依据配合比设置物料重量，当上料斗内物料重量达到预设值时，储料仓闭合，储料仓皮带机停止，计量完成，上料斗见图 7.2-14。

7. 水泥上料

(1) 水泥型号为 P·O42.5R 散装水泥，储存于圆筒式水泥仓中。

(2) 水泥仓底部设有螺旋输送机，水泥通过螺旋输送机输送到搅拌机中。

(3) 螺旋机连接处作密封处理，防止水泥泄漏，水泥上料见图 7.2-15。

图 7.2-14 上料斗

图 7.2-15 水泥上料

8. 加水混合

(1) 液态水主要用于与水泥发生凝结硬化，使混合料具有一定可塑性。

(2) 液态水存放在 PE 储液罐中，通过塑料罐底部阀门，由抽水泵送入搅拌机中，储液罐见图 7.2-16。

9. 混合搅拌

(1) 物料计量配料后进入上料斗，启动上料系统的卷扬制动电机，减速箱带动卷筒转动，钢丝绳经滑轮牵引料斗沿上料架轨道向上爬升，当爬升到一定高度时，斗门即自动打开，物料经进料漏斗卸入搅拌筒内，具体见图 7.2-17。

图 7.2-16 储液罐

图 7.2-17 上料斗爬升

(2) 搅拌前预先启动上料系统，将计量过的物料卸入搅拌机中，再启动螺旋输送机加入定量配比的水泥，将物料和水泥混合干拌 2～3min；然后，将液态水按照配合比通过抽水泵抽取一定量注入搅拌机中，再混合搅拌 2～3min，完成搅拌工序。双轴强制搅拌机见图 7.2-18。

(3) 搅拌完成后，拌合料通过搅拌机下方漏斗卸入传送皮带机，传送皮带机将拌合料送至砌块成型机。

10. 台模振压成型

(1) 拌合料首先经过砌块成型机的料斗落入布料车箱体内，布料车将拌合料均匀顺利地下落到模具内。拌合料送入布料车后，布料车向前推进，在模具上方快速往复运动的同时振动台振动，拌合料受到冲击和振荡，均匀落入模具中并初步密实，具体见图 7.2-19。

图 7.2-18　双轴强制搅拌机

图 7.2-19　布料车受料后向前推进布料

(2) 布料完成后，砌块成型机压头下压、振动台激振，将模具内的拌合料振压成砖坯，见图 7.2-20。砖坯成型后，下油缸将模具提起，实现砖坯脱模，具体见图 7.2-21。

图 7.2-20　台模共振静压成型

图 7.2-21　砖坯脱模

（3）本工艺所使用的模具可根据需要进行更换，可生产不同规格的环保砖，以满足各类使用场景，各类台模模具见图7.2-22。

图7.2-22　各类台模模具

11. 砖坯输送

（1）在布料前，供板机将托板送至模具下方；物料压制成砖坯后，出砖传送架带动托板将砖坯托运至叠板机处，托板传送线路具体见图7.2-23。

图7.2-23　托板传送线路

（2）出砖传送架由主动传送区和被动传送区两部分组成。主动传送区负责送砖，被动传送区末端设置叠板机行程开关，负责启动叠板机。当后一块托板送至被动传送区时，将会推动前一块托板前进直至触发叠板机行程开关，叠板机自行启动。

（3）叠板机主要由机架、升降机、滑轨组成，升降机附着于机架上，可上升或下降，机架可沿滑轨前后移动；叠板机工作时，升降机带动托板上升至一定高度后，叠板机机架沿滑轨水平前移，达到叠放区后升降机下降堆叠砖坯，最后自行返回原位。砖坯堆叠过程见图7.2-24。

（4）叠板层数以3～4层，防止托板变形过大影响砖坯质量。

12. 砖坯养护

（1）将堆叠好的砖坯使用叉车运送至养护区养护，养护区场地保持干净、平整，防止因为场地问题导致砖坯发生变形，具体见图7.2-25。

（2）砖坯养护采用自然养护，养护28d达到100%强度。静养时间在24h左右，静养后方可移动砖坯或将砖坯脱开托板，砖坯堆放高度不超过1.3m，砖坯养护见图7.2-26。

图 7.2-24 砖坯堆叠过程

图 7.2-25 叉车运输砖坯至养护区

13. 成品自动码垛打包

(1) 砖坯养护完成后，将成品使用叉车运至码垛机进行码垛，并使用 PET 塑钢带打包，方便运输及销售，成品自动码垛打包见图 7.2-27。

图 7.2-26 砖坯养护

图 7.2-27 成品自动码垛打包

(2) 成品码放整齐，严禁压角、搭茬以及明显错缝。

7.2.7 机械设备配置

本工艺现场施工所涉及的主要机械设备配置见表 7.2-1。

主要机械设备配置表　　　表 7.2-1

设备名称	型　号	数　量	备　注
履带移动反击式破碎站	KI-4800BRS	1台	破碎建筑垃圾
履带移动筛分站	KS-1303	1台	分级筛分
螺旋输送机	LSY200	1台	输送水泥
配料机	PLD800	1台	计量配料
搅拌机	JS750	1台	混合物搅拌
皮带机	—	1台	运输混合料
砌块成型机	QT10-15	1台	压制砖坯
供板机	—	1台	托板运送
叠板机	双排叠板机	1台	砖坯叠板

7.2.8　质量控制

1. 建筑垃圾破碎筛分

（1）经反击式破碎后，由专门设置在输送带端部的除铁器对破碎后物料中残留的废钢筋、废铁丝等杂质进行吸附除杂，保证物料的质量。

（2）破碎站在运行前，检查破碎机腔内、输送带是否有杂质，若有则清除，以免影响物料质量。

（3）入机物料符合破碎机技术要求，粒度不得超过规定范围，含水量与物料物性有关，不宜大于15%，以免堵塞入料口和产生糊机现象。

（4）最大给料粒度符合设计规定并且均匀给料，以提高破碎效果，改善工作条件。

（5）专人定期检查出料情况，如发现排料粒度不符合规定，检查板锤、衬板的磨损情况，发现问题及时更换磨损零部件；排料口始终保持畅通，以免因出料不畅而引起设备过载。

（6）粒度不符合要求的物料，通过返料带返回反击式破碎机进行再次破碎处理。

（7）经筛分站筛分分为三级粒度不同的物料，各级物料分开存放，便于配料时按照配合比进行严格计量，保证成砖质量。

2. 原料配制及搅拌上料

（1）启动配料机前，清空计量斗内余料，清零计量斗。

（2）配料机储料仓的粗细骨料及时补充，防止储料仓骨料太少导致配料不准。

（3）配料机计量斗部分定期检查，出现较大误差值查明原因，如属传感器及控制器内零件故障时，及时更换同型号产品。

（4）检查螺旋输送机连接处是否密封、送量是否准确，防止水泥过少影响制砖质量。

（5）储液罐无多余杂质，检查水泵送是否正常。

（6）搅拌机操作过程中，切勿使砂石等落入机器的运转部位，料斗底部粘住的物料及时清理干净，以免影响斗门的启闭。

（7）当物料搅拌完毕或预计停歇半小时以上时，将粘在料筒上的砂浆冲洗干净后全部卸出；料筒内不得有积水，以免料筒和叶片生锈；同时清理搅拌筒外的积灰，使机械保持清洁完好。

3. 台模振压制砖

（1）准确控制物料、水泥、水的配制比例。

（2）托板保持洁净，发现粘结的料块清除后方可送入供板机。

（3）布料车底板保持与模具平面一致，使用一定时间进行检查，高速布料车退回后，既能刮回余料，也能扫清压头表面粘料，上下刮板发现磨损过度及时拆换。

（4）严格控制振压时间，必要时高速供料；随时注意各工序限位是否正常，螺栓是否松动，如有意外，及时停机调整。

（5）成品砖采用室内自然养护，当环境温度低于20℃时，须用塑料布、地工布等覆盖在砌块坯体上，以便保温保湿；在炎热的夏季，则需要用草帘覆盖，并洒水养护。

7.2.9　安全措施

1. 多级破碎筛分

（1）定期做好摩擦面的润滑工作，确保机器的正常运转和延长其使用寿命；破碎机使用前，推力板与推力板支座之间注入适量的润滑脂。

（2）破碎机开动前，检查所有紧固件牢固，无松动；检查摩擦部件，无擦伤、掉屑和研磨现象，无不正常的响声，机械运转平稳。

（3）检查防护装置是否良好，发现有不安全现象时，及时排除；检查破碎腔内有无矿石或杂物，若有矿石或杂物，则必须清理干净，以确保破碎机空腔启动。

（4）根据使用情况，在破碎站的碎石轧料槽上面设保护罩，防止碎石由轧料槽内崩出伤人。

（5）开机前，清除破碎站内及周围的杂物，检查各润滑部位，并用手扳动数圈，各部机构灵活才允许开机。

（6）破碎站工作时，严禁用手从腔内取出石块，如有故障用撬棍、铁钩等工具处理。

（7）若因破碎腔内物料阻塞而造成停车，立即关闭电动机，待物料清除干净后，再行启动。

（8）调节排料口时，先松开拧紧弹簧，待调整好后，再适当调整弹簧的张紧程度并拧紧螺栓，以防衬板在工作时脱落。

（9）破碎站工作时，防止石块嵌入张力弹簧中，影响弹簧强度。

（10）在正常工作情况下，破碎机轴承的温升不超过35℃，最高温度不得超过70℃，否则立即停车，查明原因加以消除。

（11）筛分站通过振动作用进行物料的筛分，在机械周围避免站人，以防碎石弹射。

（12）建筑垃圾在破碎、筛分过程中会产生粉尘，现场工作人员佩戴个人防护装备。

2. 原料配制及搅拌上料

（1）用装载机移动下料斗时，设专人指挥，确保安全移动。

（2）破碎机运转时，严禁清除机械设备上的杂物。

（3）保证操作柜的清洁，严禁在上面置放杂物，以免破坏屏面，在触摸屏上操作时，保持手的清洁干净，用手指轻轻点击屏面，严禁用力过大或用指甲盖操作，保证屏面的清晰度。

（4）停机后断开各设备的电源进线开关，并做好工作记录。

（5）配料机控制仪由专人操作，工作时严格按使用说明书操作。

（6）配料机在运行中随时检查各运转部分是否正常，重点检查输送皮带有无跑偏、皮带与从动轴之间有无异物掉入，如发现异常情况，立即停机排除。

（7）检查搅拌机叶片、支撑臂连接螺栓是否松动，调整叶片与罐臂的间隙。各电机、电气元件接线不得有松动现象，并检查交流接触器触点情况，对配电箱的灰尘进行清扫，各限位开关不得进水。

（8）搅拌作业中如发生意外或故障不能继续运转时，立即切断电源，将筒内混凝土清除干净，然后进行修理。

（9）下班关机前，将模具和料箱内的混合料使用完，清除干净没有使用完的物料。

3. 台模振压制砖

（1）每次在启动制砖机前检查免烧砖机的离合器、制动器、钢丝绳等配件保证其良好性，模具内不得有异物，保持制砖机液压系统、油路管道及液压站内部清洁。

（2）检查启动回路是否正常，各电磁阀是否正常工作，检查操作台上各按钮是否在准备工作位置。

（3）液压系统调整到额定压力为 11～12MPa，定期清洗过滤器，每年至少对液压系统中的液压油过滤一次，经常检查油箱内油量，缺少时补充。

（4）机械设备发生故障后及时检修，严禁带故障运行和违规操作，杜绝机械事故。

（5）制砖机运行时，注意避免油温过高，以免影响机器性能。

（6）施工现场用电由专业电工操作，持证上岗，其技术等级与承担的工作相适应；现场配备标准化电闸箱并设置明显标志，所有使用的电器设备符合安全规定，并严格接地、接零和使用漏电保护器；现场电缆、电线架空，有防磨损、防潮、防断等保护措施。

（7）台模振压机工作时，严禁非工作人员靠近。

（8）操作人员提前 30min 交接班，认真做好开机前的准备工作，携带齐工具，检查机器各部位性能是否良好及各种零部件是否完好，机油是否到位，检查电压、电流是否正常。

第8章 逆作法钢管柱定位新技术

8.1 逆作法钢管柱与工具柱自调式滚轮架同心同轴对接技术

8.1.1 引言

当地下结构采用逆作法施工时，其基础桩一般采用底部灌注桩+结构柱形式，钢管结构桩为常见的形式之一。钢管结构桩作为永久结构，对定位和垂直度控制要求高。在基础工程逆作法中，钢管结构柱垂直度偏差不能超过1/300，有的甚至要求达到1/500。为确保满足高精度要求，通常采用全套管全回转钻机定位。由于全套管全回转钻机高度超出地面3.5m左右，同时钢管柱顶标高一般处于地面以下位置，为满足钻机孔口定位需求，此时需采用工具柱连接钢管结构柱的方式，利用固定工具柱进行辅助定位，具体见图8.1-1。通常工具柱与钢管柱在工厂预制，验收合格后运送至现场进行拼接。因此，除钢管结构柱定位时满足精度要求外，对钢管柱与工具柱的对接精度提出了更高的要求。

图8.1-1 工具柱与钢管柱安放

逆作法钢管柱与工具柱现场对接时，多采用工字钢搭设定位平台，该类平台由多个工字钢架组成，在对接时需要借助起重机反复调节钢管柱与工具柱法兰结构螺栓孔对齐，对接过程中需反复手动垫衬以完成对接；另外，对接转动过程中，易出现平台不稳定、柱体滚动，整体对接过程耗时耗力、施工效率低，且存在一定的安全风险隐患，普通工字钢对接调节架见图8.1-2。

图8.1-2 普通工字钢对接调节架

针对上述逆作法施工中钢管柱与工具柱现场对接存在的问题，项目组对“逆作法钢管柱与工具柱自调式滚轮架对接施工技术”进行了研究，采用自调式滚轮架对接平台，对钢管柱与工具柱实现同心同轴自动、快速高精度对接，达到了精度可靠、便捷高效、操作安全、成本经济的目标。

8.1.2　工艺特点

1. 精度可靠

本工艺根据钢管结构柱、工具柱实现对接的设计标高位置预先布置对接平台，并现场测控其精度；对接时将钢管柱、工具柱吊放至对接平台上，确保钢管结构柱和工具柱处于同心同轴状态；启动钢管柱段对接平台上设置的主动滚轮架电机，确保钢管结构柱与工具柱连接间的法兰盘螺栓孔位对齐，对接精度完全满足设计要求。

2. 便捷高效

本工艺所述对接平台根据同心同轴原理制作，将钢管柱和工具柱吊运就位后，无需对钢管柱和工具柱来回翻转滚动调整位置，即可保证两柱满足同心同轴状态；启动主动滚轮架电机，通过无线遥控器控制调节转动钢管柱，确保钢管柱与工具柱法兰盘螺栓孔位对齐，即可固定螺栓，快速完成对接调节，定位效率高，有效缩短对接时间。

3. 操作安全

本工艺对接平台的基座安放于硬地化场地，有效防止因不均匀沉降造成对接偏差；基座由工字钢拼接而成，上下层工字钢之间进行焊接，且基座底部采用带肋钢筋固定，避免吊装时平台受力滑动；每台自调式滚轮架包含 2 个对称布置的滚轮组，滚轮组对柱体提供有效的支撑和包裹，确保钢管柱和工具柱安装就位后不发生任何滚动，保证对接过程中的安全。

4. 成本经济

本工艺采用的自调式滚轮架对接平台由工字钢基座和自调式滚轮架组成，工字钢基座制作方便，起吊、拆装和操作便利，仅需 2～3 人操作即可，节省了人力成本；自调式滚轮架可根据钢管柱与工具柱规格大小自动调整滚轮组的摆角，适应于各种不同直径的钢管结构柱和工具柱对接，且整套对接装置可重复使用，整体综合成本低。

8.1.3　适用范围

适用于逆作法中钢管结构柱、工具柱之间，以及钢管结构柱与工具柱间对接；适用于非逆作法中基坑支撑钢管立柱的对接；适用于直径在 600～3800mm 范围内、载重不大于 20t 的钢管柱与工具柱的对接。

8.1.4　工艺原理

本工艺采用自调式滚轮架对接平台，实现钢管结构柱与工具柱的对接和固定，其关键技术包括两部分：一是钢管柱与工具柱同心同轴对接技术，二是钢管柱与工具柱法兰结构调节固定技术。

以深惠城际 1 标土建 2 工区怡海站工程为例进行说明，钢管结构柱直径 1300mm、长度 18m，工具柱直径 1800mm、长度 10m。

1. 自调式滚轮架对接平台结构

本工艺所述的自调式滚轮架对接平台有主动滚轮架对接平台和从动滚轮架对接平台两种，均由基座和滚轮架两部分组成，具体见图 8.1-3、图 8.1-4。

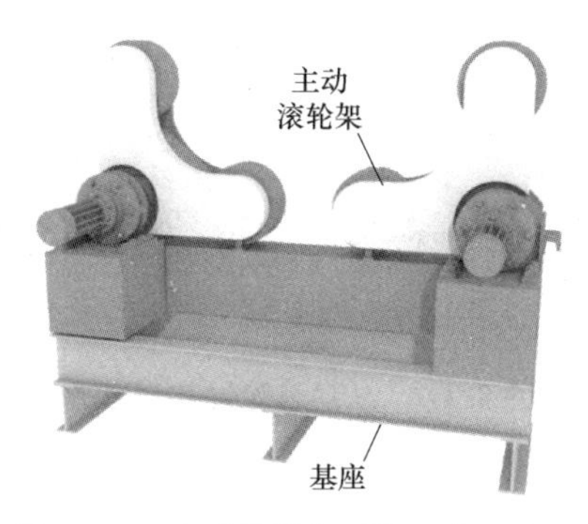

图 8.1-3 主动滚轮架对接平台示意图

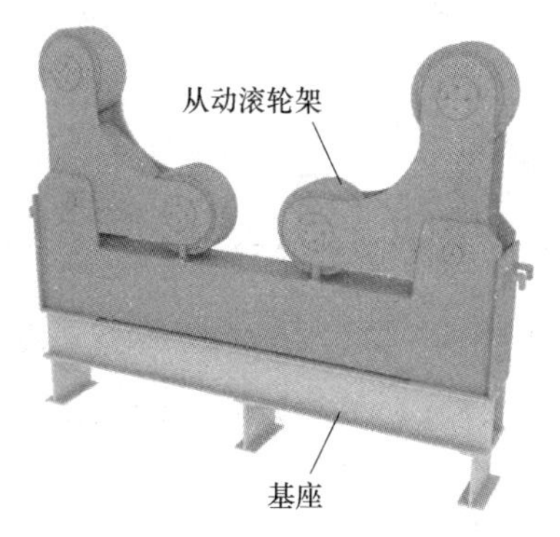

图 8.1-4 从动滚轮架对接平台示意图

1）对接平台基座

（1）构成

主要由标准工字钢拼接而成，工字钢型号的选择及工字钢组合高度根据钢管柱与工具柱的直径差设置。

（2）功能

作为对接平台底部的支承受力结构。根据钢管柱与工具柱直径的不同，通过更换不同型号的工字钢调整基座高度，调节钢管柱和工具柱中心线高度差，使钢管柱和工具柱的中心轴线高度保持一致，具体见图 8.1-5。

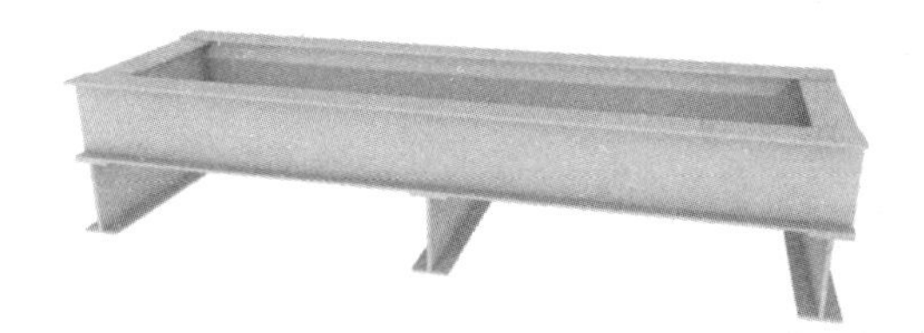

图 8.1-5 对接平台基座示意图与现场实物

2）滚轮架

（1）构成

自调式滚轮架分为主动滚轮架与从动滚轮架，主、从动滚轮架各有两个对称的滚轮组，每个滚轮组有两个滚轮，滚轮采用内铁芯、外橡胶的结构制成。主动滚轮架的运转由调速电机通过蜗轮减速箱同步传动运转，采用调速控制器实现无级变速，滚轮架 BIM 模型见图 8.1-6、图 8.1-7。

（2）功能

滚轮架主要有两个功能，一是具有扩大展开功能，即在规定的范围内可根据钢管柱与工具柱直径大小，自动调整滚轮架组的摆角，适应于直径在 600～3800mm 范围内的钢管柱与工具柱，具体见图 8.1-8；二是装有调速电机的主动滚轮架具有自转功能，在将钢管柱与工具柱吊运就位后，柱体与自调式滚轮架的滚轮接触，滚轮由橡胶包裹，摩擦力大；

启动主动滚轮架电机，滚轮可缓慢匀速转动，并带动钢管柱绕其心轴进行旋转，确保钢管柱定轴小幅度平稳转动，具体见图 8.1-9。

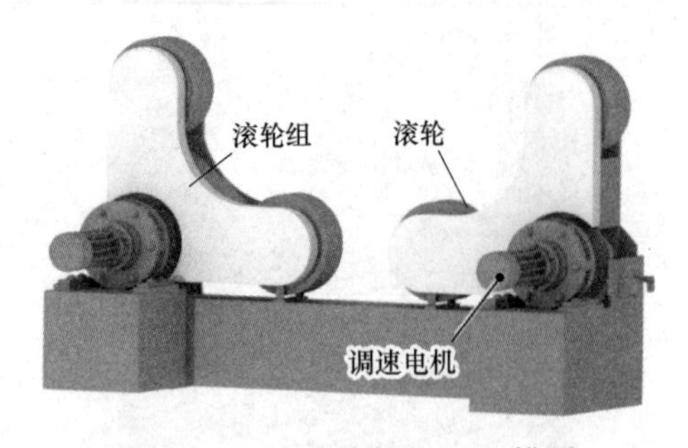

图 8.1-6　主动滚轮架 BIM 模型

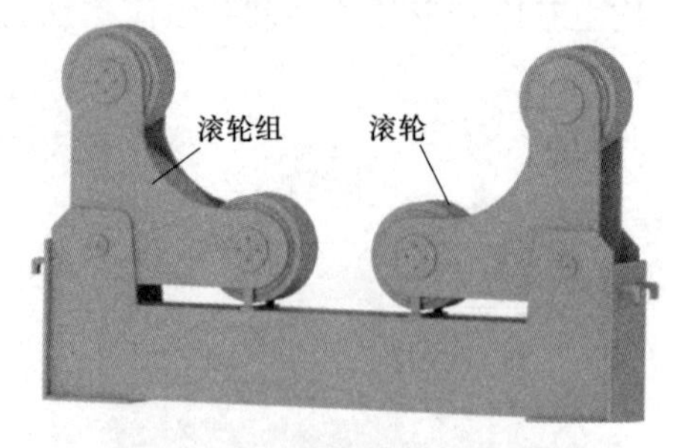

图 8.1-7　从动滚轮架 BIM 模型

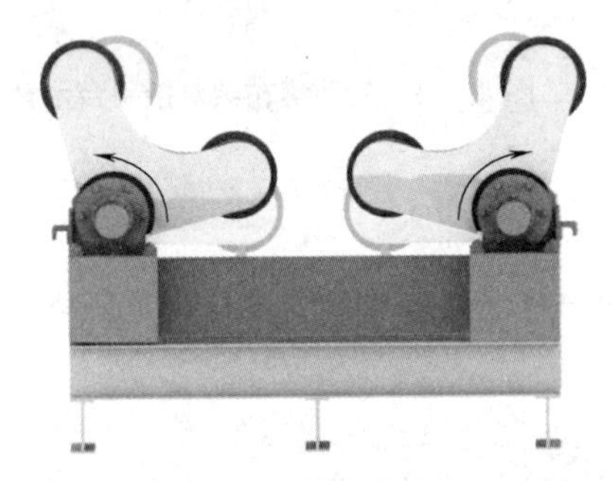

图 8.1-8　主动滚轮架（左）与从动滚轮架（右）扩大展开功能示意图

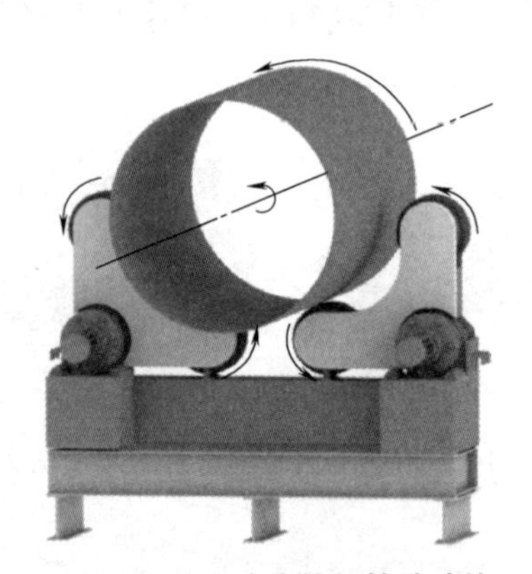

图 8.1-9　主动滚轮架转动功能

2. 钢管柱与工具柱同心同轴原理

（1）钢管柱就位状态

钢管柱吊装就位后，其轴线位置 $H_1=h_{11}$（钢管柱圆心至滚轮架底座顶端距离）$+h_{12}$（滚轮架底座高度）$+h_{13}$（对接平台基座高度），具体就位状态见图 8.1-10。

（2）工具柱就位状态

工具柱吊装就位后，其轴线位置 $H_2=h_{21}$（工具柱圆心至滚轮架底座顶端距离）$+h_{22}$（滚轮架底座高度）$+h_{23}$（对接平台基座高度），具体就位状态见图 8.1-11。

（3）钢管柱与工具柱同心同轴对接原理

本工艺根据钢管结构柱和工具柱直径的不同，预先制作完全满足对接精度要求的调节

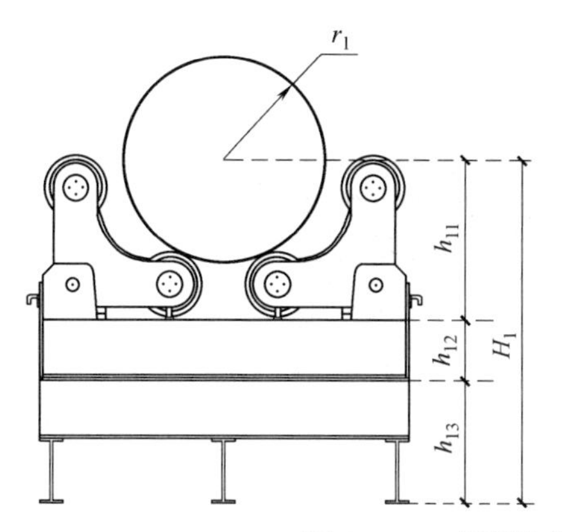

图 8.1-10 钢管柱就位对接平台示意图与现场实物

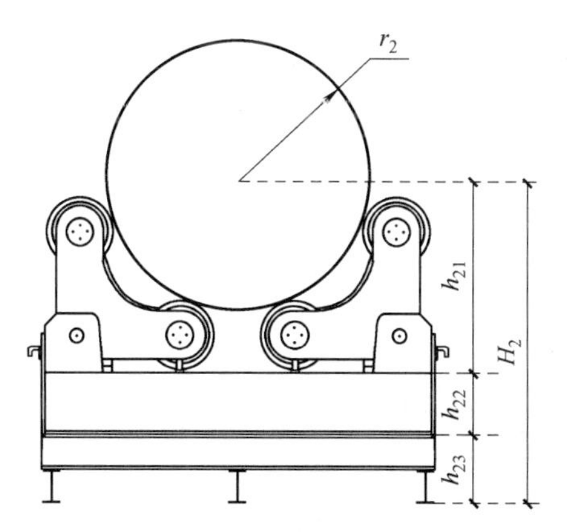

图 8.1-11 工具柱就位对接平台示意图与现场实物

钢管柱和工具柱中心线高差的基座，确保钢管柱和工具柱吊放至对接平台后两柱处于同心同轴状态。

当钢管柱与工具柱吊运至对接平台后，二者中心轴线标高位置 H_1 和 H_2 相等，即满足 $h_{11}+h_{12}+h_{13}=h_{21}+h_{22}+h_{23}$ 时，表示钢管柱和工具柱二者完全处于同心同轴状态，具体见图 8.1-12、图 8.1-13。

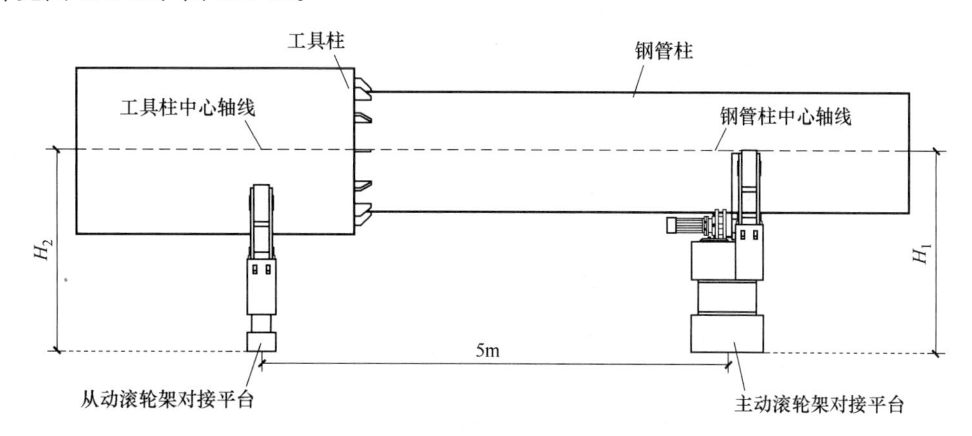

图 8.1-12 工具柱和钢管柱吊运至自调式滚轮架对接平台

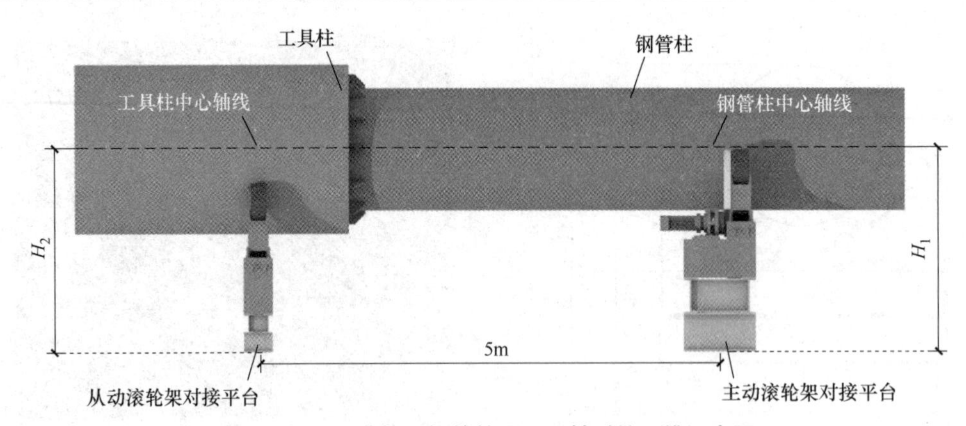

图 8.1-13　工具柱和钢管柱同心同轴对接三维示意图

3. 钢管柱与工具柱法兰结构调节固定原理

钢管柱和工具柱达到同心同轴状态后，二者的法兰结构螺栓孔位仍未完全对齐，此时启动钢管柱下方两个相隔布置的主动滚轮架对接平台的电机，通过无线遥控器调节两个主动滚轮架，由两个支点带动钢管柱进行微幅慢速定轴转动，直至两柱法兰结构螺栓孔位对齐，满足对接精度要求后使用螺栓通过螺栓孔将两柱的法兰结构进行固定，即可完成钢管柱与工具柱的精准对接，对接完成状态具体见图 8.1-14。

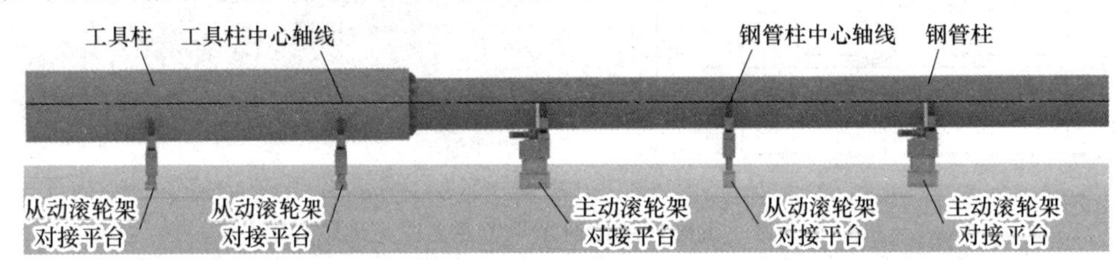

图 8.1-14　钢管柱与工具柱自调式滚轮架同心同轴对接完成三维模型

8.1.5　施工工艺流程

逆作法钢管结构柱与工具柱自调式滚轮架对接施工工艺流程见图 8.1-15。

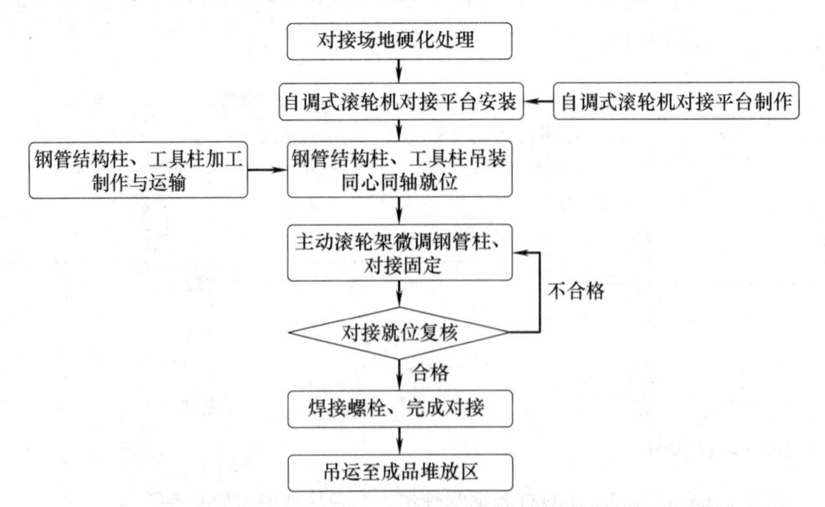

图 8.1-15　逆作法钢管结构柱与工具柱自调式滚轮架对接施工工艺流程图

8.1.6 工序操作要点

1. 对接场地硬化处理

（1）清理对接场地，将地面浮浆、垃圾等清除干净，并平整压实。

（2）浇筑厚 15cm、C15 混凝土地坪，基础面平整度在 10m 以内误差不能大于 3mm，10m 以外误差不能大于 5mm。

（3）混凝土地坪浇筑完后，按要求进行养护，对接场地硬化处理见图 8.1-16。

图 8.1-16 对接场地硬化处理

2. 自调式滚轮架对接平台制作

（1）基座由各型号标准工字钢拼接而成，根据钢管柱与工具柱的重量以及直径差选择工字钢型号。

（2）基座的下层等间距竖向平行放置二个同规格工字钢，在下层工字钢上方横向平行放置两端由 10mm 厚钢板焊接为整体的两个同规格工字钢；上下两层工字钢之间进行焊接，防止滑移。

（3）基座平面尺寸由自调式滚轮架平面尺寸确定，主动滚轮架平面尺寸为 2165mm×1010m（长×宽），从动滚轮架平面尺寸为 2165mm×425mm（长×宽），具体见图 8.1-17、图 8.1-18。

图 8.1-17 主动滚轮架对接平台基座

图 8.1-18 从动滚轮架对接平台基座

（4）自调式滚轮架包括主动滚轮架和从动滚轮架，由专业机械制造厂家根据行业标准生产提供，出厂前对各项技术指标、参数按相关规范进行检验，均满足要求后方可出厂。主动滚轮架和从动滚轮架对接平台具体见图 8.1-19、图 8.1-20。

（5）滚轮架型号为 ZT-20T，载重为 20t，滚轮直径 350mm、宽度 160mm，可对接直径范围为 600～3800mm，进场后现场进行调试，满足要求后使用。

（6）主动滚轮架的运转由调速电机通过两个蜗轮减速箱同步传动运转，采用调速控制器实现无级变速。

图 8.1-19　主动滚轮架对接平台

图 8.1-20　从动滚轮架对接平台

3. 自调式滚轮机对接平台安装

1）基座

（1）根据钢管柱、工具柱的长度，确定平台数量和间距，平台间距按 5m 设置一个。由于对接长度共计 28m（钢管柱长度 18m、工具柱长度 10m），为保持柱体稳定，防止倾覆，对接平台外两侧柱体外漏长度不应过长，故设置 5 个对接平台。

（2）按预先划定位置和轴线，将基座安放到位，具体见图 8.1-21。

（3）基座安装定位后，在下层工字钢前后固定 ϕ16mm 带肋钢筋，并将带肋钢筋侧面与工字钢进行焊接。通过带肋钢筋固定后，有效防止对接平台在操作过程中受力滑动，基座就位具体见图 8.1-22。

图 8.1-21　基座按地面轴线安放

图 8.1-22　基座就位

2）自调式滚轮架

（1）基座安放到位后，将滚轮架放置到基座之上，工具柱下方均为从动滚轮架，钢管柱下方设置两个主动滚轮架，两个主动滚轮架中间间隔一个从动滚轮架，具体见图 8.1-23。

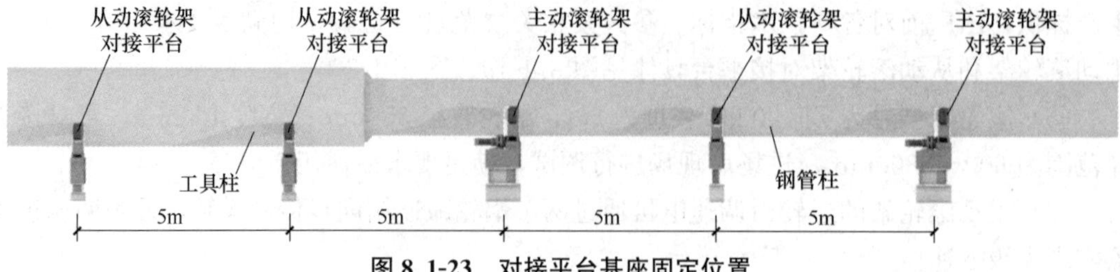

图 8.1-23　对接平台基座固定位置

(2) 确保各滚轮架中心点高度一致，将主动滚轮架与电箱相连接，启动电机，检查各主动滚轮架转动是否正常。

(3) 基座与滚轮架之间采用厚度一致的钢板进行衬垫，钢板两面与基座和滚轮架焊接成整体，防止对接过程中发生移位，具体见图 8.1-24。

对接平台安装完成后，利用激光水准仪对平台的标高及位置进行复测，以保证平台对钢管柱和工具柱对接的精准定位，具体见图 8.1-25。

图 8.1-24 基座与滚轮架焊接成整体

图 8.1-25 激光水准仪复测对接平台标高

4. 钢管柱、工具柱加工制作与运输

(1) 钢管柱、工具柱由具备钢结构资质的专业单位制作加工，以满足其对结构、垂直度等各方面的要求。

(2) 钢管柱、工具柱出厂前，对各项技术指标、参数按相关规范进行检验，验收合格后出厂。

(3) 成品钢管柱单节制作，运输过程做好保护，避免运输过程产生的碰撞变形等。

(4) 钢管柱、工具柱进场后，按照施工分区图堆放至指定区域，单层分类平放，采用软垫（木垫）按多点法做衬垫，且支撑点保持在同一水平，具体见图 8.1-26。

图 8.1-26 钢管柱堆放区多点法支垫

5. 钢管结构柱、工具柱吊装同心同轴就位

(1) 吊装时，采用履带式起重机分别将对接的钢管柱、工具柱吊放至自调式滚轮架对接平台上。

(2) 吊运过程中，采用两点对称垂直吊运法，吊绳与钢管柱、工具柱下方接触处放置垫木，防止吊绳滑动，具体见图 8.1-27、图 8.1-28。

(3) 吊运过程中，钢管柱与工具柱两端分别指派专人控制牵引绳，掌握移动方向和保持平衡，具体见图 8.1-29。

(4) 钢管柱、工具柱吊运至对接平台上方后，缓慢下放，并控制钢管柱牛腿以及柱连接节头位置与对接平台错位安置，具体见图 8.1-30。

图 8.1-27　钢管柱吊运

图 8.1-28　钢管柱下方垫木

图 8.1-29　吊运过程中牵引绳

图 8.1-30　钢管柱牛腿与对接平台错位安置

（5）钢管柱、工具柱安放至对接平台后，两柱将达到同心同轴状态，具体见图 8.1-31～图 8.1-33。

图 8.1-31　钢管柱安放至对接平台

图 8.1-32　工具柱安放至对接平台

6. 主动滚轮架微调钢管柱、对接固定

（1）钢管柱、工具柱吊运至对接平台后，启动主动滚轮架电机，通过无线遥控器转动钢管柱，使其进行小幅度定轴转动，最终对齐两柱连接处的螺栓孔位。

（2）钢管柱、工具柱法兰结构的螺栓孔位对齐后，螺栓通过钢管柱的法兰结构往工具柱方向穿过，钢管柱一侧使用螺纹撬棍固定住螺栓，施工人员在工具柱内使用电动螺栓枪将螺母在法兰结构处拧紧，完成连接螺栓的固定，具体见图 8.1-34、图 8.1-35。

图 8.1-33 钢管柱、工具柱吊装同心同轴就位

图 8.1-34 钢管柱与工具柱螺栓固定

7. 对接就位复核

（1）对接螺栓拧紧后，对垂直度偏差进行检核，垂直度现场检测见图 8.1-36。

（2）钢管结构柱垂直度满足要求后，则可以进入焊接流程；若不满足，则拧松对接螺栓进行调整，调整后再进行检验校核。

图 8.1-35 电动螺栓枪

图 8.1-36 垂直度现场检测

8. 焊接螺栓、完成对接

（1）钢管结构柱和工具柱垂直度核验满足要求后，使用气体保护焊机进行焊接固定。

（2）焊接由持证电焊工作业，禁止在对接平台上负重。

焊接完成的钢管结构柱与工具柱具体见图 8.1-37、钢管结构柱与工具柱对接完成具体见图 8.1-38。

图 8.1-37 焊接完成的钢管柱与工具柱

图 8.1-38 对接完成的钢管柱与工具柱

9. 吊运至成品堆放区

(1) 对接完成的钢管结构柱与工具柱吊运至成品堆放区，堆放场地做到平整坚实。

(2) 堆放时采用单层堆放，并按不同规格、长度及施工流水顺序分别堆放，减少二次倒运。

(3) 堆放时，在垂直于管桩长度方向的地面上设置两道垫木，垫木分别位于距桩端0.2倍桩长处，最外缘的钢管结构柱与工具柱在垫木处用木楔塞紧以防滚动。

8.1.7 机械设备配置

本工艺现场施工所涉及的主要机械设备配置见表8.1-1。

主要机械设备配置表 **表8.1-1**

名　称	型　号	备　注
自调式滚轮架	ZT-20T	自动调整钢管柱、工具柱
激光水准仪	DS3	测量放线、垂直度校核
手动电动螺栓枪	SGDD-m20	固定螺栓
履带式起重机	三一重工 SCC3200A-1(50t)	钢管桩、工具柱吊装就位
气体保护焊机	BX3-500	焊接设备
电动空气压缩机	ETC-95	辅助焊接

8.1.8 质量控制

1. 对接平台制作与安装

(1) 对对接场地进行硬化处理，浇筑厚15cm、C15混凝土地坪，基础面平整度在10m以内误差不能大于3mm，10m以外误差不能大于5mm，浇筑完后进行养护。

(2) 水准仪等设备仪器进场前，检查有无检定合格证，并确认是否在检定有效期内；超过检定期限的仪器，先送至经过国家授权的质量检定机构检定，经检定合格后使用。

(3) 按预先划定位置安放对接平台的基座，基座上下层之间进行焊接；滚轮架安放至对接平台基座后，将滚轮架底座焊接在基座的工字钢支承架上，防止操作过程中发生移位。

(4) 对接平台制作完成后，利用激光水准仪对平台的标高及位置进行复测，以保证平台对钢管柱和工具柱对接的精准定位。

2. 钢管柱和工具柱对接

(1) 成品钢管结构柱运输过程中注意对成品的保护，避免运输过程产生的碰撞变形等。

(2) 在起吊放置钢管结构柱和工具柱前，采用水准仪对整体对接平台进行校平。

(3) 钢管桩、工具柱吊装就位，在拧紧对接螺栓前，利用水准仪再对平台进行二次校平。

(4) 平台二次校平后，拧紧钢管结构柱、工具柱对接螺栓，检查钢管柱与工具柱中心线是否重叠，如果不重叠，调节对接螺栓重新固定。

(5) 焊接由持证电焊工作业。

(6) 禁止在对接平台上负重。

8.1.9 安全措施

1. 对接平台制作

(1) 对对接场地进行硬地化，防止不均匀下陷。

(2) 自调式滚轮架对接平台对接钢管柱与工具柱施工现场，所有机械设备操作人员经过专业培训，熟练机械操作性能。

(3) 自调式滚轮架使用三相380V交流电源，电源进线经过空气开关，以便安全操作。设备调试时，接通电源，按下启动按钮，观察主动轮转动情况、速度调节是否正常；若出现异常，立即断电，查找原因，排除故障后再通电试机。

(4) 自调式滚轮架安排专人使用和保管，使用前检查、清除设备上的障碍物，滚轮严禁接触油类和火种。

(5) 滚轮架调试过程中，启动由低速逐渐调至高速；在变换转向时，先停止电机后再进行转换；运转时，严禁人机分离，工件旋转半径范围内严禁站人。

2. 钢管柱和工具柱对接

(1) 钢管柱、工具柱进场后，按照施工分区图堆放至指定区域，做到场地地面硬化不积水，分类堆放，搭设台架单层平放，使用木榫固定防止滚动。

(2) 吊运前，检查所用卸扣型号是否匹配，链接处是否牢固、可靠。

(3) 现场钢管柱及工具柱较长较重，起吊作业时，派专门的司索工指挥吊装作业；起吊时，施工现场起吊范围内的无关人员清理出场，起重臂下及影响作业范围内严禁站人。

(4) 测量复核时人员登上钢管柱，采用爬楼登高作业，并做好在钢管顶部作业的防护措施。

8.2 逆作法工具柱拆除泄压技术

8.2.1 引言

逆作法钢管柱施工通常采用钢管结构柱+灌注桩的形式，为满足逆作法钢管结构柱定位精度的要求，通常采用全套管全回转钻机施工。为满足孔口定位需求，通常采用螺栓将工具柱与钢管结构柱连接，并通过工具柱对钢管柱定位，具体连接方式见图8.2-1～图8.2-3。

图 8.2-1 工具柱法兰盘

图 8.2-2 钢管柱法兰盘

图 8.2-3 全套管全回转钻机钢管柱定位施工

钢管结构柱定位采用先插法作业时，施工通常先进行灌注桩成孔并采用泥浆护壁，再利用全套管全回转钻机，通过工具柱下放对接好的钢管柱至灌注桩顶设计标高，此时钻孔内、钢管柱和工具柱中充满泥浆，具体见图 8.2-4。在钢管柱内下放导管，首先灌注桩身混凝土至桩顶标高，然后在钢管柱与孔壁之间回填碎石，最后灌注柱内混凝土至钢管柱顶标高，此时泥浆充满在工具柱及工具柱外侧，具体见图 8.2-5。

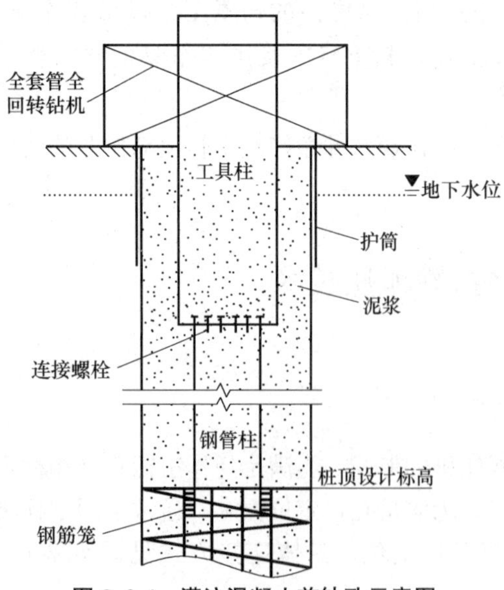

图 8.2-4 灌注混凝土前钻孔示意图

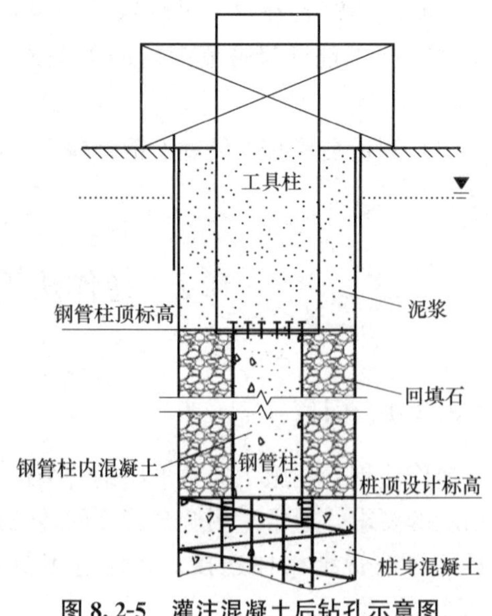

图 8.2-5 灌注混凝土后钻孔示意图

灌注完成约24h后，采用泥浆泵将工具柱内的泥浆抽空，具体见图8.2-6。当施工人员进入工具柱中拆卸钢管柱与工具柱的连接螺栓时，由于抽吸工具柱内泥浆形成了工具柱底部与钻孔内泥浆液面的高水头差，原本在工具柱与孔壁之间的泥浆在周围地下水形成的水头差压力作用下，沿拆卸的螺栓孔和连接板松开所形成的间隙涌入工具柱中，具体见图8.2-7；甚至因为突然泄压，可能使泥浆瞬时大量涌入工具柱中，造成泥浆喷涌的危险，威胁到柱内施工人员的安全。

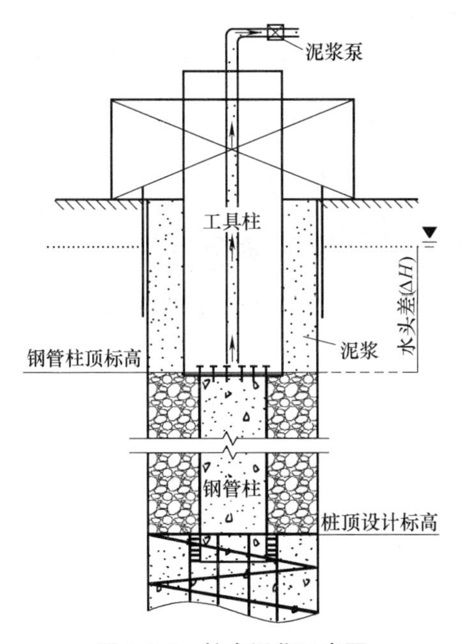

图8.2-6 柱内泥浆示意图

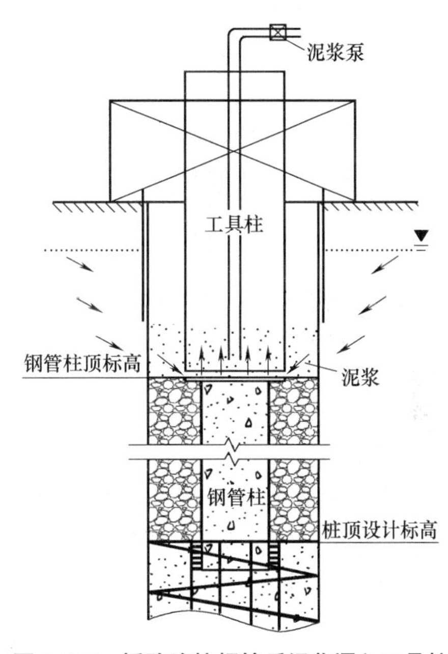

图8.2-7 拆除连接螺栓后泥浆涌入工具柱

为解决上述问题，采用在距工具柱底端约30cm处开凿一个直径20cm的圆形泄压孔，在泥浆泵抽取工具柱内的泥浆过程中，随着柱内泥浆的减少，连同工具柱与孔壁之间的泥浆及部分地下水，通过泄压孔进入工具柱中被泥浆泵抽吸，有效降低了工具柱外的水头压力，从而避免工人在拆除螺栓时柱外泥浆再涌入的现象，达到安全拆取工具柱的目的。

8.2.2 工艺特点

1. 安全可靠

本工艺通过工具柱底部开设泄压孔，在抽吸工具柱内泥浆时，同步有效降低了工具柱外的水头差和地下水压力，提高了施工人员后续拆除工具柱的便利性和安全性。

2. 施工高效

本工艺使工具柱外的泥浆及地下水通过泄压孔进入工具柱从而被同步抽排，一次作业即可完成泥浆的抽取，提高了工作效率。

8.2.3 工艺原理

1. 泄压孔结构设计

本工艺采用直接在工具柱底部开凿一个圆孔的形式，并在圆孔上（工具柱内侧）焊接网格状钢筋，作为抽吸工具柱内外泥浆时同步降低工具柱埋深处的地下水位的泄压孔。

（1）泄压孔

泄压孔直径 20cm，位于距离工具柱底端约 30cm 处，直接在工具柱上切割而成，具体结构见图 8.2-8、图 8.2-9。

图 8.2-8 泄压孔

图 8.2-9 带泄压孔的工具柱安放

（2）钢筋网

采用 8 根直径 10mm（8ϕ10）的钢筋，呈 5×5 的网格形状焊接在泄压孔内侧，钢筋网布置见图 8.2-10。孔内的网格状钢筋，主要是防止大直径的石块和杂物进入工具柱，从而使泥浆被顺利抽出。

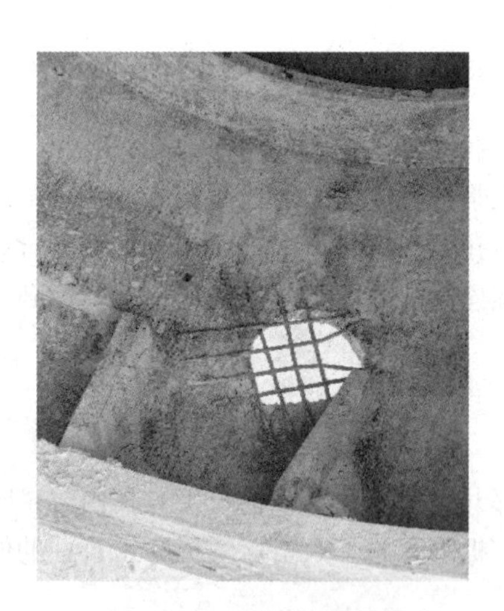

图 8.2-10 泄压孔钢筋网

2. 泄压孔工艺原理

在泥浆泵抽取工具柱内泥浆时，随着工具柱内泥浆的减少，工具柱内的压力减小，在地下水压力的作用下，工具柱外部的泥浆以及部分地下水会通过泄压孔同步进入工具柱中，并被泥浆泵抽出，使工具柱周边的地下水呈漏斗状流向泄压孔，地下水位最终下降至泄压孔位置，从而维持了工具柱内外地下水的压力平衡，其具体原理示意见图 8.2-11。

在工具柱内泥浆全部抽吸完成后，工人通过设置的阶梯下至柱底，采用电动拆卸工具快速将连接螺栓拆除，并将工具柱吊离。

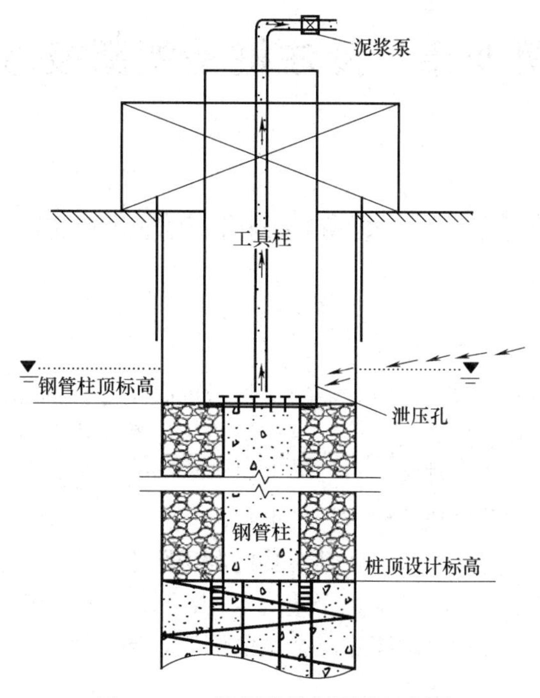

图 8.2-11 泄压孔泄压原理示意图

第9章 灌注桩检测新技术

9.1 灌注桩钻芯孔摄像检测孔内清刷及浊水置换技术

9.1.1 引言

当灌注桩质量采用钻芯法检测时，需要对桩身混凝土进行抽芯取样，根据取出的芯样对桩长、混凝土强度、桩端持力层岩性、桩底沉渣厚度等做出鉴别和判定。同时，根据广东省标准《建筑地基基础检测规范》DBJ/T 15—60—2019 规定，当采用钻芯法对灌注桩进行质量检测时，应采用孔内摄像法进行辅助检测，以进一步验证抽芯结果。

孔内摄像法充分应用光学原理，在钻芯孔内利用防水摄像头等装置进行摄影，以影像的形式直观呈现孔内状况并完整存储图像信息，供后续分析使用。然而在进行孔内摄像时，钻芯孔孔壁的黏泥、孔内的泥浆水、孔底的沉渣，导致摄像头无法清晰成像，难以提供充足的验证依据。

为保证孔内摄像的效果，目前常用的清孔方法是高压水清除法，清孔时采用高压水流对孔壁进行冲洗，再将孔内的浊水排出。但高压水清除法往往耗费时间长，且孔壁附着物难以冲洗干净，使检测无法得到清晰的孔内图像，难以对桩身质量做出准确判断。

为解决上述问题，项目组与深圳市盐田区工程质量安全监督中心王光辉创新工作室合作，对“灌注桩钻芯孔摄像检测孔内清刷及浊水置换技术”进行了研究，设计了专用于钻芯孔内清刷及浊水置换的装置，先使用孔壁清洗装置将孔壁清洗冲刷，再使用浊水置换装置将孔内浊水置换为清水，达到了孔壁清刷干净、浊水置换快捷、孔内成像清晰、综合成本经济的效果，确保了孔内摄像的顺利完成。

9.1.2 工艺特点

1. 孔壁清刷干净

本工艺通过孔壁清洗装置的圆柱状毛刷及形成的伞状高压水流，在清洗器下放过程中对孔壁进行从上至下的清刷，在清洗器从孔底上拉过程中对孔壁再次进行从下至上的二次清刷，两次清刷全面清洗了附着在孔壁上的黏泥，确保孔壁清洗干净。

2. 浊水置换快捷

本工艺通过浊水置换装置的气囊将孔口密封，形成清水注入与浊水排出的循环通道，并在排水管道末端连接带锂电池的抽水泵以加速浊水的排出，通过持续注入孔内的清水快速将孔内的浊水置换，提高了浊水置换效率。

3. 孔内摄像清晰

本工艺采用孔壁清洗装置清刷孔壁附着黏泥，采用浊水置换装置将孔内泥浆水和孔底沉渣置换排出，高效地完成对钻芯孔的清刷，并且洗孔效果显著，为后续的孔内摄像检测创造了清晰的作业条件。

4. 综合成本经济

本工艺采用的孔壁清洗和孔内浊水置换装置，制作材料经济，拆卸方便，可重复使用；洗孔时将该装置连接施工现场的自来水水源即可使用，操作便捷，适用性强，大大缩短了洗孔时间，综合成本经济。

9.1.3 适用范围

适用于灌注桩钻芯孔孔内摄像前的孔壁清刷和孔内浊水置换。

9.1.4 工艺原理

本工艺是在进行孔内摄像检测之前，通过孔壁清洗装置对孔壁进行清刷，再利用浊水置换装置对孔内浊水进行置换，确保孔内检测效果。

1. 孔壁清刷原理

1）组成及结构

孔壁清洗装置由清洗器、快速接头和清洗管组成，具体见图 9.1-1。

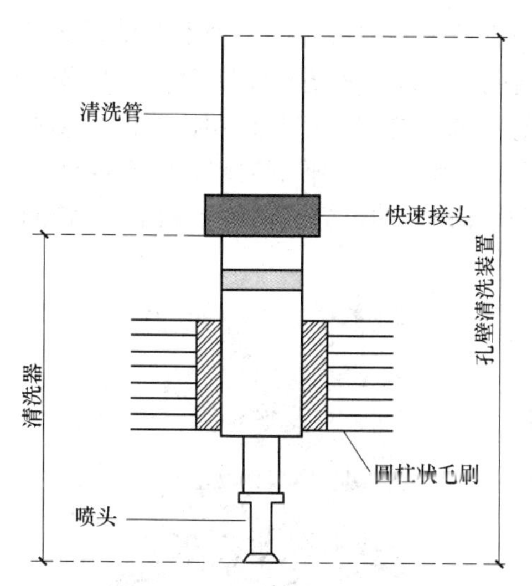

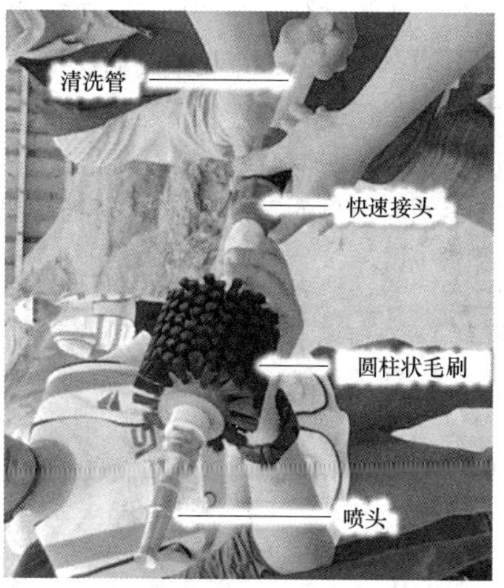

图 9.1-1 孔壁清洗装置图

（1）清洗器

清洗器由喷头和圆柱状毛刷组成，具体见图 9.1-1。

① 喷头

喷头由铝合金材料制成，长 10cm，具体见图 9.1-2；喷头通过水阀调节水流喷射的形状，扇形喷嘴可使水流呈高压伞状喷射，以增大水流与孔壁的冲刷力，使孔壁能全截面地受到高压伞状水流冲洗，喷头伞状喷水见图 9.1-3。

图 9.1-2 喷头

② 圆柱状毛刷

圆柱状毛刷由毛刷和空心橡胶圈组成，在喷头水流对孔壁冲洗后，毛刷随之对孔壁进行清刷，使孔壁上黏泥和杂物被刷落。毛刷为尼龙材质，呈单束状密集粘结在橡胶圈上，毛刷长100mm、直径100mm，略小于钻芯孔直径（抽芯钻孔使用直径101mm的双管钻头钻进，成孔直径约103mm）；空心橡胶圈穿过并固定在白色的PVC管上，PVC管超出毛刷的两端分别与喷头和快速接头连接，具体见图9.1-4。

图9.1-3　喷头伞状喷水

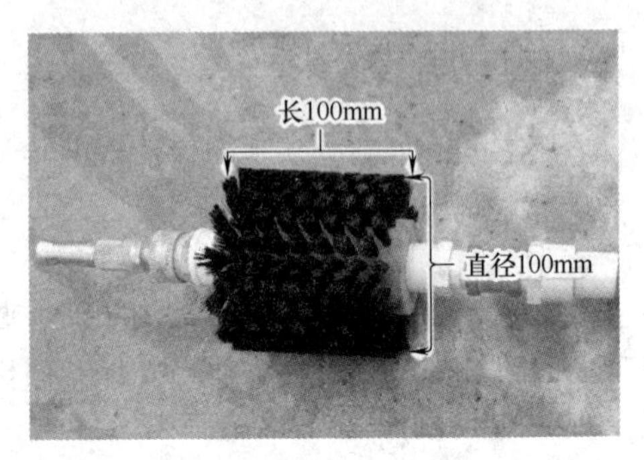

图9.1-4　圆柱状毛刷

（2）快速接头

快速接头为成套件，塑性材质，快速接头直径25mm，与PVC管和清洗管直径适配；快速接头由两个螺帽、带宽扣螺纹的螺母、透明密封圈、平垫和高硬度pom紧固卡组成，带宽扣螺纹的螺母使管件连接不易脱落，密封圈和平垫起到密封作用，确保连接不漏水，具体见图9.1-5。快速接头连接时，依次将螺帽、紧固卡、平垫和密封圈套在清洗管上，再与套有螺帽和螺母的PVC管对齐，拧紧两端螺帽，即可完成清洗管和PVC管的连接，具体见图9.1-6。

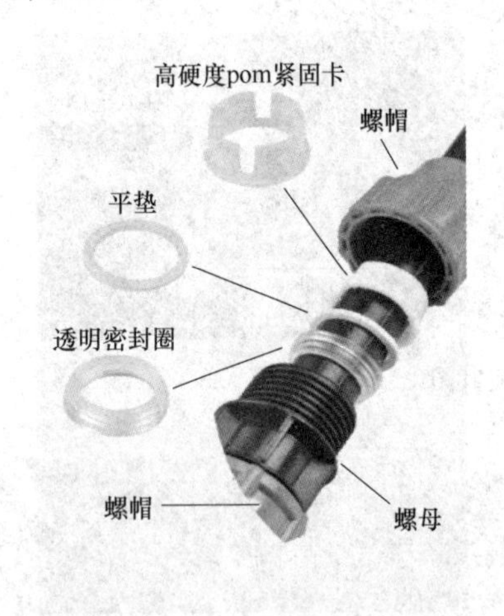

图9.1-5　快速接头零部件图

图9.1-6　接头将毛刷和清洗管连接

（3）清洗管

清洗管为PE管，直径25mm，用清洗管将清洗器送至孔底，其长度根据钻孔深度确定，通常比钻孔深度长2～3m，长出钻孔部分用于孔外连接自来水管，具体见图9.1-7。清洗管用铁丝与自来水胶管扎紧连接，具体见图9.1-8。

图 9.1-7 清洗管

图 9.1-8 清洗管和自来水胶管连接

2）清刷原理

本工艺将自制带喷头和毛刷的孔壁清洗装置送至孔内，开启自来水阀后，喷头喷射出高压伞状水对孔壁和孔底进行冲刷，与喷头连接的毛刷随即对孔壁同步进行洗刷，在清洗装置下放和上提的过程中两次冲刷和洗刷孔壁，达到孔壁清洗干净的效果。

其具体清刷步骤包括：

（1）将孔壁清洗装置与自来水管连接，自来水沿水管和清洗管在清洗器前端喷头处喷射出带压的伞状水流，再将清洗器放入孔口，从上至下开始清刷孔壁，具体见图 9.1-9；

（2）利用清洗管匀速将清洗器下放至孔底，在下放过程中，喷头喷出水流冲洗孔壁，随后毛刷再将孔壁附着的黏泥刷落，此时孔内的浑浊水沿清洗管外侧漫出孔口排入排水沟中，清洗器下放至孔底，完成第一次孔壁清刷，具体见图 9.1-10；

（3）在孔底维持冲洗数分钟，待孔口返出清水后，将清洗器向上匀速提出钻孔，在上提清洗器的过程中，再次利用高压伞状水流和圆柱状毛刷对孔壁进行二次清刷；孔内浊水沿清洗管外侧返出孔口，流入设置的排水沟进入集水井，具体见图 9.1-11。

（4）将清洗器取出钻孔后，关闭水管水阀，清洗器清刷孔壁作业结束。

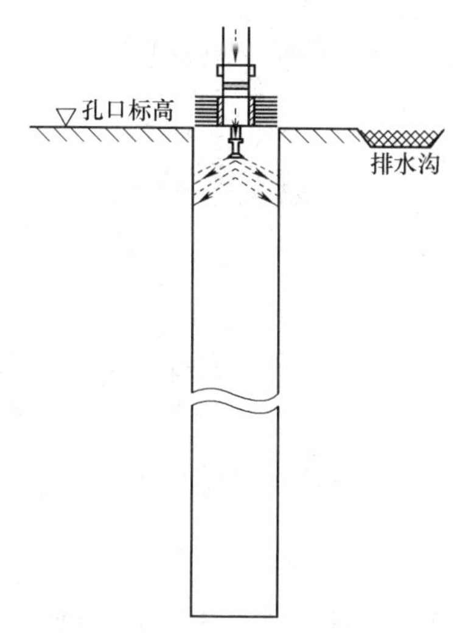

图 9.1-9 孔口向下清刷孔壁

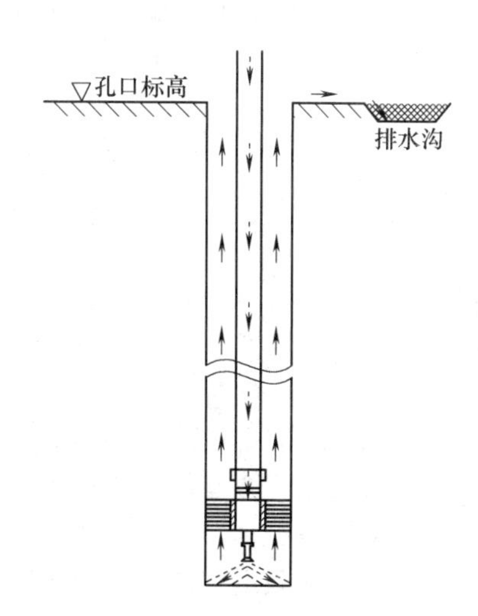

图 9.1-10 第一次清刷至孔底

2. 浊水置换原理

1）组成及结构

浊水置换装置由置换器、排水钢管和清洗管组成，具体见图 9.1-12。

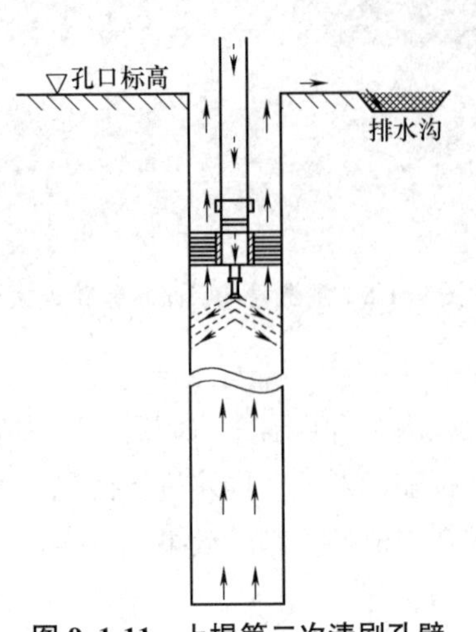

图 9.1-11　上提第二次清刷孔壁

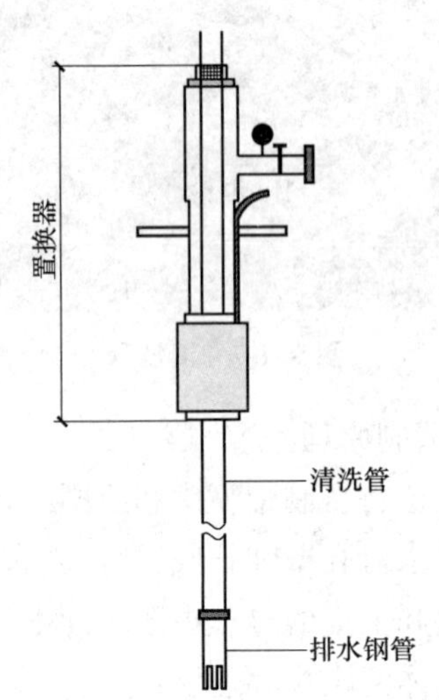

图 9.1-12　浊水置换装置剖面图

（1）置换器

置换器由置换管、格兰头、注水管、固定支架和密封气囊组成，具体见图 9.1-13。

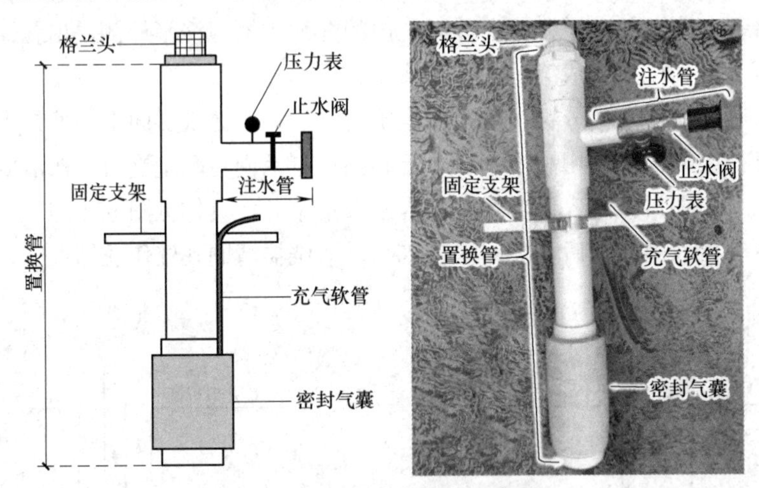

图 9.1-13　置换器结构示意图

① 置换管

置换管采用异径 PVC 管嵌套加工而成，为置换器的主体部分，置换器其他部分均组装在置换管上，具体见图 9.1-14。置换管总长 650mm，大直径段 80mm、小直径段 60mm，置换管平面尺寸大于内插的清洗管直径 25mm，置换管和清洗管之间的间隔空间成为清水流入钻孔的通道，具体见图 9.1-15。

② 格兰头

格兰头直径 25mm，安装在置换管顶端，具体位置和尺寸见图 9.1-16。在清洗管穿过置换管后，旋紧格兰头将清洗管固定，防止使用过程中发生松动。格兰头在固定清洗管的同时，还将对清洗管和置换管连接处进行密封防水；而将格兰头拧松后，水流能从连接处泄压后排出，具体见图 9.1-17。

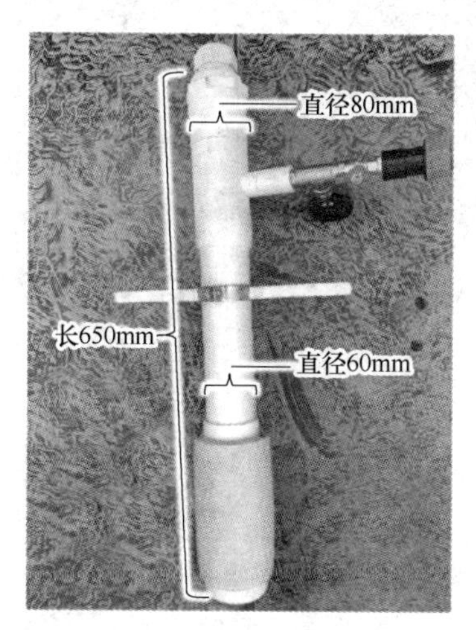

图 9.1-14　置换管

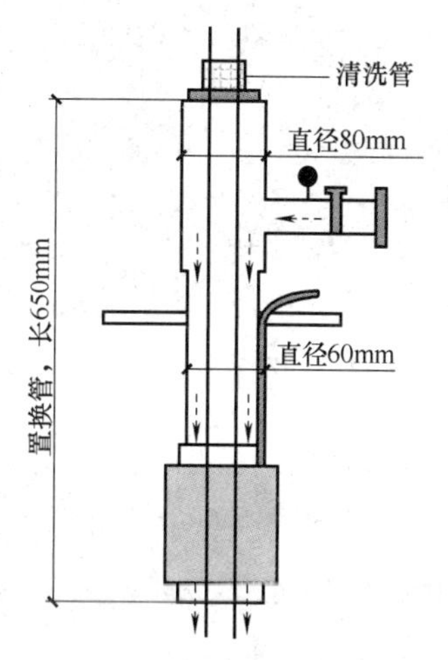

图 9.1-15　置换管剖面示意图

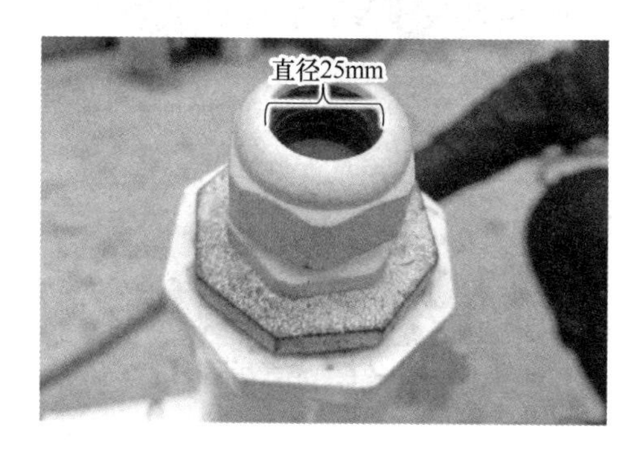

图 9.1-16　格兰头

图 9.1-17　格兰头固定、密封清洗管

③ 注水管

注水管一端与自来水管用快速接头连接，清水经水管沿注水管进入到置换管中；注水管另一端与置换管连通，清水进入置换管后，在自来水压力的作用下，在不拧紧格兰头时，清水通过置换管向下进入钻孔流向孔底，或向上从顶部格兰头处喷出。压力表和止水阀安装在注水管上，用以监控整个浊水置换过程的内部水压力大小，具体见图 9.1-18。

④ 固定支架

固定支架由不锈钢材料加工而成，用于将置换器平稳地放置在孔口，支架全长为 30cm，具体见图 9.1-19。

⑤ 密封气囊

密封气囊由橡胶材料加工成空心橡胶圈，固定在置换管下端，气囊长 200mm、自然状态下直径 90mm，具体见图 9.1-20；气囊上设充气软管，连接打气筒对其充气，膨胀后气囊直径最大可达 150mm，在直径 103mm 的钻孔中所形成的膨胀摩阻力和密封程度完全满足置换器的使用，充气后气囊具体见图 9.1-21。浊水置换作业时，给气囊充气膨胀并与孔壁挤压，至置换器无法正常上提时，表明气囊已和孔壁承压接触并将孔口密封。

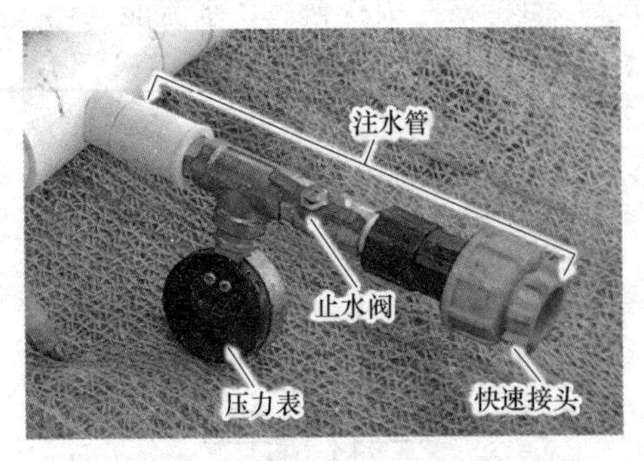

图 9.1-18 注水管、压力表和止水阀

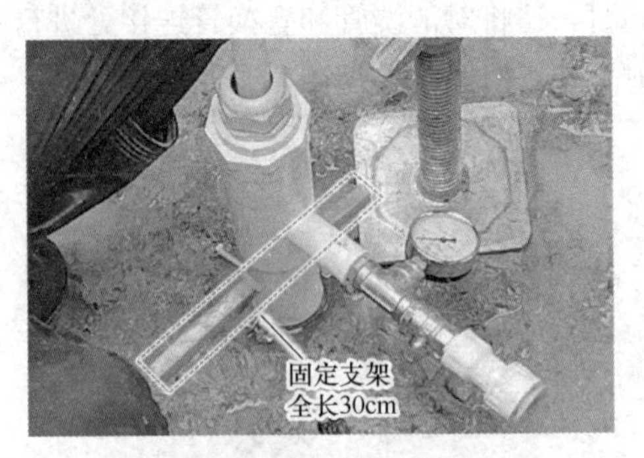

图 9.1-19 固定支架

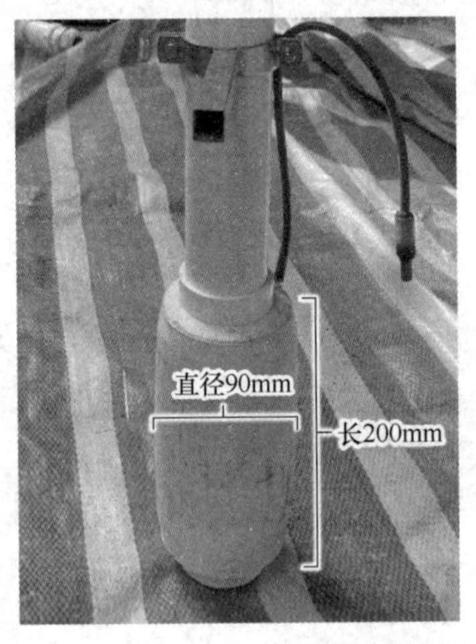

图 9.1-20 充气前气囊

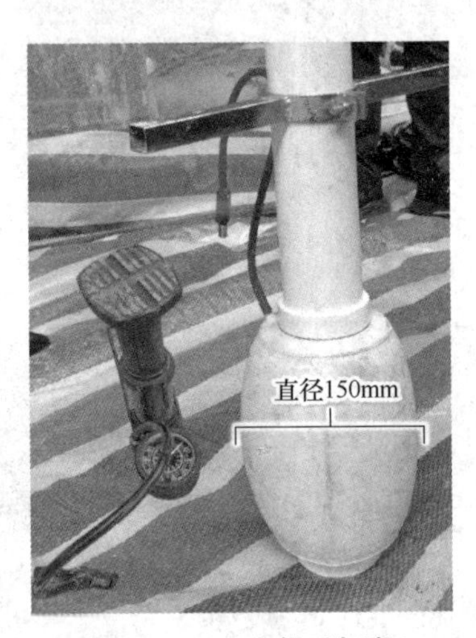

图 9.1-21 充气后气囊

(2) 排水钢管和清洗管

排水钢管和清洗管为浊水置换装置的重要组成部分，二者通过快速接头连接，具体见图 9.1-22。

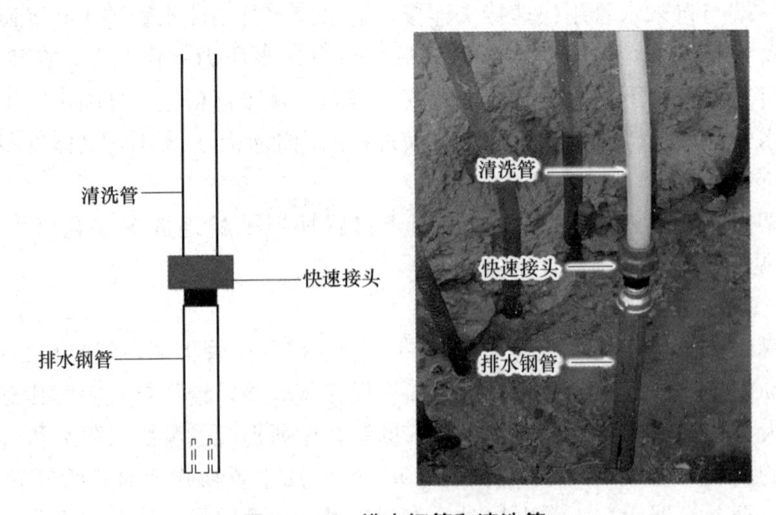

图 9.1-22 排水钢管和清洗管

① 排水钢管

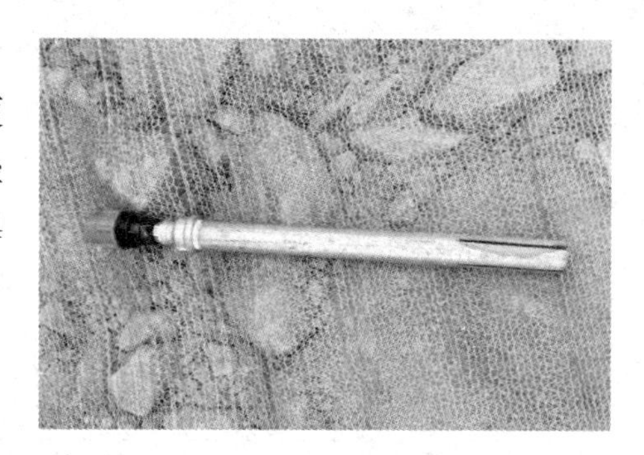

图 9.1-23 排水钢管

排水钢管采用钢铸材质以增加其重量，便于其下入至孔底。排水钢管长 35cm、直径 25mm，钢管底端开口，尾部开有长 10cm 的 4 个过水槽，开槽段以增大过水面积和过水量，具体见图 9.1-23。

② 清洗管

清洗管重复使用孔壁清洗装置中的 PE 管，在浊水置换环节，清洗管下端用快速接头与排水钢管连接，清洗管上端穿过置换器并通过清洗器的格兰头固定连接，利用清洗管将排水钢管下放至孔底，此时清洗管和排水钢管作为孔内浊水的排出通道。

2）置换原理

本工艺在完成孔壁清刷作业后，组装浊水置换装置，清洗管和排水钢管下放至孔底作为孔内浊水的排出通道，用置换器的气囊密封孔口，将清水从置换器的注水管注入孔内，形成进清水、排浊水的置换循环，并且连接抽水泵，达到浊水置换快捷的效果。

其具体置换步骤包括：

（1）将清洗管底端连接排水钢管并下放至孔底，将露出孔口的清洗管顶端穿过置换器的置换管后，借助固定支架将置换器平稳地放置在孔口，具体见图 9.1-24。

（2）将密封气囊的充气软管与打气筒连接给气囊充气，气囊膨胀至直径达到 103mm，充分接触挤压孔壁从而密封孔口、固定置换器，具体见图 9.1-25。

（3）注水管连接自来水管，将置换器顶部的格兰头拧紧后，在自来水压力的作用下，因置换管直径大于清洗管，清水会沿置换管和清洗管的间隔空间进入钻孔中，将孔内原有的浊水通过排水钢管挤压上升，再沿清洗管排出孔外；在清洗管伸出钻孔外部分连接加压抽水泵，加快浊水置换速度，具体见图 9.1-26。

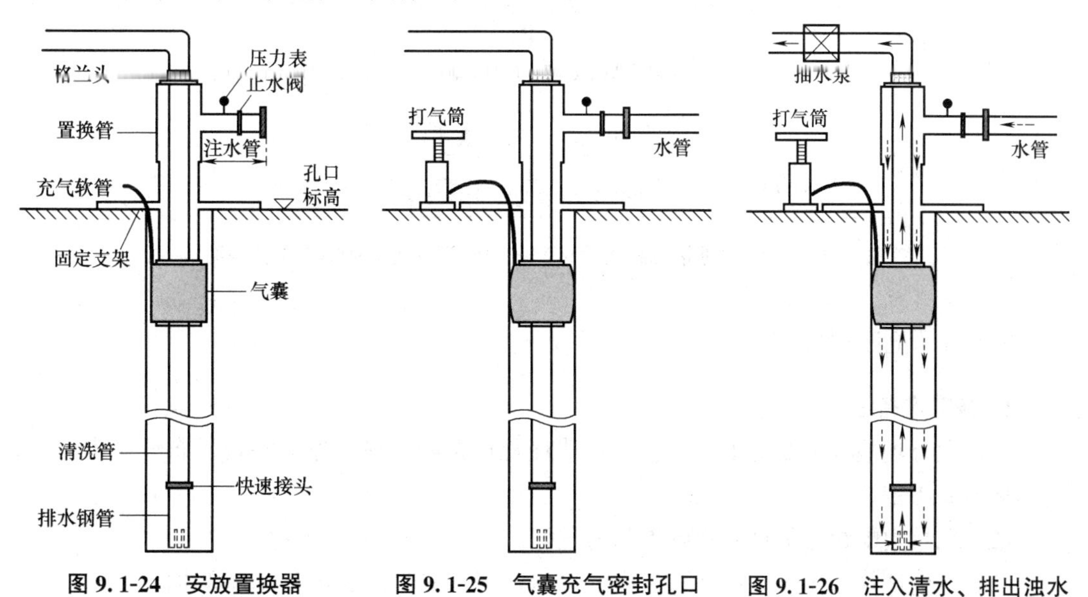

图 9.1-24 安放置换器　图 9.1-25 气囊充气密封孔口　图 9.1-26 注入清水、排出浊水

（4）不断进行着进清水、排浊水的置换循环，直至持续排出清水，表明此时已经将孔内的浊水全部置换为清水，孔内浊水置换作业完成。

9.1.5　施工工艺流程

灌注桩钻芯孔摄像检测孔内清刷及浊水置换工艺流程具体见图 9.1-27。

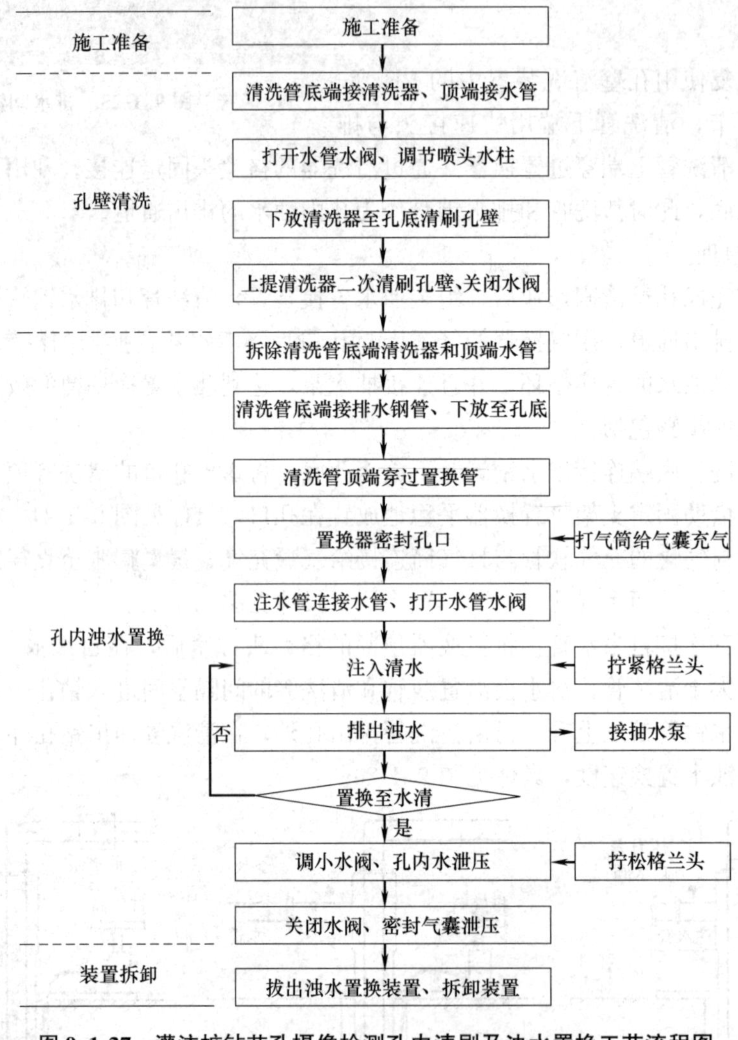

图 9.1-27　灌注桩钻芯孔摄像检测孔内清刷及浊水置换工艺流程图

9.1.6　工序操作要点

1. 施工准备

（1）做好场地各项准备工作，包括：清理孔口杂物、搭设作业平台、布设排水沟等，具体见图 9.1-28。

（2）在桩边配置适量自来水胶管和清洗管。

（3）在清洗管上做出表示钻孔深度的标记，用以准确判断其下入的具体位置。

2. 清洗管底端接清洗器、顶端接水管

（1）将清洗管底端与清洗器通过快速接头连接，具体见图 9.1-29。

（2）将清洗管顶端与自来水胶管通过铁丝连接。

图 9.1-28 现场搭设作业平台

图 9.1-29 快速接头连接清洗管与清洗器

3. 打开水管水阀、调节喷头水柱

（1）打开自来水管水阀，自来水在自然压力（0.2～0.3MPa）作用下，水流经水管和清洗管从清洗器的喷头处喷出。

（2）对喷头喷出的水流进行调节，使喷头喷出的水柱呈伞状，水流呈集束带压能有效冲刷孔壁，喷头调节呈伞状水柱，具体见图 9.1-30。

4. 下放清洗器至孔底清刷孔壁

（1）将清洗器随清洗管从孔口匀速下放至孔底，下放时喷头水流对孔壁进行冲洗，随后与喷头相连的圆柱状毛刷不断洗刷孔壁，直至清洗器到达孔底，核对清洗管上深度标识，并与钻芯孔底的位置对照，确保清洗到位。

（2）清洗器下放至孔底后，静置数分钟，待孔口持续返出清水后结束第一次孔壁清洗，具体见图 9.1-31。

图 9.1-30 调节清洗器喷头水柱

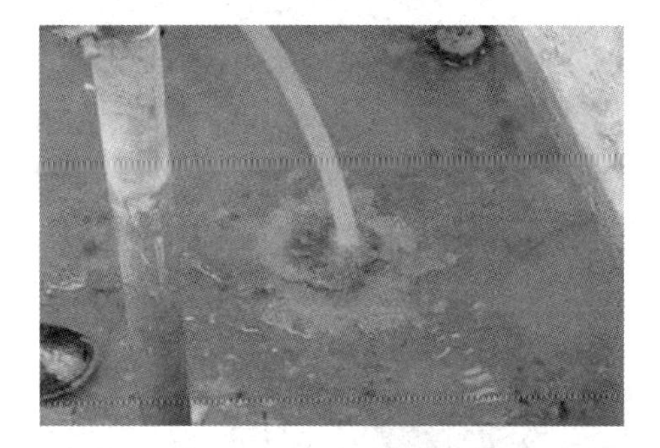

图 9.1-31 孔口返出清水

5. 上提清洗器二次清刷孔壁、关闭水阀

（1）匀速上提清洗管，在清洗器上提过程中，喷头水流和圆柱状毛刷再次清刷孔壁。

（2）将清洗管提出孔口后，关闭自来水管水阀，完成第二次孔壁清刷，具体见图 9.1-32。

6. 拆除清洗管底端清洗器和顶端水管

（1）拧开清洗器的快速接头，拆除清洗管底端的清洗器，具体见图 9.1-33。

（2）解开铁丝，拆除清洗管顶端的水管，断开清洗管与水管的连接。

图 9.1-32 将清洗器提出孔口

图 9.1-33 拆除清洗管底端的清洗器

7. 清洗管底端接排水钢管、下放至孔底

（1）将清洗管底端采用快速接头连接排水钢管，其在自重作用下随清洗管下放至孔底，具体见图 9.1-34。

（2）排水钢管底端开口、侧边开槽，置换时浊水通过钢管向上流至清洗管，最后沿清洗管排出孔外，此时排水钢管和清洗管构成孔内浊水的排水通道。

8. 清洗管顶端穿过置换管

（1）将清洗管顶端穿过置换器的置换管，具体见图 9.1-35。

（2）清洗管比钻孔深度长 2～3m，将长出钻孔部分的清洗管放置在设定的排水沟处，此时清洗管成为排水管。

图 9.1-34 下放排水钢管

图 9.1-35 清洗管穿过置换器

9. 置换器密封孔口

（1）将置换器放入孔口中心，固定支架将置换器托架在孔口。

（2）将气囊的充气软管与打气筒连接，手压打气筒为气囊充气，当打气筒上的气压表读数上升至 35psi 左右时，表明气囊体积与孔壁间承压，气囊膨胀后充分接触孔壁并将孔口密封。

（3）此时可通过上提置换器验证，如果置换器固定不动，则表明孔口密封性完好，具体见图 9.1-36。

图 9.1-36 气囊充气密封孔口

10. 注水管连接水管、打开水管水阀

（1）用快速接头将注水管与自来水管连接。

（2）打开自来水水管水阀，清水从注水管流入置换管，部分水向上从置换器的格兰头处喷出，具体见图 9.1-37；此时拧紧格兰头，使整个置换器内部通道完全密封，则水流只能向下流向孔底，具体见图 9.1-38。

图 9.1-37 格兰头未拧紧前喷水

图 9.1-38 拧紧格兰头后止水

11. 注入清水、排出浊水

（1）清水沿自来水管通过置换器的注水管进入钻孔中，在自然水压力的作用下，将孔内浊水挤压进入孔底的排水钢管，并沿清洗管向上排出。

（2）为加快清水和浊水的置换进程，在清洗管尾端连接抽水泵，抽水泵型号 YJY220v，自带锂电池供电，流量 25～30m^3/h，使置换进度提升 3 倍以上。

（3）浊水置换开始时，孔内排出很浑的浊水，具体见图 9.1-39；随着置换的进程，浑浊水渐渐变淡，孔内排出较浑的浊水，具体见图 9.1-40；浊水置换初步结束时，浊水逐渐变清，孔口排出清水，具体见图 9.1-41。

图 9.1-39 置换开始排出浑浊水

图 9.1-40 置换过程中排出浊水

图 9.1-41 置换最后排出清水

（4）在孔口积水处增设污水泵，其型号为 WQSD6-8-0.55，流量 5m^3/h，将孔口的积水抽吸至设定的排水沟，具体见图 9.1-42。

图 9.1-42 污水泵抽吸污水

12. 调小水阀、拧松格兰头孔内水泄压

（1）当进清水、排浊水的循环置换至清洗管持续排出清水时，调小水阀并拧松置换器顶端的格兰头，对钻孔内封闭水实施泄压，使部分进入裂隙中的浊水返回钻孔内，具体见

图9.1-43。

（2）在此常压状态下，保持浊水置换的自然循环，直至压入裂隙中的浊水回流孔内并将其置换排出，当孔口持续的清水从清洗管排出时则表明浊水置换完成。

13. 关闭水阀、密封气囊泄压

（1）孔内浊水完全置换后，关闭自来水管水阀，停止向孔内注水。

（2）拆除打气筒与气囊充气线的连接，用指尖在气囊的气门芯处下按，泄除气囊内压力，此时气囊解除与孔壁间的压力和封闭，具体见图9.1-44。

图9.1-43　拧松格兰头泄压

图9.1-44　泄除气囊内气压

14. 拔出浊水置换装置、拆卸装置

（1）断开自来水管和置换器的连接，上提固定支架，从孔口取出置换器，具体见图9.1-45；

（2）上拉清洗管将排水钢管取出钻孔，拆卸与清洗管相连的排水钢管和置换器，具体见图9.1-46。

图9.1-45　拔出置换器

图9.1-46　拆离清洗管和排水钢管

9.1.7　机械设备配置

本工艺现场施工所涉及的主要设备机具配置见表9.1-1。

主要设备机具配套表　　表9.1-1

序　号	名　称	型　号	备　注
1	孔壁清洗装置	自制	清刷孔壁
2	浊水置换装置	自制	将孔内浊水置换为清水

续表

序　　号	名　　称	型　　号	备　　注
3	打气筒	GIYO	给气囊充气
4	抽水泵	YJY220v	加快浊水的排出速度
5	污水泵	WQSD6-8-0.55	抽吸孔口水

9.1.8 质量控制

1. 孔壁清洗

（1）在洗孔之前，提前要求抽芯钻机先在原孔位用钻具清孔到原钻探深度，然后用钻机配套泥浆泵将清水通过钻杆注入孔底，直至孔口返出清水，并用塞子堵住桩顶孔口进行封孔。

（2）调节清洗器的喷头水柱时，使其喷出的水流呈集束伞状，以使水流能全截面地冲洗孔壁。

（3）下放清洗器时，核实其放至孔底的深度，避免因清洗器未能到达孔底而造成的部分孔壁清洗不干净，检测孔宜清理至检测要求深度以下不小于0.5m。

2. 孔内浊水置换

（1）下放排水钢管时，核实其放至孔底的深度，避免因为排水钢管未能到达孔底而造成的浊水置换不彻底，影响后续孔底摄像检测效果。

（2）给置换器气囊充气时，使气囊足够膨胀以充分接触孔壁从而密封孔口，若气囊充气不足而未能完全密封孔口，则部分注入的清水和孔内的浊水会从孔口漫出，大大影响浊水置换的效果。

（3）清洗管开始排出清水时，不能立刻结束置换作业，应先泄除水压使被挤压进裂隙中的浊水重新返回孔内，再继续置换至排出持续的清水，方可结束作业。

9.1.9 安全措施

1. 孔壁清洗

（1）施工现场配有清洗管和自来水管，管长且多，注意不要缠绕，避免水流不通和人员绊倒。

（2）打开水阀时由小至大缓慢打开，避免水压突然增大导致水流喷涌。

（3）调节清洗器喷头水柱时朝向排水沟，避免水流随意排放。

（4）快速接头拧紧牢靠，防止清洗器在孔内脱落，造成打捞误时；清洗管与自来水胶管连接时用铁丝扎紧，防止松脱甩动伤人。

2. 孔内浊水置换

（1）施工现场将抽水泵配置的锂电池放置在防水、干燥、通风的地方。

（2）浊水置换形成通路后，再连接抽水泵加快置换速度，避免起始桩底沉渣对抽水泵造成损坏。

（3）排污时抽水泵专人操作，规范连接；孔口污水泵定期抽排，保持孔口不积水。

（4）施工操作不在雨天、大风天进行。

9.2　灌注桩内外双钢环锁定连接抗拔静载荷试验技术

9.2.1　引言

随着近年来城市高层建筑向高、深发展，设计2～3层地下室非常普遍，为抵抗地下水浮力，地下室底板下通常设计抗拔桩。目前，在进行大直径混凝土灌注桩竖向抗拔静载试验时，大多采用传统焊接法连接，首先在试桩两侧支墩顶面架设一条反力主梁，主梁中间吊放千斤顶，千斤顶上再吊放反力加筋圆钢墩，然后截取数根与桩身主筋直径相同的延长钢筋（长度3～4m），各延长钢筋的底端分别与主梁下方投影外侧的桩顶钢筋采用搭接焊接，顶端逐根依次焊接在千斤顶上方的圆钢墩两侧，焊接完成后，连接仪器设备开始加卸载试验，试验结束后，逐一将各延长钢筋两端分别从圆钢墩侧面和桩顶钢筋搭焊处烧割解除废弃。当进行下一根桩试验时，再重复上述步骤。传统焊接法抗拔静载荷试验见图9.2-1、图9.2-2。

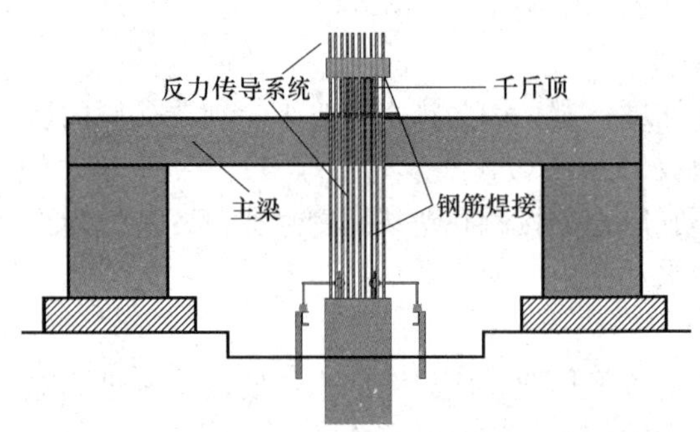

图9.2-1　传统抗拔静载荷试验装置示意图

图9.2-2　传统抗拔静载荷试验装置

传统连接方法存在四个明显的问题，一是受桩顶上方反力主梁宽度影响，主梁下端有4～8根桩顶预留钢筋无法焊接延长至千斤上方的圆钢墩侧面，不能承担试验拉力，尤其是在设计配筋储备有限的情况下，很难满足检测规范要求（最大加载至2倍抗拔力设计特征值）；二是该方法常需2名专业焊工试验现场连续进行焊接作业，一般需耗时1～3d，既浪费较多人工和钢筋，还常常在试验加载过程中因钢筋脱焊断开导致试验中止，须补焊后再重新开始检测；三是试验结束，延长钢筋解除后不能重新使用；四是圆钢墩侧面焊渣清除需要乙炔氧气枪配合，工作量大且耗时长，如清理不彻底下一根桩焊接时极易产生虚焊，严重拖延检测进度。

近年来，深圳地区工程桩竖向抗拔静载荷试验日益增多，为提高灌注桩抗拔静载荷试验效率，克服传统抗拔桩试验存在的弊端，深圳市盐田区工程质量安全监督中心、中冶建筑研究总院（深圳）有限公司与项目组联合开展了“大直径灌注桩内外双钢环锁定连接抗拔静载荷试验关键技术”研究，创新研发出一种新型免焊反力连接传导装置，现场装拆快捷、传力可靠、循环使用、低碳环保、降本增效，大幅缩短抗拔试验安装连接时间，为大直径灌注桩竖向抗拔静载荷试验提供一种创新、实用的检测技术。

9.2.2 工艺特点

1. 检测工效高

本工艺采用新型的内外双钢环，现场无需焊接作业，在起重机配合下，两名技术工人仅用2～4h即可完成安装连接工作，大大缩短了现场试验准备时间，显著提高了检测效率。

2. 检测效果好

本工艺采用一种新型的内外双钢环锁定连接方法，该连接方法充分利用桩顶预留钢筋（长度35d），锁定全部配筋承受试验荷载，避免了传统焊接法主梁底部钢筋无法焊接延长承受试验荷载的弊端；同时，在正式试验开始之前进行预加载，通过预加载拉直部分弯曲钢筋，卸载之后调节锚具重新锁紧预留钢筋，传力高强度螺纹钢通过旋转螺母调节间距，将预加载产生的位移钢筋重新锁紧固定，确保试验过程中受力均匀，解决了传统焊接耗时长、加载过程中钢筋脱焊断裂的问题。

3. 综合成本低

本工艺采用新颖的装配式组装及拆卸设计，中空钢梁、内外双钢环及高强螺纹钢均可重复使用，桩顶预留钢筋也无需焊接延长钢筋，装拆快捷，既节省了人工成本和材料，又大大提升了检测工效，检测综合成本经济。

9.2.3 适用范围

（1）适用于直径800～1500mm灌注桩竖向抗拔静载荷试验，现场可根据不同桩径的灌注桩提供配套的内外双钢环；（2）适用于试验荷载2000～8000kN的抗拔静载荷试验。

9.2.4 工艺原理

1. 内外双钢环锁定连接传导系统结构

本技术采用的新型双钢环锁定连接传导试验装置，主要由加载系统、反力支座系统、反力传导系统组成，具体见图9.2-3。本技术中的加载系统、反力支座系统沿用通常的操作方法，主要针对传统抗拔桩试验的桩顶钢筋连接荷载传导系统进行创新。

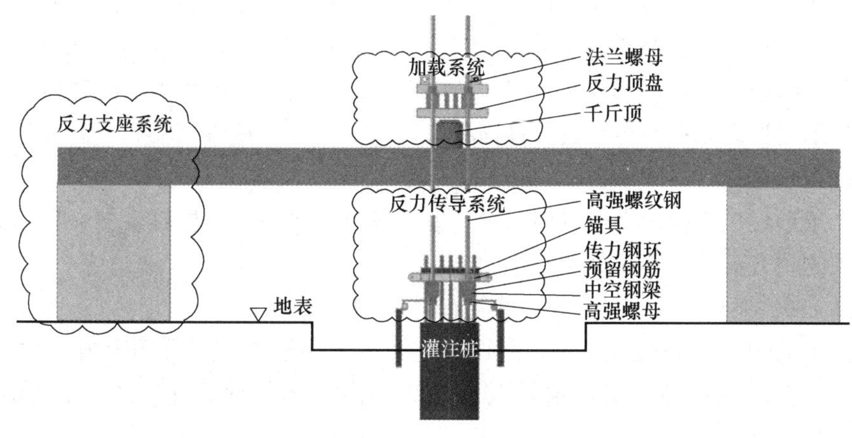

图9.2-3 双钢环锁定连接传导试验装置构成示意图

传导系统主要由中空钢梁、调节支腿、内外双钢环、锚具、反力顶盘、高强螺纹钢构成。

(1) 中空钢梁

钢梁由两块长条形钢板通过圆钢等间距平行焊接而成，主要用于承载双钢环锁定桩顶钢筋的压力，两端置于调节支腿上，具体见图 9.2-4。

(2) 调节支腿

调节支腿由底座、螺纹钢、法兰螺母组成，底座为圆形钢板，中心焊有螺母，螺纹钢旋入螺母中固定，在螺纹钢顶端旋入法兰螺母调节高低，主要用于支撑中空钢梁并调节至相同水平高度，具体见图 9.2-5。

(3) 内外双钢环

内外双钢环是传递试验荷载承上启下的主要构件，选用 Q355B 钢材加工成圆环形，分为同心内环和外环，外环嵌套在内环外围，桩顶钢筋位于内外钢环间隙中，具体见图 9.2-6。

图 9.2-4 现场中空钢梁安装

图 9.2-5 调节支腿实物图

图 9.2-6 内外双钢环实物图

(4) 锚具

根据灌注桩纵向配筋的直径选择配套的锚具，锚具为专用产品，由锚套及 3 块楔形夹片组成，单孔锚具、锚套及夹片见图 9.2-7、图 9.2-8。锚具的锚套为上大下小锥形环，锚固原理是先将锚套套入钢筋，然后将 3 片内有凹凸纹的楔形夹片置于锚套和钢筋间隙并用锤敲紧，承受拉力后钢筋与锚具呈自锁状态，越拉越紧，具体见图 9.2-9、图 9.2-10。

(5) 反力顶盘

由多个条形钢板等间距平行排列布置，上下各与一块矩形钢板焊接在一起，主要用于传递千斤顶的顶升荷载，具体见图 9.2-11。

(6) 高强螺纹钢

采用 ϕ40 PSB1080 精轧螺纹钢，高强螺纹钢主要用于连接千斤顶上方反力顶盘与底部中空横梁，千斤顶的顶升荷载通过反力顶盘经高强螺纹钢传递给中空钢梁，具体见图 9.2-12、图 9.2-13。

图 9.2-7 单孔锚具

图 9.2-8 锚套及夹片

图 9.2-9 锚套安装

图 9.2-10 夹片安装锁定

图 9.2-11 反力顶盘

图 9.2-12　高强螺纹钢底部连接

图 9.2-13　高强螺纹钢上部连接

2. 反力传导系统原理

本工艺采用内外双钢环作为反力传导连接系统实施抗拔静载试验。检测过程中，首先在钢筋间隙平行放置 2～5 条中空钢梁，钢梁两端分别置于桩身外的调节支腿上，分别将内、外钢环吊放在钢筋笼内、外侧，并置于各中空钢梁顶面，将灌注桩顶预留钢筋夹于内外钢环间隙中，通过锚具将所有钢筋顶端锁紧在内外双钢环顶面；高强螺纹钢顶端拧上法兰螺母吊挂在千斤顶上方反力顶盘的排状钢板间隙顶面，高强螺纹钢下端穿过中空钢梁用钢垫板及螺母固定在钢梁底面，形成一种新型的抗拔桩试验加载传力系统；在启动油泵后，千斤顶顶升荷载通过上方的反力顶盘使高强螺纹钢承受上拔力，高强螺纹钢通过中空钢梁将上拔力传递给其上的内外双钢环，双钢环再通过锚具将上拔力传递给桩顶预留钢筋，预留钢筋牵引灌注桩身承受向上的拉拔荷载。此时，利用架设在桩顶的位移传感器观测桩顶上拔位移量，完成灌注桩竖向抗拔试验。

灌注桩抗拔内外双钢环反力传导系统试验原理见图 9.2-14，双钢环锁定桩顶钢筋连接过程见图 9.2-15。

图 9.2-14　内外双钢环传导系统抗拔试验原理图

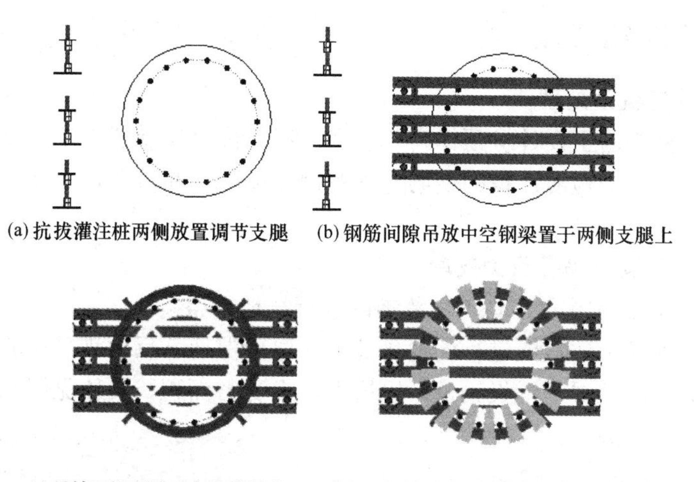

(a) 抗拔灌注桩两侧放置调节支腿 (b) 钢筋间隙吊放中空钢梁置于两侧支腿上

(c) 吊放双钢环置于中空横梁上 (d) 钢环顶面相邻钢筋间放置梯形钢垫板

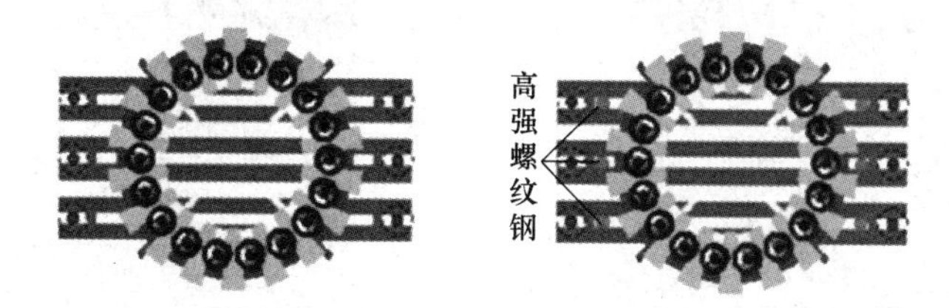

(e) 用锚具将钢筋逐一锁紧在钢垫板上 (f) 用高强螺纹钢连接中空钢梁与顶盘

图 9.2-15 灌注桩抗拔静载荷试验内外双钢环锁定桩顶钢筋连接过程示意图

9.2.5 试验工艺流程

灌注桩采用内外双钢环进行抗拔静载荷试验工艺流程见图 9.2-16。

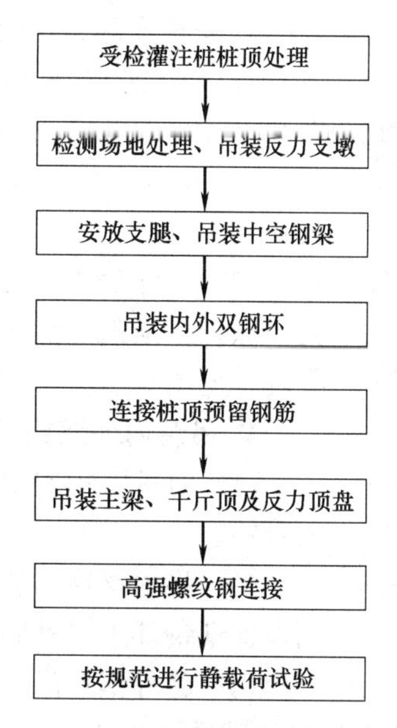

图 9.2-16 灌注桩内外双钢环锁定连接抗拔静载荷试验工艺流程图

9.2.6　工序操作要点

1. 受检灌注桩桩顶处理

(1) 灌注桩桩头凿至设计桩顶标高并磨平，保证位移传感器不发生偏移。

(2) 检测前，对受检灌注桩的钢筋笼预留钢筋进行钢筋矫正，确保钢筋竖直，具体见图9.2-17。

2. 检测场地处理、吊装反力支墩

(1) 对受检灌注桩周边8m×8m范围内进行场地平整。

(2) 试验场地换填砖渣或进行硬地化处理，以确保地基反力满足试验最大加载要求。

(3) 在反力支墩位置下铺设钢板，以增大地表受力面积，具体见图9.2-18。

图9.2-17　灌注桩桩顶处理

图9.2-18　试验支墩位置铺设钢板

图9.2-19　安装调节支腿

3. 安放支腿、吊装中空钢梁

(1) 在钢筋笼两侧放置调节支腿，具体见图9.1-19。

(2) 起吊中空钢梁穿过对称钢筋间隙，两端置于支腿上。

(3) 将外钢环吊放在钢筋笼外侧，放置在中空钢梁顶面，桩顶预留钢筋位于内外钢环间隙内，现场安装具体见图9.2-20。

4. 吊装内外双钢环

(1) 对桩顶预留钢筋进行检查调整，确保钢环放入顺畅。

(2) 将内钢环吊放在钢筋笼内侧，放置在钢梁顶面，保证钢环水平稳固。

(3) 将外钢环吊放在钢筋笼外侧，放置在钢梁顶面，将灌注桩顶预留钢筋夹于内外钢环间隙中，具体见图9.2-21。

图 9.2-20 中空钢梁安装

图 9.2-21 吊装内外双钢环

5. 连接桩顶预留钢筋

(1) 相邻钢筋间隙水平插入钢垫板，两端搭在双钢环顶面。

(2) 通过锚具将灌注桩顶预留钢筋锁紧在内外双钢环顶面，夹片外缘粘一层电工胶布，嵌入锚套用锤敲实卡紧，方便试验结束后拆卸，具体见图 9.2-22。

6. 吊装主梁、千斤顶及反力顶盘

(1) 吊装主梁安放于支墩顶面，使主梁中心与受检桩几何中心重合，避免受力不均匀。

(2) 主梁安放时要保证水平，防止偏压失稳，主梁现场吊装见图 9.2-23。

图 9.2-22 安装锚具夹片并锁紧钢筋

图 9.2-23 主梁现场吊装

(3) 将千斤顶放置在主梁中部顶面上，千斤顶最大荷载不小于最大试验荷载的 1.2 倍且不大于 2.5 倍，千斤顶安装见图 9.2-24。

(4) 将反力顶盘正面朝上吊装到千斤顶上，反力顶盘底部中心与千斤顶重合。

7. 高强螺纹钢连接

（1）先清理高强螺纹钢两端黏附的泥砂，确保连接丝扣顺畅；

（2）将传力高强螺纹钢顶端拧上法兰螺母，调节螺母位置，在桩身两侧分别对称挂在反力顶盘排梁间隙内，顶盘排梁孔内水平插入钢筋，防止螺纹钢往外滑移，具体见图 9.2-25。

图 9.2-24　安装千斤顶

图 9.2-25　高强螺纹钢上段连接

图 9.2-26　高强螺纹钢下端固定

（3）将高强螺纹钢抬起底端穿过中空钢梁后套入带孔钢垫板并用螺母拧紧在横梁底面，具体见图 9.2-26。

8. 按规范进行静载荷试验

（1）垂直于主梁方向对称设置 2 根基准桩，将基准梁一端固定一端简支于基准桩上。

（2）在桩顶对称安放 4 个位移传感器，传感器通过磁座固定在基准梁上。

（3）油管连接千斤顶和油泵，注意进油口和回油口的正确连接。

（4）油泵连接电箱，注意检查电机旋转方向为顺时针，若发现旋转方向错误，应替换火线位置。

（5）施加荷载时，按试验相关规范要求，采用逐级加载，分级荷载为最大加载量的 1/10，第一级可以取分级荷载的 2 倍。

（6）加载或卸载时，使荷载传递均匀、连续、无冲击，每级荷载在维持过程中的变化幅度不超过分级荷载的 10%。

（7）每级荷载施加后按第 0min、5min、15min、30min、45min、60min 测读桩顶沉降量，以后每隔 30min 测读一次；卸载时，每级荷载维持 1h，按第 15min、30min、60min 测读桩顶沉降量后，即可卸下一级荷载，卸载至零后，测读桩顶残余沉降量，维持时间为 3h，测读时间为 15min、30min，以后每隔 30min 测读一次。

（8）试验过程中，无关人员严禁进入试验区。

分级加载抗拔静载荷试验具体见图 9.2-27。

图 9.2-27　分级加载抗拔静载荷试验

9.2.7　试验设备配置

本工艺现场操作所涉及的主要试验设备配置见表 9.2-1。

主要试验设备配置表　　表 9.2-1

名　称	型　号	生产厂家	数　量	备　注
内外双钢环	依据桩径配套加工	自制	2个	内外双钢环
中空钢梁	长 1.8m、宽 0.18m	自制	2～4条	
反力顶盘	1.5m×0.7m	自制	1个	
千斤顶	—	上海	1个	
油泵	—	上海	1台	
主梁	长 8m	—	1根	
支墩	2m×1m×1m	—	2块或4块	混凝土预制
静载荷测试仪	RS-JYE	武汉岩海	1台	含压力传感器及位移传感器
起重机	50t	上海	1台	现场吊装

9.2.8　质量控制

1. 反力支座系统安装

（1）试验场地硬地化，整平压实后，铺设钢板时，当土质较软时需进行换填处理，并浇筑钢筋混凝土底板，以确保反力支墩放置平稳。

（2）反力钢环系统安装前，由技术负责人对现场操作人员进行质量技术交底。

（3）主梁吊装时保证安放水平，梁体刚度满足最大承载力，要求受力均匀，防止失稳。

（4）吊装作业时，派专人在现场进行监督、指挥，采用卷尺、吊坠等工具保证位置准确。

2. 反力传导系统安装

（1）反力钢环安放时保证水平，确保其受力均匀。

（2）使用前检查六角螺母，如发现丝扣磨损严重或其他损坏，则及时更换螺母。

（3）高强螺纹钢端部不得有局部弯曲，不得有严重锈蚀和附着物。

（4）使用锚具锁紧预留钢筋后，检查夹片是否发生移动，确保锚具锁定牢固。

3. 抗拔试验

（1）千斤顶、桩基静载荷测试仪和位移传感器等均定期送检标定。

（2）安装位移传感器时，磁座夹紧传感器杆部并保证位移顺畅。

（3）静载荷试验时，严格按照检测规程中的检测方法进行。

（4）试验过程进行中禁止无关人员靠近，避免触碰基准梁或位移传感器等，影响检测结果。

9.2.9　安全措施

1. 反力支座系统安装

（1）吊装作业前，预先在吊装现场设置安全警戒标志并设专人监护，非作业人员禁止入内。

（2）吊装作业前，对各种起重吊装机械的运行部位、安全装置以及吊具、锁具进行详细的安全检查，吊装设备的安全装置灵敏可靠；吊装前进行试吊，确认无误后方可作业。

（3）吊装作业时，按规定负荷进行吊装，吊具、锁具经计算选择使用，严禁超负荷运行；所吊重物接近或达到额定起重吊装能力时，检查制动器，用低高度、短行程试吊后，再平稳吊起。

（4）现场安装反力支座时，派专人旁站指挥。

2. 反力传导系统安装

（1）吊放中空钢梁、内外双钢环及安装高强螺纹钢时，下方严禁站人和通行。

（2）内外双钢环与灌注桩预留钢筋锚固夹片敲紧锁死，锁具顶面用板遮挡以防试验过程中夹片飞出。

（3）在主梁上安装油压千斤顶和高强螺纹钢就位时，操作人员做好安全防护工作，防止坠落。

3. 抗拔试验

（1）试验过程注意用电安全，遇大风、暴雨天气时停止现场检测工作。

（2）试验过程中，操作油泵时做好现场用电安全防护措施，防止大风、暴雨产生漏电对人身安全造成伤害。

（3）抗拔过程中，定期检查钢隔板与桩顶连接钢筋的锚固是否有松动情况。

（4）抗拔过程中，注意主梁是否出现失稳现象。

（5）试验现场设置安全警戒标志并设专人监护，非作业人员禁止入内。

附：《实用岩土工程施工新技术（七）》自有知识产权情况统计表

章名	节名	完成单位	类别	名称	编号	备注
第1章 孔口护筒防护新技术	1.1 灌注桩孔口钢筋网防护施工技术	深圳市工勘岩土集团有限公司、深圳市工勘基础工程有限公司	发明专利	灌注桩孔口钢筋网防护施工方法	202310771234.5	申请受理中
			实用新型专利	灌注桩孔口外周钢筋网防护结构	202321669388.5	申请受理中
			实用新型专利	带防护钢网的孔口桩身混凝土灌注架	ZL 2023 2 1452103.2 证书号第19896031号	国家知识产权局
	1.2 高位护筒装配式孔口平台灌注桩身混凝土施工技术	深圳市工勘岩土集团有限公司	发明专利	灌注桩混凝土灌注孔口安全防护装置安装方法	202311022719.0	申请受理中
			实用新型专利	灌注桩混凝土灌注孔口装配式安全防护装置	202322165139.9	申请受理中
第2章 旋挖灌注桩综合施工新技术	2.1 深厚易塌地层双护筒护壁与硬岩旋挖滚刀扩底成桩技术	深圳市工勘岩土集团有限公司、深圳市恒诚建设工程有限公司	发明专利	深厚易塌地层硬岩扩孔钻头扩底成桩施工方法	202311237283.7	申请受理中
			发明专利	深厚易塌地层双护筒护壁与硬岩旋挖滚刀扩底施工设备	202311228391.8	申请受理中
			发明专利	适用于深厚易塌地层桩孔扩底的硬岩旋挖滚刀	202311229743.1	申请受理中
			发明专利	适用于扩底桩孔的双气管气举反循环清孔方法	202311228383.3	申请受理中
			发明专利	大直径嵌岩桩旋挖全断面滚刀钻头孔底岩面修整施工方法	202310404668.1	申请进入实质审查
			发明专利	适用于大直径嵌岩桩孔底岩面修整的滚刀钻头制作方法	202310415721.8	申请进入实质审查
			实用新型专利	双气管气举反循环清孔结构	202322581414.5	申请受理中
			实用新型专利	大直径深长护筒相邻节筒对接端面错位调节结构	ZL 2022 2 2492639.9 证书号第18539357号	国家知识产权局
			实用新型专利	旋挖滚刀钻头	ZL 2023 2 0844595.3 证书号第19667934号	国家知识产权局

续表

章名	节名	完成单位	类别	名称	编号	备注
第2章 旋挖灌注桩综合施工新技术	2.1 深厚易塌地层双护筒护壁与硬岩旋挖滚刀扩底成桩技术	深圳市工勘岩土集团有限公司	发明专利	灌注桩混凝土灌注孔口安全防护装置安装方法	202311022719.0	申请受理中
			实用新型专利	灌注桩混凝土灌注孔口装配式安全防护装置	202322165139.9	申请受理中
			发明专利	控制垂直度的双护筒施工方法	ZL 2016 1 0096644.4 证书号第 3012846 号	国家知识产权局
			实用新型专利	控制垂直度的双护筒施工结构	ZL 2016 2 0133026.8 证书号第 5458520 号	国家知识产权局
		深圳市工勘岩土集团有限公司、深圳市工勘基础工程有限公司	科技成果鉴定	国内领先 《旋挖灌注桩深长内外双护筒定位施工技术》	粤建协鉴字〔2017〕78 号	广东省建筑业协会
			工法	广东省省级工法 《旋挖灌注桩深长内外双护筒定位施工工法》	GDGF246-2017	广东省住房和城乡建设厅
				深圳市市级工法 《旋挖灌注桩深长内外双护筒定位施工工法》	SZSJGF079-2017	深圳建筑业协会
		深圳市工勘岩土集团有限公司	获奖	广东省土木建筑学会科学技术奖三等奖 《灌注桩深长内外双护筒定位施工技术》	2019-3-X75-D01	广东省土木建筑学会
		深圳市工勘岩土集团有限公司	论文	《旋挖灌注桩深长内外双护筒定位施工技术》	《施工技术》2018 年 6 月 第 47 卷 增刊	亚太建设科技信息研究院、中国建筑设计研究院、中国建筑工程总公司、中国土木工程学会主办
	2.2 易塌孔灌注桩旋挖全套管钻进、下沉、起拔一体施工技术	深圳市工勘岩土集团有限公司	实用新型专利	一种旋挖全套管灌注桩套管起拔孔口夹持固定装置	ZL 2022 2 2481327.8 证书号第 18502391 号	国家知识产权局
			实用新型专利	一种套管起拔固定装置	ZL 2022 2 3320825.0 证书号第 19049333 号	国家知识产权局
		深圳市工勘岩土集团有限公司、深圳市工勘建设集团有限公司	发明专利	深厚易塌孔灌注桩旋挖全套管钻、沉、拔一体施工方法	202310359702.8	申请进入实质审查
			实用新型专利	旋挖钻机与套管接驳连接结构	202320770635.4	授权中
			科技成果鉴定	国内先进 《易塌孔灌注桩旋挖全套管钻进、下沉、起拔一体施工技术》	粤建学鉴字[2023] 第 0169 号	广东省土木建筑学会

续表

章名	节名	完成单位	类别	名称	编号	备注
第2章 旋挖灌注桩综合施工新技术	2.2 易塌孔灌注桩旋挖全套管钻进、下沉、起拔一体施工技术	深圳市工勘岩土集团有限公司、深圳市工勘建设集团有限公司	工法	深圳市市级工法《易塌孔灌注桩旋挖全套管钻进、下沉、起拔一体施工工法》	SZSJGF-2023A-079	深圳建筑业协会
	2.3 大直径灌注桩超重钢筋笼孔口平台吊装、固定施工技术	深圳市工勘岩土集团有限公司、深圳市工勘基础工程有限公司	实用新型专利	一种大直径灌注桩超重钢筋笼吊装固定平台	202322317430.3	申请受理中
第3章 全套管全回转灌注桩施工新技术	3.1 海堤填石层钢管灌注桩潜孔锤阵列引孔与双护筒定位成桩技术	深圳市工勘岩土集团有限公司、深圳市晟辉机械有限公司	发明专利	海堤深厚填石层灌注桩双护筒定位成桩施工方法	202311190668.2	申请受理中
			发明专利	潜孔锤跟管钻头	ZL 2014 1 0849858.5 证书号第2585271号	中华人民共和国国家知识产权局
			实用新型专利	潜孔锤跟管钻头	ZL 2014 2 0870957.7 证书号第4397426号	中华人民共和国国家知识产权局
			实用新型专利	潜孔锤全护筒的灌注桩孔施工设备	ZL 2014 2 0365744.4 证书号第3428030号	中华人民共和国国家知识产权局
			实用新型专利	潜孔锤全护筒跟管钻进的管靴结构	ZL 2014 2 0436322.6 证书号第4098251号	中华人民共和国国家知识产权局
		深圳市工勘岩土集团有限公司	发明专利	深厚填石层灌注桩预制咬合导槽阵列引孔施工方法	202211141224.5	申请进入实质审查
			实用新型专利	预制式咬合导槽结构	ZL 2022 2 2494716.4 证书号第18502965号	国家知识产权局
	3.2 海上百米嵌岩桩全套管全回转与旋挖、RCD钻机组合成桩技术	深圳市工勘岩土集团有限公司、深圳市金刚钻机械工程有限公司	发明专利	海上平台大直径百米嵌岩桩组合成桩施工方法	202310748567.6	申请进入实质审查
			发明专利	海上平台大直径百米嵌岩桩组合施工设备	202310748572.7	申请进入实质审查
			发明专利	钻渣集纳箱、吊装结构及吊装方法	202311098732.4	申请进入实质审查
			实用新型专利	套管切削减阻结构	202321607640.X	授权(预计11月上旬下证)
			实用新型专利	套管注浆减阻结构	202321616894.8	申请受理中

续表

章名	节名	完成单位	类别	名称	编号	备注
第3章 全套管全回转灌注桩施工新技术	3.2 海上百米嵌岩桩全套管全回转与旋挖、RCD钻机组合成桩技术	深圳市工勘岩土集团有限公司、深圳市金刚钻机械工程有限公司	实用新型专利	渣土箱起吊倾倒结构	202321610223.0	申请受理中
			科技成果鉴定	国内领先 《海上平台大直径百米嵌岩桩全套管全回转与旋挖、RCD钻机组合成桩施工技术》	粤建协鉴字〔2023〕201号	广东省建筑业协会
			工法	深圳市市级工法 《海上平台大直径百米嵌岩桩全套管全回转与旋挖、RCD钻机组合成桩施工工法》	SZSJGF-2023A-040	深圳建筑业协会
		深圳市工勘岩土集团有限公司	发明专利	控制垂直度的双护筒施工方法	ZL 2016 1 0096644.4 证书号第3012846号	国家知识产权局
			实用新型专利	控制垂直度的双护筒施工结构	ZL 2016 2 0133026.8 证书号第5458520号	国家知识产权局
		深圳市工勘岩土集团有限公司、深圳市工勘基础工程有限公司	科技成果鉴定	国内领先 《旋挖灌注桩深长内外双护筒定位施工技术》	粤建协鉴字〔2017〕78号	广东省建筑业协会
			工法	广东省省级工法 《旋挖灌注桩深长内外双护筒定位施工工法》	GDGF246-2017	广东省住房和城乡建设厅
				深圳市市级工法 《旋挖灌注桩深长内外双护筒定位施工工法》	SZSJGF079-2017	深圳建筑业协会
		深圳市工勘岩土集团有限公司	获奖	广东省土木建筑学会科学技术奖三等奖 《灌注桩深长内外双护筒定位施工技术》	2019-3-X75-D01	广东省土木建筑学会
		深圳市工勘岩土集团有限公司	论文	《旋挖灌注桩深长内外双护筒定位施工技术》	《施工技术》2018年6月第47卷增刊	亚太建设科技信息研究院、中国建筑设计研究院、中国建筑工程总公司、中国土木工程学会主办
				《海上平台大直径百米嵌岩桩全回转、旋挖与RCD组合成桩施工技术》	《工程技术研究》（已录用）	广州市金属学会主办
	3.3 深厚填海区大直径硬岩全套管全回转护壁与气举反循环滚刀钻扩成桩技术		发明专利		权利说明书撰写中	
			发明专利		权利说明书撰写中	
			发明专利		权利说明书撰写中	

续表

章名	节名	完成单位	类别	名称	编号	备注
第4章 基坑支护施工新技术	4.1 复杂地层条件下基坑支护锚索控制性与预防性堵漏技术	深圳市工勘岩土集团有限公司	实用新型专利	预应力锚索高压化学灌浆堵漏设备	ZL 2016 2 0547033.2 证书号第4098251号	中华人民共和国国家知识产权局
			科技成果鉴定	国内领先《基坑支护预应力锚索高压化学灌浆堵漏施工技术研究》	粤建鉴字〔2016〕22号	广东省住房和城乡建设厅
			工法	广东省省级工法《基坑支护预应力锚索高压化学灌浆堵漏施工工法》	GDGF055-2016	广东省住房和城乡建设厅
				深圳市市级工法《基坑支护预应力锚索高压化学灌浆堵漏施工工法》	SZSJGF057-2016	深圳建筑业协会
			获奖	广东省土木建筑学会科学技术奖三等奖《基坑支护预应力锚索高压化学灌浆堵漏施工技术》	2018-3-X67-D01	广东省土木建筑学会
			论文	《基坑支护预应力锚索高压化学灌浆堵漏施工技术》	《第十一届全国基坑工程研讨会暨第三届可回收锚杆技术研讨会论文集》2020年10月	中国建筑学会建筑施工分会主办
		深圳市工勘岩土集团有限公司、深圳市金刚钻机械工程有限公司	发明专利	基坑支护锚索渗漏双液封闭注浆堵漏施工方法	ZL 2021 2 0679047.5 证书号第5760780号	国家知识产权局
			发明专利	基坑支护锚索渗漏双液封闭注浆堵漏施工结构	ZL 2021 1 0677565.3 证书号第5757230号	国家知识产权局
			实用新型专利	基坑支护锚索渗漏双液封闭注浆布置结构	ZL 2021 2 1367536.9 证书号第16098338号	国家知识产权局
		深圳市工勘岩土集团有限公司	科技成果鉴定	国内先进《基坑支护锚索渗漏双液封闭注浆堵漏施工技术》	粤建学鉴字[2022]第121号	广东省土木建筑学会
			工法	深圳市市级工法《基坑支护锚索渗漏双液封闭注浆堵漏施工工法》	SZSJGF-2022B-010	深圳建筑业协会

续表

章名	节名	完成单位	类别	名称	编号	备注
第4章 基坑支护施工新技术	4.1 复杂地层条件下基坑支护锚索控制性与预防性堵漏技术	深圳市工勘岩土集团有限公司	获奖	广东省土木建筑学会科学技术奖二等奖《基坑支护锚索渗漏双液封闭注浆堵漏施工技术》	2023-2-X125-D	广东省土木建筑学会
			论文	《基坑支护锚索渗漏双液封闭注浆堵漏施工技术》	《吉林水利》2023年2月第2期 总第489期	吉林水利电力职业学院主办
		深圳市工勘岩土集团有限公司、深圳市工勘建设集团有限公司	发明专利	基坑支护预应力锚索预埋管防堵漏施工方法	202211586398.2	申请进入实质审查
			科技成果鉴定	省内领先《基坑支护预应力锚索预埋管堵漏施工技术》	粤建协鉴字〔2023〕209号	广东省建筑业协会
			工法	深圳市市级工法《基坑支护预应力锚索预埋管堵漏施工工法》	SZSJGF-2022B-021	深圳建筑业协会
			论文	《基坑支护预应力锚索预埋管防堵漏施工技术》	《施工技术》2023年7月第52卷 第13期	亚太建设科技信息研究院、中国建筑集团有限公司、中国土木工程学会主办
第5章 预应力管桩施工新技术	5.1 预应力管桩长螺旋引孔注浆与自重式植桩技术	深圳市工勘岩土集团有限公司、深圳市工勘建设集团有限公司	发明专利	预应力管桩长螺旋引孔注浆与自重式植桩施工方法	202311138676.2	申请受理中
			发明专利	预应力管桩长螺旋引孔注浆与自重式植桩施工设备	202311138680.9	申请受理中
			发明专利	预应力管桩脱钩牵引植入施工方法	202311133034.3	申请受理中
			实用新型专利	预应力管桩植入桩孔的牵引植入结构	202322405608.X	申请受理中
			实用新型专利	长螺旋钻杆钻进喷气以及提升注浆布置结构	202322391491.4	申请受理中
	5.2 填海区大直径单节超长管桩高桩架限位与液压冲锤沉桩技术	深圳市工勘岩土集团有限公司、深圳市金刚钻机械工程有限公司、深圳市工勘建设集团有限公司	发明专利	复杂填海陆域区超长预应力管桩限位与液压冲锤沉桩方法	202311318751.3	申请受理中
			发明专利	超长预应力管桩限位与液压冲锤沉桩设备	202311311620.2	申请受理中
			发明专利	超长预应力管桩起吊对准桩位施工方法	202311319444.7	申请受理中
			实用新型专利	适用于超长预应力管桩起吊的自动脱绳结构	202322716517.8	申请受理中
			实用新型专利	大直径单节预应力管桩敞开式导向结构	202322716297.9	申请受理中
			实用新型专利	适用于超长预应力管桩导向的抱箍结构	202322716536.0	申请受理中

续表

章名	节名	完成单位	类别	名称	编号	备注
第6章 沉管灌注桩施工新技术	6.1 沉管灌注桩长螺旋引孔与静压沉管组合降噪施工技术	深圳市工勘岩土集团有限公司、深圳市金刚钻机械工程有限公司	发明专利	沉管灌注桩长螺旋引孔与压沉管组合降噪施工方法	202310447009.6	申请进入实质审查
			发明专利	沉管灌注桩桩靴与笼底钩网固定防浮笼施工方法	202310336439.0	申请进入实质审查
			发明专利	沉管灌注桩桩身混凝土灌注方法	202211591937.1	申请进入实质审查
			实用新型专利	运用于沉管灌注桩的钢筋笼防浮笼施工结构	ZL 2023 2 0676020.5 证书号第 19672661 号	国家知识产权局
			实用新型专利	用于沉管灌注桩灌注混凝土的吊杆式阀门灌注斗	ZL 2022 2 3357326.9	国家知识产权局
			科技成果鉴定	省内领先 《沉管灌注桩长螺旋引孔与静压沉管组合降噪施工技术》	粤建协鉴字〔2023〕202 号	广东省建筑业协会
	6.2 沉管灌注桩液压锤击沉管与振动拔管成桩技术	深圳市工勘岩土集团有限公司	实用新型专利	拔管施工用钢筋笼防上浮结构	202322193922.6	申请受理中
			实用新型专利	沉管灌注桩用钢筋笼焊接平台	202322126382.X	申请受理中
		深圳市工勘岩土集团有限公司、深圳市金刚钻机械工程有限公司	发明	沉管灌注桩桩靴与笼底钩网固定防浮笼施工方法	202310336439.0	申请进入实质审查
			发明	沉管对接钢筋笼嵌入式作业平台的施工方法	202211591928.2	申请进入实质审查
			实用新型	运用于沉管灌注桩的钢筋笼防浮笼施工结构	ZL 2023 2 0676020.5 证书号第 19672661 号	国家知识产权局
			实用新型	用于沉管对接钢筋笼嵌入式的作业平台	ZL 2022 2 3361921.X 证书号第 19486265 号	国家知识产权局
第7章 绿色施工新技术	7.1 旋挖灌注桩钻进成孔降噪绿色施工技术	深圳市工勘岩土集团有限公司、江门宝锐机械工程有限公司	发明	旋挖钻斗顶推式出渣降噪施工方法	202111406292.5	申请进入实质审查
			发明	旋挖钻斗顶推式出渣降噪结构	202111407725.9	申请进入实质审查
		深圳市工勘岩土集团有限公司	发明	便于钻筒出渣的施工结构	201810679763.1	申请进入实质审查
			实用新型	便于钻筒出渣的施工结构	ZL 2018 2 1006438.0 证书号第 9528773 号	国家知识产权局

续表

章名	节名	完成单位	类别	名称	编号	备注
第7章 绿色施工新技术	7.1 旋挖灌注桩钻进成孔降噪绿色施工技术	深圳市工勘岩土集团有限公司、深圳市恒诚建设工程有限公司	发明专利	大直径嵌岩桩旋挖全断面滚刀钻头孔底岩面修整施工方法	202310404668.1	申请进入实质审查
			发明专利	适用于大直径嵌岩桩孔底岩面修整的滚刀钻头制作方法	202310415721.8	申请进入实质审查
			实用新型专利	旋挖滚刀钻头	ZL 2023 2 0844595.3 证书号第19667934号	国家知识产权局
		深圳市工勘岩土集团有限公司、深圳市工勘基础工程有限公司	科技成果鉴定	国内领先 《旋挖灌注桩钻进成孔降噪绿色施工技术》	粤建协鉴字〔2023〕198号	广东省建筑业协会
			科技成果鉴定	国内先进 《大直径嵌岩桩旋挖全断面滚刀钻头孔底岩面修整施工技术》	粤建学鉴字〔2023〕 第0172号	广东省土木建筑学会
			工法	深圳市市级工法 《大直径嵌岩桩旋挖全断面滚刀钻头孔底岩面修整施工工法》	SZSJGF-2023A-023	深圳建筑业协会
		深圳市工勘岩土集团有限公司	科技成果鉴定	国内领先 《旋挖钻进出渣降噪绿色施工技术》	粤建协鉴字〔2021〕422号	广东省建筑业协会
			工法	工程建设企业数字化、工业化、绿色低碳施工工法二等工法《旋挖钻进出渣降噪绿色施工工法》	/	中国施工企业管理协会
				广东省省级工法 《旋挖钻进出渣降噪绿色施工工法》	GDGF328-2021	广东省住房和城乡建设厅
				深圳市市级工法 《旋挖钻筒三角锥出渣减噪施工工法》	SZSJGF092-2021	深圳建筑业协会
				深圳市市级工法 《旋挖钻斗顶推式出渣降噪施工工法》	SZSJGF198-2021	深圳建筑业协会
			获奖	岩土工程技术创新应用成果二等成果 《旋挖钻进出渣减噪绿色施工技术》	/	中国施工企业管理协会
				广东省建筑业协会科学技术进步奖三等奖 《旋挖钻进出渣降噪绿色施工技术》	2021-J3-102	广东省建筑业协会
			论文	《旋挖钻筒三角锥辅助出渣降噪绿色施工技术》	《建筑实践》2021年7月（上）第40卷 第19期	中国建筑学会主办

续表

章名	节名	完成单位	类别	名称	编号	备注
第7章 绿色施工新技术	7.2 建筑垃圾多级破碎筛分及台模振压制砖资源化利用技术	深圳市工勘岩土集团有限公司、深圳大学	发明专利	建筑垃圾多级破碎筛分及振压制砖资源化利用施工方法	202310917745.3	申请受理中
			发明专利	基于建筑垃圾资源化利用的粉料的制砖方法	202310921062.5	申请受理中
			发明专利	建筑垃圾破碎后粉料资源化利用制备方法	202310915071.3	申请受理中
			发明专利	建筑垃圾多级破碎筛分资源化施工方法	202311128180.7	申请受理中
			发明专利	基坑土资源化利用施工方法	202310922965.5	申请受理中
			发明专利	建筑垃圾资源化利用设备	202310919154.X	申请受理中
			实用新型专利	用于建筑垃圾资源化利用制备的砖坯的输送结构	ZL 2023 2 1053343.5 证书号第 19730812 号	国家知识产权局
			实用新型专利	适用于建筑垃圾多级破碎的履带移动反击破碎站	202322383761.7	申请受理中
			实用新型专利	用于将建筑垃圾进行初级破碎的颚式破碎机	ZL 2023 2 1053326.1 证书号第 19666450 号	国家知识产权局
			实用新型专利	利用建筑垃圾破碎后粉料制砖的制砖机	ZL 2023 2 1015383.0 证书号第 19823302 号	国家知识产权局
			实用新型专利	建筑垃圾破碎后的碎料多层筛分结构	ZL 2023 2 1015209.6 证书号第 19883625 号	国家知识产权局
			实用新型专利	建筑垃圾深度破碎的圆锥式破碎机	ZL 2023 2 1014977.X 证书号第 19711157 号	国家知识产权局
			实用新型专利	建筑垃圾给料破碎筛分结构	202322354687.6	申请受理中
			科技成果鉴定	省内领先 《建筑垃圾多级破碎筛分及台模振压制砖资源化利用技术》	粤建协鉴字〔2023〕207 号	广东省建筑业协会

续表

章名	节名	完成单位	类别	名称	编号	备注
第8章 逆作法钢管柱定位新技术	8.1 逆作法钢管柱与工具柱自调式滚轮架同心同轴对接技术	深圳市工勘岩土集团有限公司、深圳市金刚钻机械工程有限公司	发明专利	逆作法钢管柱与工具柱自调式同心同轴对接施工方法	202311190666.3	申请受理中
			实用新型专利	逆作法钢管柱与工具柱自调式对接平台	202322507137.3	申请受理中
	8.2 逆作法工具柱拆除泄压技术	深圳市工勘岩土集团有限公司、深圳市金刚钻机械工程有限公司	发明专利	灌注桩灌注混凝土过程中拆除工具柱的施工方法	202310710246.7	申请受理中
			实用新型专利	逆作法用于钢管柱定位的带泄压孔的工具柱	202321526693.9	申请受理中
第9章 灌注桩检测新技术	9.1 灌注桩钻芯孔摄像检测孔内清刷及浊水置换技术	深圳市工勘岩土集团有限公司、深圳市盐田区工程质量安全监督中心	发明专利	灌注桩钻芯孔摄像检测孔壁清洗及孔内浊水置换施工方法	202311307759.X	申请受理中
			发明专利	灌注桩钻芯孔摄像孔壁清洗及孔内浊水置换施工系统	202311307715.7	申请受理中
			实用新型专利	灌注桩钻芯孔摄像检测孔内浊水置换装置	202322717168.1	申请受理中
			实用新型专利	灌注桩钻芯孔摄像检测孔内浊水置换装置	202322717223.7	申请受理中
			实用新型专利	灌注桩钻芯孔摄像检测孔壁清洗装置	202322717224.1	申请受理中
	9.2 灌注桩内外双钢环锁定连接抗拔静载荷试验技术	深圳市工勘岩土集团有限公司、深圳市盐田区工程质量安全监督中心	科技成果鉴定	国内领先 《灌注桩内外双钢环锁定连接抗拔静载试验关键技术》	粤建协鉴字〔2023〕199号	广东省建筑业协会